饼干

加工技术
与实用配方

BINGGAN
JIAGONG JISHU
YU SHIYONG PEIFANG

马涛 主编

化学工业出版社

·北京·

图书在版编目（CIP）数据

饼干加工技术与实用配方/马涛主编. —北京：
化学工业出版社，2014.5
ISBN 978-7-122-20215-4

Ⅰ.①饼… Ⅱ.①马… Ⅲ.①饼干-食品加工②饼干-
配方 Ⅳ.①TS213.2

中国版本图书馆 CIP 数据核字（2014）第 063073 号

责任编辑：彭爱铭　　　　　　文字编辑：林　丹
责任校对：王素芹　　　　　　装帧设计：孙远博

出版发行：化学工业出版社
　　　　　（北京市东城区青年湖南街 13 号　邮政编码 100011）
印　　装：北京虎彩文化传播有限公司
850mm×1168mm　1/32　印张 13½　字数 392 千字
2014 年 8 月北京第 1 版第 1 次印刷

购书咨询：010-64518888　　　售后服务：010-64518899
网　　址：http://www.cip.com.cn
凡购买本书，如有缺损质量问题，本社销售中心负责调换。

定　　价：39.90 元

前　言

近年来，随着经济快速发展、城市化进程加快以及全面小康社会建设的不断深入，人民生活水平显著提高，生活方式和消费结构都发生了明显的改变。人们在满足温饱的同时，外出旅游休闲活动逐渐增多，追求健康、时尚的饮食方式蔚然成风。国民消费方式的变化为烘焙食品产业，尤其是饼干产业的快速发展带来了前所未有的机会。

饼干食品伴随着新的研究、新的成果、新的技术出现，花色品种迅速增加，质量不断提升。本书在前人的基础上对饼干生产的相关内容进行了充实和整合，内容全面实用，可作为饼干食品企业技术人员的参考书，也可以作为食品科学与工程专业及相关专业的教学参考书。

本书由渤海大学马涛教授和沈阳师范大学路飞副教授编写，马涛教授负责统稿。全书分为四章：第一章概述，第二章饼干加工原辅材料，第三章饼干加工工艺与设备，第四章各种饼干加工工艺与配方。于勃、刘贺、何余堂、惠丽娟、汤轶伟、赵海波、赵旭、张良晨、于济洋参加了本书部分章节的编写工作。

由于编者的水平所限，书中难免有疏漏和不足之处，敬请广大读者批评指正。

编者
2014 年 1 月

目　录

第一章 概　　述

第一节　饼干的概念和分类

一、饼干的概念及特点

1. 饼干的概念

饼干（biscuit）一词来自拉丁语 panis biscoctus，是指经过两次烤制的面包，也指源自欧洲中世纪以来为船员制作的干面包片（船用饼干）。原始饼干的制作是先将面团烤制成熟再在另一个温度较低的烤炉中烘干。它们用或多或少的面粉和水为原料制成，口感不好，在当时并不受人们欢迎。

现在的饼干是以小麦粉为主要原料，加入糖类、油脂、膨松剂等其他原料，经面团调制、成型、烘烤等工序制成的一种烘烤方便食品。

饼干可以用作主食、零食、高档礼品、餐饮食品、婴儿食品或宠物食品，添加巧克力和奶油后，它们类似于糕点。由于它们大多使用小麦面粉制成，并且水分含量很低，因此，采用适当的包装进行防潮和隔离大气中的氧，便可以长期保藏。虽然饼干从广义上说，属于方便食品中的焙烤制品类，不过由于其生产历史悠久，品种多样，发展迅速，在配方和生产工艺等方面都已经自成体系，且已形成了工业性大规模生产，所以人们在分类时习惯上将它与其他方便食品分开。

2. 饼干的特点

饼干具有营养丰富、口感疏松、风味多样、外形美观、便于携带、耐贮存等特点，受到国内外人们的普遍喜爱。其水分含量少（一般的产品水分低于 6%），保质期较长，如果利用防潮包装材料包装能有 10 个月以上的保质期。饼干长期以来作为紧急时期备用食品及加餐时的最佳营养食品，在军需、旅行、野外作业、航海、登山、医疗保健等方面受到人们的青睐，作为食物产品极为方便。

1

二、饼干的分类

饼干的品种很多，而且新花色品种不断涌现。从口味上分，饼干有甜、咸和椒盐之分；按配方不同，可分为奶油、蛋黄、维生素、蔬菜饼干等；依对象来分，可分为婴儿、儿童、宇航饼干等；根据形态不同，有大方、小圆、动物、算术、玩具饼干等品种。在生产制造工艺上，一般根据工艺的特点把饼干分为四大类：普通饼干、发酵饼干、千层酥类和其他深加工饼干。

1. 按制造工艺分类

（1）韧性饼干　以小麦粉、糖、油脂为主要原料，加入膨松剂、改良剂与其他辅料，经热粉工艺调粉、辊压、辊切或冲印、烘烤制成的造型多为凹花，外观光滑，表面平整，一般有针眼，断面有层次，口感松脆的焙烤食品。如牛奶饼干、香草饼干、蛋味饼干、玛利饼干、波士顿饼干、动物饼干、玩具饼干、大圆饼干等。

（2）酥性饼干　以小麦粉、糖、油脂为主要原料，加入膨松剂和其他辅料，经冷粉工艺调粉、辊压、辊印或冲印、烘烤制成的造型多为凸花，断面结构呈多孔状组织，口感疏松的焙烤食品。如奶油饼干、葱香饼干、芝麻饼干、蛋酥饼干、蜂蜜饼干、早茶饼干、小甜饼、酥饼等。

（3）发酵饼干　以小麦粉、糖、油脂为主要原料，酵母为疏松剂，加入各种辅料，经发酵、调粉、辊压、叠层、烘烤制成松脆、具有发酵制品特有香味的焙烤食品。如甜苏打饼干、手指形饼干、什锦饼干、哈哈饼干、咸奶苏打饼干、芝麻苏打饼干、蛋黄苏打饼干、葱油苏打饼干等。

① 苏打饼干　苏打饼干的制造特点是先在一部分小麦粉中加入酵母，然后调成面团，经较长时间发酵后加入其余小麦粉，再经短时间发酵后整型。整型方法与冲印硬饼干相同。也有一次短时间发酵的制作方法。这种饼干，一般为甜饼干，也称 Soda Cracker，我国常见的有宝石、小动物、字母及甜苏打饼干等。

还有一种成型方法是将面团辊轧成片后，中间夹一层油脂，然后折叠成型后焙烤。比苏打饼干略大呈四方形，称为 Cream Cracker。

另外还有一些特殊制法，例如用化学膨松剂代替发酵，焙烤后涂上油，称为 Snack Cracker。美国还常在这类饼干中加入乳酪（Cheese）、香料（Spice）等，即为各式中、高档饼干。

②粗饼干　粗饼干也称发酵饼干，面团调制、发酵和成型工艺与苏打饼干相同，只是成型后的最后发酵是在温度、湿度较高的环境下进行。经发酵膨松到一定程度后再焙烤。成品掰开后，其断面组织不像苏打饼干那样呈层状，而是与面包近似呈海绵状，所以也称 Sponge Goods 或干面包。粗饼干中糖、油等辅料很少，以咸味为主基调，但保存性较好，所以常作为旅行食品。

③椒盐卷饼　纽结状椒盐脆饼，发酵面团成型后，通过热的稀碱溶液使表面糊化后，再焙烤。成品表面光泽特别好，常被做成纽结双环状、棒状或粒状等形状。

（4）半发酵饼干　半发酵饼干就是先在一部分小麦粉中加入酵母，然后调成面团，经较长时间发酵后加入其余小麦粉和各种辅料，冉经调粉后辊轧、辊切成型、烘烤制成。半发酵饼干是近几年从国外引进并且是新兴起的一种饼干，它是综合了韧性饼干、酥性饼干和苏打饼干生产工艺优点的发酵性饼干。口感、色泽较为流行。半发酵饼干油、糖含量少，产品层次分明，无大孔洞。口感酥松爽口，并具有发酵制品的特殊风味。

（5）薄脆饼干　以小麦粉、糖、油脂为主要原料，加入调味品等辅料，经调粉、成型、烘烤制成的薄脆焙烤食品。如芝麻薄饼、香葱薄饼、海鲜薄饼、鲜椰汁薄饼、鲜奶特脆饼干、葱油特脆饼干、椰香特脆饼干、蛋奶特脆饼干等。

薄脆饼干按其配方也可以分为咸薄脆饼干和甜薄脆饼干。

（6）曲奇饼干　以小麦粉、糖、乳制品为主要原料，加入膨松剂和其他辅料，经和面，采用挤注、挤条、钢丝切割等方法中的一种形式成型，烘烤制成的具有立体花纹或表面有规则波纹、含油脂高的酥性焙烤食品。如雷司饼干、福来饼干、拉花饼干、爱司酥饼干等均属这类饼干。

曲奇饼干按其配方可分为曲奇饼干和花色曲奇饼干。在曲奇饼干面团中加入椰丝、果仁、巧克力碎粒或不同谷物、葡萄干等糖渍果脯构成花色曲奇饼干。

3

（7）夹心饼干　在两块饼干之间添加糖、油脂或果酱为主要原料的各种夹心料的夹心焙烤食品。因夹心馅料不同和香味、口味不同，可分为奶油夹心饼干、可可夹心饼干、花生夹心饼干、芝麻夹心饼干、海鲜夹心饼干、水果味夹心饼干等系列品种。

（8）威化饼干　以小麦粉（或糯米粉）、淀粉为主要原料，加入乳化剂、膨松剂等辅料，经调粉、浇注、烘烤而制成的松脆焙烤食品。如奶油威化饼干、可可威化饼干、橘子威化饼干、柠檬威化饼干、草莓威化饼干、杨梅威化饼干、香蕉威化饼干、香草威化饼干等。威化饼干又称为华夫饼干。

（9）蛋圆饼干　以小麦粉、糖、鸡蛋为主要原料，加入膨松剂、香精等辅料，经搅打、调浆、浇注、烘烤而制成的松脆焙烤食品，俗称蛋基饼干。如杏元饼干、花生泡克饼干、芝麻泡克饼干、核桃泡克脆饼干、雪花泡克饼干、椰蓉泡克饼干等。

（10）蛋卷　以小麦粉、白砂糖或绵白糖、鸡蛋为主要原料，加入膨松剂、香精等辅料，经搅打、调浆（发酵或不发酵）、浇注或挂浆、烘烤卷制而成的松脆焙烤食品。如奶油鸡蛋卷、双色鸡蛋卷、番茄沙司鸡蛋卷、椰丝鸡蛋卷等。

（11）粘花饼干　以小麦粉、糖、油脂为主要原料，加入乳制品、蛋制品、膨松剂、香料等辅料，经和面、成型、烘烤、冷却、表面裱粘糖花、干燥制成的疏松焙烤食品。

（12）水泡饼干　以小麦粉、糖、鸡蛋为主要原料，加入膨松剂，经调粉、多次辊压、成型、沸水烫漂、冷水浸泡、烘烤制成的具有浓郁香味的疏松焙烤食品。

2.按照成型方法进行分类

（1）印硬饼干　将韧性面团经过多次辊轧延展，折叠后经印模冲印成型的一类饼干。一般含糖和油脂较少，表面有针孔的凹花斑，口感比较硬。除这种韧性饼干外，以下皆为酥性面团制作的饼干。

（2）冲印软性饼干　使用酥性面团，一般不折叠，只是用辊轧机延展，然后经印模冲印成型，表面花纹为浮雕型，一般含糖比硬饼干多。

（3）挤出成型饼干

① 线切饼干 酥性面团的配方含油、糖量较多。将面团从成型机中呈条状挤出，然后用钢丝割刀将条状面团切成小薄块。在焙烤后，饼干表面会形成切割时留下的花斑，挤花的头子出口为圆形或花形。

② 挤条饼干 所使用的面团与线切饼干相同，也是用挤出成型机挤出，所不同的只是挤花出口较小，出口为小圆形或扁平形。面团被挤出后，落在下面移动的传送带上，呈长条形，然后用切刀切成一定长度。

（4）挤浆（花）成型饼干 面团调成半流质糊状，用挤浆（花）机直接挤到铁板或铁盘上，直接滴成圆形，送入炉中烘烤，成品如小蛋黄饼干等。

近年来，获得较大发展的丹麦曲奇饼干是使用挤花成型的方法生产的。这类面团由于含油、糖比较高而显得较为柔软，面团比浆稍硬，一般挤花出口是星形，用机械挤压的方法使面团在挤花的头子中压出，挤出时出口还可以作各种轨迹的运动，制成形似花瓣状产品，十分美观，还可制成环状或各种形状的酥饼。该成型方法是挤浆成型的发展和改良，以取代旧式的钢丝切割成型。

（5）辊印饼干 辊印饼干使用酥性面团，利用辊印成型工艺进行焙烤前的成型加工，外形与冲印酥性饼干相同。面团的水分较少，手感稍硬，烘烤时间也稍短。

3. 新型饼干

随着市场经济的不断发展和人们消费观念的更新改变，昔日用于充饥和礼尚往来的各类饼干食品，正朝着休闲、保健型方向转化。各种具有健康和休闲双重功能的饼干新品不断面市，受到广大消费者的喜爱，显示出较强的市场活力。

（1）休闲型饼干 休闲食品是当今食品市场的热点产品，为抢占市场一席之地，饼干各生产企业纷纷开始向休闲食品转变。利用发酵的方法，采用低糖及低油的配比，制成一种极度蓬松的饼干，它的块形小巧，呈颗粒状，表面喷洒各种风味的糖状调味料，采用简单的小包装，销售价格低，较适合儿童消费群需要。

（2）营养保健型饼干 随着健康饮食消费观念的形成，各种保健食品相继成为市场新宠，为顺应市场需求，生产厂家将开发适合各年龄层次食用的饼干。这种产品严禁使用焦亚硫酸钠作改良剂，而以木瓜蛋白酶或中性蛋白酶相替代。儿童营养饼干应采用不饱和酸和脂肪酸含量较高的油脂，加入优质蛋白质和钙、铁等矿物质和维生素。

（3）糕点式饼干　近年国际市场上逐步流行起来的新型产品，其结构仍然是高油脂及高糖配比，属曲奇型产品，因而它的工艺仍沿用辊印挤条、挤花、钢丝切割等手段，不过块形已改变成小而薄的细巧产品，并且充分利用二次加工的精细操作，在一个组合包装中有夹心、表面涂层等多种品种组成。这种高档礼盒的精细点心饼干，其数量可能不会太大，但一方面它体现了企业的发展水平，同时又是一种高附加值产品，市场前景看好。

（4）风味苏打饼干　传统的苏打饼干是一种四季皆宜的产品，口感爽滑不腻，特别适合老年人及消化不良、糖尿病患者的需要。但它亦有缺点，即口味平淡，食之无味。因此，新一代苏打饼干在保持原有特色的基础上，改善口感，制成各具特色的风味型苏打饼干。

4. 其他类

（1）派类　派即英文单词"Pie"的音译词，又称馅饼或称派爱。在日本和美国分别称为"ハテ"和"Pie"。派是以小麦粉为主原料，将面团夹油脂或其他馅料层后，折叠、延展，然后成型焙烤。风味的基调以咸味为主，所使用油脂为奶油或人造奶油，表面常撒上砂糖或涂上果酱。

（2）深加工花色饼干　给以上饼干及其一些糕点等的加工工序中最后加上夹馅工序或表面涂巧克力、糖装饰的工序而制成的食品，所夹馅料一般是稀奶油、果酱等，作为高级饼干目前发展很快。如威化饼干、杏元饼干、蛋卷、夹心饼干、巧克力饼干等。

第二节　饼干的起源与发展历史

饼干（Biscuit）的最简单产品形态是单纯的用面粉和水混合的形态，它曾在公元前 4000 年左右古代埃及的古坟中被发现。而真正成形的饼干，要追溯到公元七世纪的波斯，当时制糖技术刚刚发展，并因为饼干而被广泛使用。一直到了公元 10 世纪左右，随着穆斯林对西班牙的征服，饼干传到了欧洲，并从此在各个基督教国家中流传。到了公元14世纪，饼干已经成了全欧洲人最喜欢的点心，从皇室的厨房到平民居住的大街，都弥漫着饼干的香味。现代饼干产业是19世纪由英国开始的，在长期的航海中，面包因含有较高的水分（35%～40%），已经不适合作为储备粮食，于是人们发明了一种水分含量很低的面包——饼干。

早在1898年，世界上最大的饼干制造商Huntley和Palmer即能够生产大约400种饼干。饼干生产是食品工业中最早实现机械化的，由于减少了劳动力，加快了生产过程，饼干生产有了连续的进步。饼干工业是食品工业中首先采用散装运输原料的部门之一。1960年，第一个自动调粉和散装运输的系统在Reading的Huntley和Palmer工厂建立起来。调粉机可为多个车间服务。动力机械大大减少了劳动力的需求，增加了生产速度，使饼干成为质优价廉的产品。

改革开放以来，我国的饼干业得到了稳步而快速的发展。从1985年至今，全国曾先后引进数十条先进饼干生产线，合资企业蓬勃涌现，中国饼干产品的生产能力得到大幅度提高，2001年饼干产销量统计达到120万吨左右。目前，饼干产品的年产销量正以每年15%左右的速度递增，预计今后几年各种饼干的产销量将达到200万吨。

近年来，饼干的配方和生产工艺都有了很大改进，特别是在制作工艺上，由于采用了大容量自动式调粉机，摆动式和辊印式以及二者相结合的辊切式成型机，再加上各种挤条、挤花、挤浆成形机的大量问市，远红外电烤炉和超导节能炉的普遍应用，使饼干的生产在质量、花色品种和产量上都有了很大幅度的改进和提高。饼干的热粉韧性操作法、冷粉酥性操作法、华夫饼干、水泡饼干的生产技术，已在上海、广东等地采用。同时，饼干生产上的半发酵工艺、面团辊切冲印成形工艺、喷油技术、包装技术等新技术，也为我国焙烤食品质量上档次起到了重要作用。这些工艺和设备的引进改变了旧式手工操作和不卫生的局面，许多产品还采用了新的包装技术，如真空包装、充气包装、无菌包装等，为延长产品保存期提供了保证。

在遍布全国的食品市场中，丰富多彩的饼干十分抢眼。饼干市场的繁荣，反映出我国饼干行业稳步而快速发展的现实。饼干业已成为我国食品行业中的一个亮点。我国饼干工业今后发展动向主要表现在以下几方面：品牌竞争；市场繁荣；发达地区消费领先；市场空间还待拓展；薄、脆、异型和不同口味品种的研发；营养、保健型饼干受重视；包装的改进，新型包装受欢迎；饼干基础原料将规格化和专业化；新工艺、新技术、新设备、新材料将广泛应用。

第二章 饼干加工原辅材料

第一节 小 麦 粉

一、小麦粉化学成分及理化性质

面粉的化学组成主要是蛋白质、糖类、脂肪、矿物质和水分，此外还有少量的维生素和酶类。由于产地、品种和加工条件的不同，上述成分的含量有较大差别，一般面粉的主要化学成分含量见表2-1。

表 2-1　面粉的主要化学成分含量　　　　单位：%

品　种	水分	蛋白质	脂肪	糖类	灰分	其　他
标准粉	11～13	10～13	1.8～2	70～72	1.1～1.3	少量维生素、酶
精白粉	11～13	9～12	1.2～4	73～75	0.5～0.75	

1. 面粉的化学组成

（1）水分　小麦在收获时的水分含量约为16%，经过晒扬，一般在磨粉时只含有13%左右。面粉中的水分含量对面粉加工和食品加工来说，都有很大的影响。水分含量高，会使麸皮难以剥脱，影响出粉率，且面粉在贮藏时容易结块并发霉变质，更严重的是造成产品收得率下降。但水分含量过低，会产生粉色差，颗粒粗，含麸量高等缺点。所以，面粉的水分含量对生产来说是很重要的。

国家标准规定特制一等粉和特制二等粉的含水量为13.5%（±0.5%），标准粉和普通粉为13.0%（±0.5%），而低筋小麦粉不大于14.0%。

（2）蛋白质　面粉中蛋白质的含量与小麦的成熟度、品种、面粉的等级和加工技术等因素有关。我国小麦的蛋白质含量（干基）最低9.9%，最高17.6%，大部分在12%～14%之间。我国北方冬小麦蛋白质含量平均14.1%，南方冬小麦平均12.5%，与世界上一些主要产麦国的冬小麦相比，蛋白质属中等水平。我国春小麦蛋白质含量平均 13.7%，低于世界主要产麦国的春小麦。

小麦籽粒中不同部分蛋白质的分布是不均匀的。

面粉中的蛋白质根据溶解性质不同可分为麦胶蛋白（醇溶蛋白）、麦谷蛋白、麦球蛋白、麦清蛋白和酸溶蛋白五种。主要是由麦胶蛋白和麦谷蛋白组成，其他三种数量很少。各类蛋白质在面粉中所占比例见表 2-2。

表 2-2 各类蛋白质在面粉中的比例

项目	麦胶蛋白	麦谷蛋白	麦球蛋白	麦清蛋白	酸溶蛋白
占蛋白质总量/%	40～50	40～50	5.0	2.5	2.5
提取法	70%乙醇	稀酸和稀碱	稀盐溶液	稀盐溶液	水

麦胶蛋白和麦谷蛋白不溶于水和稀盐溶液，为不溶性蛋白。麦球蛋白、麦清蛋白、酸溶蛋白可溶于水或稀盐溶液中，为可溶性蛋白。

麦胶蛋白可溶于 60%～70% 的乙醇溶液中，但不溶于无水乙醇。麦谷蛋白可溶于稀酸或稀碱中。这两种蛋白占面粉蛋白质总量的 80% 以上，与水结合形成面筋。麦谷蛋白与麦胶蛋白的含量接近，分别约占蛋白质总量的 40%。麦谷蛋白和麦胶蛋白能吸水膨胀形成面筋，又称为面筋性蛋白，它们对面团的形成有极大的意义。麦球蛋白和麦清蛋白在面粉中的含量较低，可溶于水和稀盐酸中，但不能形成面筋，所以又称为非面筋性蛋白。

蛋白质在籽粒中的分布是不均匀的，胚部的蛋白质含量最高，为 30.4%；糊粉层的蛋白质含量也高达 18.0%。由于糊粉层和胚部的蛋白质含量高于胚乳，因而出粉率高而精度低的面粉的蛋白质含量一般高于出粉率低而精度高的面粉。

小麦籽粒中蛋白质的含量和品质不仅决定小麦的营养价值，而且还是构成面筋的主要成分，因此它与面粉的烘焙性能有着极为密切的关系。在各种谷物面粉中，只有小麦粉的蛋白质能吸水而形成面筋。

小麦各个部分的蛋白质不仅在数量上不同，种类也不同。例如，胚乳蛋白主要由麦谷蛋白和麦胶蛋白组成，麦球蛋白、麦清蛋白和酸溶蛋白很少。酸溶蛋白则主要由麦球蛋白和麦清蛋白组成。麦皮蛋白包括 31％的麦胶蛋白，16％的麦清蛋白，13％的麦球蛋白，而不含麦谷蛋白。

各类蛋白质的等电点也不同，麦胶蛋白的等电点为 6.4～7.1，麦谷蛋白为 6～8，麦球蛋白为 5.5 左右，麦清蛋白为 4.5～4.6。在等电点时，蛋白质的溶解度最小，黏度最低，膨胀性最差。

蛋白质具有胶体的一般性质。在蛋白质分子的表面分布有各种不同的亲水基。由于这些亲水基团的静电作用，把无数极性的水分子吸附到表面形成一层水膜。靠近蛋白质表面的水分子，由于静电作用而有序排列，离蛋白质表面越远的水分子，排列越混乱。

蛋白质是两性电解质。在远离等电点的 pH 值范围内，分子带有正电荷或负电荷，胶体颗粒相互排斥，不易结成较大颗粒，难以沉淀。但若水膜被破坏，电荷被中和，则蛋白质胶体颗粒聚集而沉淀。

蛋白质的水溶液称为胶体溶液或溶胶。溶胶性质稳定不易沉淀。在一定条件下，如溶胶浓度增大或温度降低，溶胶失去流动性而呈软胶状态。该过程称为蛋白质的胶凝作用，所形成的软胶叫做凝胶。凝胶进一步失水就成为固态的干凝胶。面粉中的蛋白质即为干凝胶。干凝胶能吸水膨胀成凝胶，若继续吸水则形成溶胶，这时称为无限膨胀；若不能继续吸水形成溶胶，就称为有限膨胀。

蛋白质吸水膨胀称为胀润作用，蛋白质脱水称为离浆作用，这两种作用对面团调制有着重要的意义。

蛋白质分子是一种链状结构。分子中主链是由氨基酸缩合而成的肽键连接的，此外还有很多侧链，主链一边是亲水基团，如—OH、—COOH、—NH$_2$ 等，另一边是疏水基团，如—CH$_3$、—C$_2$H$_6$ 等。在介质中疏水一端发生收缩现象，而亲水一端则吸水而产生膨胀现象，这样蛋白质分子就弯曲成为螺旋形的球状"小卷"，其核心部分是疏水基团，亲水基团则分布在球体外围，其形态如图 2-1 所示。

当蛋白质胶体遇水时，水分子首先与蛋白质外围的亲水基相互作用形成化合物，即为湿面筋。这种水化作用先在表面进行而后在内部展开。在表面作用阶段，水分子附着在面团表面，体积增加不大，吸水量较少，是放热反应。当水分子逐渐扩散至蛋白质分子内部时，蛋白质胶粒内部的低分子可溶部分溶解后使浓度增加，形成一定的渗透

饼干加工技术与实用配方

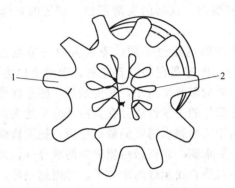

图 2-1　蛋白质螺旋体结构图

1—亲水基；2—疏水基

压，使胶粒吸水量大增，面团体积增大，黏度提高，反应不放热。

调制面团时，面粉遇水，两种面筋性蛋白迅速吸水胀润，在条件适宜的情况下，吸水量为干蛋白的180％～200％，而淀粉吸水量在30℃时仅为30％。面筋性蛋白的胀润结果是在面团中形成坚实的面筋网络，网络中包括此时胀润性差的淀粉粒及其他非溶解性物质，这种网状结构即所谓面团中的湿面筋。它和所有胶体物质一样，具有特殊的黏性、延伸性等特性，面粉的这些特性形成了饼干工艺生产中独特的理化性质。此外，蛋白质吸水量与蛋白质相对分子质量成正比，相对分子质量越大，吸水能力越强，α-麦胶蛋白吸水能力最小。此外，蛋白质的吸水力与温度有关系，麦胶蛋白在30℃时吸水量最大，温度偏高或偏低都会使胀润值下降，因此，面团搅拌时的温度控制很重要。

在加热、高压、搅拌、强酸、强碱、乙醇等物理、化学因素的影响下，蛋白质特有的空间结构被破坏，而导致其物理、化学性质的变化，这种变化称为蛋白质的变性作用。未变性的蛋白质称为"天然蛋白质"，变性后的蛋白质称为"变性蛋白质"。蛋白质的变性作用不包括蛋白质的分解，仅涉及蛋白质空间结构的破坏，肽链发生重排。蛋白质变性后，其吸水能力减退，膨胀性降低，溶解度变小，面团的弹性和延伸性消失，工艺性能受到了严重影响。

蛋白质变性的程度取决于加热温度、加热时间和蛋白质的含水量，加热温度越高，变性越快、越强烈。蛋白质在加热条件下会变性凝固，这对饼干的焙烤具有重要的影响。焙烤时，二氧化碳受热膨胀，面团体积增大，当达到较高温度时，保持蛋白质空间构象的弱键断裂，破坏了肽链的特定排列，原来在分子内部的一些疏水性基团暴露到分子的表面，降低蛋白质的溶解度，促进了蛋白质分子之间相互结合，形成不可逆凝胶而凝固，从而使饼干定型，赋以饼干一定的形状及组织结构。

（3）碳水化合物　碳水化合物是面粉中含量最高的化学成分，约占面粉重的75%，它主要包括淀粉、糊精和少量糖。

① 淀粉　小麦淀粉主要集中在麦粒的胚乳部分，约占面粉重的67%，是构成面粉的主要成分。淀粉属于多糖类，由200～6000个葡萄糖单位组成。

小麦淀粉颗粒与其他谷类淀粉一样为圆形或椭圆形，平均直径为20～22μm。由于淀粉的吸水率仅为蛋白质的1/5，因此在面团调制中能起调节面筋胀润度的作用。

淀粉又分为直链淀粉和支链淀粉两类。一般支链淀粉约占80%，直链淀粉占20%左右，两者之比例依物料不同而稍有差异。直链淀粉由200～1000个葡萄糖单位组成，相对分子质量较小，为1万～20万。在水溶液中，直链淀粉呈螺旋状，每6～8个葡萄糖单位形成一圈螺旋。直链淀粉与碘呈颜色反应与其分子大小有关，聚合度为4～6的直链淀粉遇碘不变色；聚合度为8～20的直链淀粉遇碘变红色；聚合度大于40时呈蓝紫色；大于60者为蓝色。直链淀粉易溶于热水中，生成的胶体黏性不大，也不易凝固。

支链淀粉由600～6000个葡萄糖单位组成，相对分子质量很大，一般在100万以上，有的可高达600万。支链淀粉呈树枝状，遇碘则变为红紫色。支链淀粉需在加热条件下才溶于水，生成的胶体溶液黏性很大。因此，支链淀粉比例大的谷物其面粉黏性也大。

淀粉在饼干生产中的作用和意义表现为：

a. 在面团形成过程中调节面筋的胀润度；

b. 对苏打饼干和半发酵饼干，在面团发酵时，为酵母提供碳源，有利于充分产生二氧化碳气体，使饼干获得酥松的结构；

c. 决定焙烤时吸水量。

淀粉是不溶于冷水的，当淀粉微粒与水一起加热，则淀粉吸水膨胀，其体积可增大近百倍，淀粉微粒由于过度膨胀而破裂，在热水中形成糊状物，这种现象称为糊化作用，这时的温度称为糊化温度。小麦淀粉在 50℃ 以上才开始膨胀，大量吸收水分，在 65℃ 时开始糊化，到 67.5℃ 时糊化终了。因此在调制一般酥性面团时，面团温度在 30℃ 为宜，此时淀粉吸水率较低，大约可吸收 30% 的水分。调制韧性面团时，常采用热糖浆烫面，以使淀粉糊化，使面团的吸水量较平常为高，降低面团弹性，使成品表面光滑。

生产苏打饼干和半发酵饼干时，利用酵母进行发酵，淀粉为酵母提供主要的能量来源。淀粉酶作用于淀粉生成麦芽糖，进一步分解为酵母可利用的葡萄糖，促进酵母的生长与繁殖，释放代谢产物二氧化碳，使面团体积增大。但是，淀粉粒外层有一层膜，保持淀粉不受外界物质（如酶、水、酸）的侵入。在将小麦制粉时，由于机械碾压作用，有少量淀粉外层膜被损伤而使淀粉粒裸露出来，这种淀粉被称为破损淀粉。淀粉酶只能作用于破损淀粉，破损淀粉含量越高，淀粉酶的活性也越强。

面粉中淀粉的破损程度在 4.5%～8.0% 之间，如果破损淀粉过多，面粉的吸水量增加，淀粉酶活性强，发酵速度快，阻碍面筋的形成，弹性降低，饼干会僵硬而不松脆。另外，淀粉酶的分解作用产生较多的糊精，造成生产出来的饼干黏牙。如果破损淀粉量过少，酵母没有足够的碳源，发酵速度慢，面团发硬，饼干的疏松度不够。

在焙烤的初段，由于刚入烤炉的饼坯温度仅为 30～40℃，炉内最前面部分的水蒸气冷凝聚在饼干表面，这样，饼胚表面的淀粉粒在高温高湿的情况下迅速膨胀糊化，使烘烤后饼干表面产生光泽。

② 可溶性糖　面粉中的糖包括葡萄糖和麦芽糖，约占糖类的 10%，主要分布于麦粒的外部和胚内部，胚乳中较少。面粉中的可溶性糖在生产苏打饼干和面包时，有利于酵母的生长繁殖，是形成其色、香、味的基质。

面粉中还含有少量糊精，它是在大小和组成上都介于糖和淀粉之间的碳水化合物。面粉中的糊精含量为 0.1%～0.2%。

糖在小麦籽粒各部分的分布不均匀。胚部含糖 2.96％，皮层和胚乳外层含糖量为 2.58％，而胚乳中含糖量最低，仅为 0.88％。因此，出粉率越高的面粉含糖量越高；反之，出粉率低的面粉含糖量也低。

③ 纤维素　面粉中的纤维素主要来源于种皮、果皮及胚，是不溶性碳水化合物。面粉中纤维素含量较少，特制粉约为 0.2％，标准粉约为 0.6％。面粉中纤维素含量过多会影响焙烤食品的外观和口感。

（4）脂肪　面粉中脂肪含量较少，通常为 1‰～2‰，主要存在于麦粒的胚和糊粉层中。

小麦脂肪是由不饱和程度较高的脂肪酸组成，其碘价在 105～140，因此面粉的质量在贮藏过程中和制成饼干后的保存期内与脂肪关系很大。即使是无油饼干，如果保存不当，也很容易酸败。因此，制粉时要尽可能除去脂质含量高的胚和麸皮，以减少面粉中的脂肪含量，使面粉的安全贮藏期延长，争取在贮藏期中不产生陈宿味和苦味，酸度也不增加。

可以通过测定面粉中脂肪的酸度或碘价来判别面粉的陈化程度。面粉所含的微量脂肪对改变面粉筋力有重要作用。面粉在贮藏过程中，脂肪受脂肪酶的作用产生不饱和脂肪酸，可使面筋弹性增大，延伸性及流散性变小，结果使弱筋面粉变成中等面粉，而使中等面粉变为强力面粉。当然除了不饱和脂肪酸产生的作用外，筋力的变化还与蛋白质分解酶的活化剂——巯基（—SH）化合物被氧化有关。陈粉比新粉筋力好，胀润值大，这点与脂肪酶的变化有关。

面粉的贮藏过程中，甘油酯在裂酯酶、脂肪酶作用下水解形成脂肪酸。高温和高湿促进了脂肪酶的作用，因此在温湿季节贮藏面粉易酸败变质。这种变质面粉烘焙性能差，面团延伸性降低，持气性降低，风味不佳。因此，面粉质量标准中规定面粉的脂肪酸值（湿基）不得超过 80，以鉴别面粉新鲜程度。脂质引起的有害影响，可以用乙醚除去变质面粉中的脂肪酸和脂肪的方法来改变，再添加同样数量的新鲜面粉脂肪，面粉就可以恢复原有的烘焙性能。

（5）矿物质　面粉中的矿物质含量是用灰分来表示的。面粉中灰分含量的高低，是评定面粉等级的重要指标。麦粒中的灰分主要存在于糊粉层中，胚和胚乳中含量较少，麦皮和种皮中更少。小麦籽粒的灰分（干基）含量为 1.5%～2.2%。

在磨粉过程中，糊粉层常伴随麸皮同时存在于面粉中，故面粉中的灰分含量视出粉率高低而变化。出粉率与灰分含量关系如图 2-2 所示。

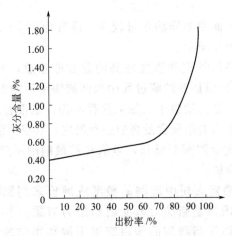

图 2-2　面粉中的灰分含量与出粉率的关系

从曲线中可以看出，当出粉率达 70% 以上时，灰分含量上升的梯度逐渐增大。面粉中的矿物质有钙、钠、钾、镁及铁等，大多数以硅酸盐和磷酸盐的形式存在。

我国国家标准把灰分含量作为检验小麦粉质量标准的重要指标之一。特制一等粉灰分含量（以干物质计）不得超过 0.70%，特制二等粉灰分含量应低于 0.85%，标准粉灰分含量应小于 1.10%，普通粉灰分含量应小于 1.40%。

（6）维生素　面粉中的维生素含量较少。一般不含维生素 D，缺乏维生素 C，维生素 A 的含量也较少，维生素 B_1、维生素 B_2、维生素 B_5 及维生素 E 的含量多一些。小麦、面粉中的维生素含量见表 2-3。

表 2-3　小麦、面粉中的维生素含量　单位：mg/100g

维生素	小　麦	面　粉	维生素	小　麦	面　粉
维生素 B_1	0.40	0.104	泛酸	1.37	0.59
维生素 B_2	0.16	0.035	维生素 B_5	0.049	0.011
烟酸	6.95	1.38	肌醇	370.0	47.0
维生素 H	0.016	0.0021	对氨基苯甲酸	0.51	0.050
胆碱	216.4	208.0			

通过表 2-3 可以看出，在制粉过程中维生素含量显著减少，这是因为维生素主要集中在糊粉层和胚芽部分。因此出粉率高、精度低的面粉中维生素含量高于出粉率低、精度高的面粉。此外，在烘焙食品时高温也使面粉中的维生素受到部分破坏。为了弥补面粉中维生素的不足，生产中可采用添加维生素的方法来强化面粉和焙烤食品的营养。

（7）酶类　面粉中含有一定量的酶类，主要有淀粉酶、蛋白酶、脂肪酶等。这些酶类的存在，无论是对面粉的贮藏，还是对饼干的生产，都有一定的作用。例如面团发酵时，淀粉酶可将淀粉分解成单糖供酵母生长繁殖，促进发酵作用；蛋白酶在一定条件下可将蛋白质分解成氨基酸，提高制品的色、香、味；而脂肪酶将脂肪分解成脂肪酸，使脂肪酸败，影响产品质量。

① 淀粉酶　淀粉酶可分为 α-淀粉酶和 β-淀粉酶两种。α-淀粉酶只能水解淀粉分子的 α-1,4 糖苷键，而 β-淀粉酶则只能水解淀粉分子中的 β-1,4 糖苷键。在正常的小麦中只含有 β-淀粉酶，当小麦发芽后，则也含有 α-淀粉酶。α-淀粉酶和 β-淀粉酶均可使淀粉水解成麦芽糖和葡萄糖。

β-淀粉酶比较耐酸，α-淀粉酶比较耐热。从试验中可知，加热到 70℃维持 15min，β-淀粉酶失去活性，而对 α-淀粉酶没有多大影响；在 pH 为 3.3，温度为 0℃的溶液中维持 15min，则 α-淀粉酶失去活性，而对 β-淀粉酶效果甚微。在 pH 为 5.9 的发酵面团中，α-淀粉酶最适温度是 70～74℃，当温度为 97～98℃时，α-淀粉酶仍能保持一定的活性；在同一酸度下，β-淀粉酶的最适温度是 62～64℃，当温度上升到 82～84℃，则完全失去活性。

α-淀粉酶是从淀粉分子内部进行水解的，属于内酶。α-淀粉酶水解淀粉时，开始速度很快，可使长链的淀粉分子迅速裂解成较小分子，淀粉液的黏度也急速降低，这种作用称为液化作用，因此α-淀粉酶又称淀粉液化酶。

β-淀粉酶是从淀粉分子的非还原末端开始水解，它属于外酶，当β-淀粉酶水解淀粉时，会迅速形成麦芽糖，还原能力不断增加，故又称为糖化酶。由于β-淀粉酶的热稳定性差，它只能在面团发酵阶段起水解作用；而α-淀粉酶热稳定性较强，不仅在面团发酵阶段起作用，而且在饼干烘烤时，仍继续进行水解作用。

② 蛋白酶　面粉中含有少量的蛋白酶，蛋白酶最适 pH 在 4～5 之间。蛋白酶作用于蛋白质，将蛋白质分解为胨、肽和氨基酸等小分子物质。面粉中含有少量的蛋白酶。半胱氨酸、谷胱甘肽等硫氢化物能激活小麦蛋白酶，水解面筋蛋白，使面团软化，一定程度上降低面筋的强度。另一方面，溴酸盐、碘酸盐、过硫酸盐等氧化剂能抑制蛋白酶的活性，从而使面团硬且稠。小麦蛋白酶最适 pH 在 4～5 之间。

③ 脂肪酶　脂肪酶是一种对脂肪起水解作用的水解酶，其最适 pH 为 7.5，最适温度为 30～40℃。在面粉贮藏期间将脂肪水解，使游离脂肪酸的数量增加，面粉酸败，从而降低面粉的焙烤性能。小麦内的脂肪酶主要集中在糊粉层，胚乳部分脂肪酶仅占麦粒总脂肪酶的 5%。因此，精制的上等粉比含糊粉层多的低级粉贮藏稳定性高。

2. 面粉的理化性质

面筋是蛋白质高度水化的形成物。当面粉团在水中揉洗时，淀粉和麸皮等微粒呈悬浮状态脱离掉，最后得到一种柔软的胶状物就是面筋。面筋在面团形成过程中起非常重要的作用，能决定面团的烘焙性能。面粉的筋力好坏、强弱决定于面粉中面筋质的数量与质量。

(1) 面筋的化学组成　将面团在水中搓洗时，淀粉、可溶性蛋白、灰分等成分渐渐离开面团而悬浮在水中，最后剩下一块具有黏性、弹性和延伸性的软胶状物质，这就是所谓的粗面筋。面筋可分为湿面筋和干面筋。含水量为 65%～70% 的面筋称为湿面筋；湿面筋烘去水分即为干面筋。

面筋主要是由麦胶蛋白和麦谷蛋白这两种蛋白质组成，约占干面筋的 80%，其余 20% 左右为淀粉、纤维和脂肪等，面筋的化学组成见表 2-4。

表 2-4　面筋的化学组成

项目	麦胶蛋白	麦谷蛋白	其他蛋白质	淀粉	脂肪	灰分
含量(对干物质)/%	42.02	39.10	4.40	6.45	2.80	2.00

在我国面粉的质量标准中规定，特制一等粉湿面筋含量在 26% 以上，特制二等粉湿面筋含量在 25% 以上，标准粉湿面筋含量在 24% 以上，普通粉湿面筋含量在 22% 以上。

根据面粉中湿面筋含量，可将面粉分为三个等级：高筋小麦粉面筋含量大于 30%，适于制作面包等高面筋食品；低筋小麦粉面筋含量小于 24%，适于制作饼干糕点等低面筋食品；面筋含量在 24%～30% 的面粉，适于制作面条、馒头等。

（2）面筋的形成　能形成面筋构成焙烤食品骨架的蛋白质只有麦胶蛋白和麦谷蛋白。麦胶蛋白和麦谷蛋白是影响面粉焙烤品质的决定性因素，而这两种蛋白质在品质特性上又存在很大差异。麦胶蛋白可溶于 70% 的乙醇，又称为醇溶蛋白。大多数麦胶蛋白质的相对分子量约为 36000。麦胶蛋白质是由 α-、β-、γ- 和 ω-麦胶蛋白等多种蛋白组分构成的非均一体。麦胶蛋白的二硫键主要是在分子内形成的，在受到还原作用后，分子内二硫键便被破坏，但仅仅是分子形状发生了变化。麦谷蛋白比麦胶蛋白具有较少的 α-螺旋结构，而且肽链更加松散，其分子结构是比较松散的，因此，麦谷蛋白的吸水能力远远大于结构紧密的麦胶蛋白。麦谷蛋白各分子之间可通过次级键（氢键、离子键和疏水键）作用形成聚集体。麦谷蛋白的亚基通过亚基间二硫键交叉连接构成面筋复合体。麦谷蛋白趋向于形成分子间二硫键，因而使面筋具有黏弹性。

面粉加水搅拌时，麦谷蛋白首先吸水胀润，同时麦胶蛋白、水溶性的麦清蛋白和麦球蛋白等成分也逐渐吸水胀润，淀粉粒也少量地

19

吸水。

随着不断搅拌，麦胶蛋白和麦谷蛋白中的硫氢基和二硫基相互作用，形成了面筋的网状结构。它们之间的反应模式如下：

$$\text{蛋白质} \underset{S}{\overset{S}{\Big\langle}} \quad + \text{蛋白质—SH} \longrightarrow \text{蛋白质—S—S—蛋白质} \atop \text{SH}$$

麦胶蛋白和麦谷蛋白都含有二硫键。麦胶蛋白的二硫键在分子内，含二硫基多肽键的相对分子质量小些；麦谷蛋白的二硫键在分子内和分子间，含二硫基多肽键的相对分子质量大些，而且高相对分子质量含量多。两者对面筋物性的贡献不同，麦胶蛋白形成的面筋具有良好的延伸性，有利于面团的整形操作，但面筋筋力不足，很软、很弱，使成品体积小，弹性较差。麦谷蛋白形成的面筋则有良好的弹性，筋力强，面筋结构牢固，但延伸性差。

（3）面筋工艺性能　面粉的烘烤品质是由蛋白质的数量和质量两个方面决定的。虽然面粉中蛋白质的含量多，但形成的面团未必就筋力强，或者也未必符合产品生产的要求。面粉中麦胶蛋白和麦谷蛋白的组成比例很重要，麦胶蛋白赋予面团黏性和可塑性，而麦谷蛋白赋予面团弹性。如果麦胶蛋白含量过多，则造成面团太软，面筋网络结构不牢固，持气性差，面团过度膨胀，导致产品出现变形等不良结果。如果麦谷蛋白含量过多，势必造成面团弹性、韧性太强，无法膨胀，导致产品体积小，或因面团韧性和持气性太强，面团内气压大而造成产品表面开裂现象。

通常，面筋的工艺性能或物理特性包括延伸性、可塑性、弹性、韧性和比延伸性五个指标，分述如下：

a. 延伸性，指湿面筋被拉长到某长度而不断裂的能力；

b. 可塑性，指湿面筋被压缩或拉伸后不恢复原来状态的能力；

c. 弹性，指湿面筋被压缩或拉伸后恢复原来状态的能力；

d. 韧性，指面筋对拉伸时所表现的抵抗力，一般来说，弹性强的面筋，韧性也好；

e. 比延伸性，是以面筋每分钟能自动延伸的厘米数来表示的。

饼干生产要求的面筋是弹性、韧性、延伸性都不高，但可塑性必须良好。

二、小麦粉流变学特性测定

面筋的弹性、韧性、延伸性等是面粉品质的重要指标。目前，可通过仪器进行综合测定。

常用的仪器有粉质仪、揉面仪、拉伸仪、吹泡示功仪、混合仪。

1. 粉质仪

粉质仪是根据揉制面团时受到阻力的原理设计的。在定量的面粉中加入水，在定温下开机揉成面团。根据揉制面团过程中混合搅拌刀所受到的阻力，由仪器自动绘出一条特性曲线，即为粉质图，作为分析面团品质的依据。

由粉质图可得到面团以下指标：吸水率、面团形成时间、稳定性、衰减度或软化度、评价值等。根据粉质图可将面粉划分为以下四种。

（1）弱力粉　面团形成时间和稳定时间短，适合于制作甜酥性饼干。

（2）中力粉　面团形成和稳定时间较长，适合于制作苏打饼干和韧性饼干。

（3）强力粉　面团形成时间和稳定时间长，耐搅指数较小，在饼干制作中一般只作为酵头使用。

（4）非常强力粉　在正常的粉质仪搅拌器转速时，稳定时间达20min以上，难以表示面粉质量的有关数据。此种面粉不适合制作饼干。

2. 揉面仪

揉面仪的原理与粉质仪类似，可以测定和记录揉面时面团的阻力，得到的揉面图显示面团最适宜的形成时差、稳定性及面团的其他一些特性。与粉质仪相比，揉面仪样品用量较少，只需30～35g面粉，工作效率高，可反应不同小麦粉间的较小差异。但该仪器读数不稳定，通常用于育种实验中。

3. 拉伸仪

拉伸仪的工作原理是将通过粉质仪制备好的面团揉搓成粗短的面条，将面条两端固定，当中用钩向下拉，直到拉断为止，抗拉伸阻力以曲线的形式自动记录下来，据此分析面团品质和助发剂的影响作用。拉伸仪由面团揉圆器、搓条器、面条固定器、面条保温室、拉伸装置、自动记录器等部件构成。

由拉伸图可得出以下数据：面团抗拉伸阻力、面团延伸性、拉伸比值、最大抗拉伸阻力等。

4. 吹泡示功仪

吹泡示功仪的测定原理与拉伸仪类似，都是按面团变形所用的抗拉伸阻力和延伸性等来测定面团性质的。所不同的是，它用吹泡的方式使面团变形，而不是拉伸。吹泡示功仪比拉伸仪样品用量少，简便快速，但不能显示面粉改良剂的影响。

5. 混合实验仪

混合实验仪标准实验模式是面质食品类研发的最理想工具。它是能够通过一次实验即可以对面粉的全部特征做出分析的设备（例如，面粉中蛋白、淀粉和酶等的特性）。混合实验仪是一种可记录式的揉面钵，可以测量在搅拌和温度双重压力下的面团流变学特性。它主要是实时测量面团搅拌时两个双揉面刀（搅拌臂）的扭矩（单位是 N·m）变化。实验主要是基于在第一阶段面团水合后形成一个达到目标稠度的重量固定的面团。

混合实验仪模拟粉质仪模式是以使用 Mixolab 得到粉质仪的相应参数（值与单位）为目的而专门设计的。混合实验仪剖面图能够用来安全地检测、选择和改善面粉。

三、小麦粉分类及标准

我国现有生产的小麦粉有等级粉（通用粉）和专用粉两大类。

1. 等级粉

等级粉是按加工精度分等的，其种类及质量指标已由国家标准（GB 1355—2005）做了规定（见表 2-5，表 2-6）。

表 2-5 中筋小麦粉质量指标

项目	强中筋小麦粉				中筋小麦粉			
等级	一级	二级	三级	四级	一级	二级	三级	四级
灰分(干基)/%≤	0.55	0.70	0.85	1.10	0.55	0.70	0.85	1.10
面筋值(14%水分)/%	≥28.0				≥24.0			
面筋指数	≥60				—			
稳定时间/min	≥4.5				≥2.5			
降落数值/s	≥200				≥200			
加工精度	按实物标样				按实物标样			
粗细度	CB 30 全通过,CB 36 留存≤10%				CB 30 全通过,CB 36 留存≤10%			
含砂量/%	≤0.02				≤0.02			
磁性金属物/(g/kg)	≤0.003				≤0.003			
水分/%	≤14.5				≤14.5			
脂肪酸值(以干物计,以 KOH 计)/(mg/100g)	≤50				≤50			
气味、口味	正常				正常			

注:表中划有"—"的项目不检验。

表 2-6 强筋小麦粉、弱筋小麦粉质量指标

项目	强筋小麦粉			弱筋小麦粉		
等级	一级	二级	三级	一级	二级	三级
灰分(干基)/%≤	0.60	0.70	0.85	0.55	0.65	0.75
面筋值(14%水分)/%	≥32.0			≤24.0		
面筋指数	≥70					
蛋白质(干基)/%	≥12.2			≤10.0		
稳定时间/min	≥7.0					
吹泡 P 值	—			≤40		
吹泡 L 值	—			≥90		
降落数值/s	≥250			≥150		
加工精度	按实物标样			按实物标样		

项目	强筋小麦粉			弱筋小麦粉		
等级	一级	二级	三级	一级	二级	三级
粗细度	CB 30 全通过， CB 36 留存≤10%			CB 30 全通过， CB 36 留存≤10%		
含砂量/%	≤0.02			≤0.02		
磁性金属物/(g/kg)	≤0.003			≤0.003		
水分/%	≤14.5			≤14.5		
脂肪酸值（以干物计，以 KOH 计）/(mg/100g)	≤50			≤50		
气味、口味	正常			正常		

注：表中划有"—"的项目不检验。

2. 专用粉

目前，国外流行使用专用面粉。专用面粉是相对通用面粉而言，它是针对不同面制食品的加工特性和品质的要求而生产的。例如，英国就针对威化饼干与薄脆饼干加工特性和品质要求的不同而制定了不同的小麦粉标准，见表2-7。

表 2-7 英国饼干用面粉质量指标

项 目	威化饼干类（软饼干）	薄脆饼干类（硬饼干）
水分/%	≤14.5	≤14.0
蛋白质含量/%	7.5～9.5	≥10.2
色泽等级（K.J.M）	<5	<5
粒度	均匀一致，>90μm 粒度不超过 10%	均匀一致
吸水量/%	45～54	50～54.5
面团延伸性（15min 后）/cm	20	24～28
面团抗延性/BU	250～400	300～450
小麦种类	软质麦	软质、硬质麦混合

专用面粉的生产工艺大致有两种类型。第一种是小麦搭配生产工艺，即将不同类型的小麦在清理以前搭配或分别清理后在磨粉前搭配混合，在制粉过程中根据专用小麦粉的质量要求，组成各专用粉。第二种是配粉生产工艺，即将不同类型的小麦经清理后先磨制成各种基础粉，分别存入各散装粉仓，再根据用户的要求，进行配粉和混合，形成各种专用小麦粉。初步制出的专用粉可能还要进一步进行品质改良、营养改良等处理，才能适合不同的品种需要。在发达国家，专用

面粉产量已占面粉总量的 95％，且种类繁多，例如日本有 60 多种，英国有 70 多种，美国有 100 余种，几乎是每一小类食品就有一种相对应的专用粉。包括面包粉、饼干粉、糕点粉等。

我国食品专用小麦粉生产虽然还处于起步阶段，在某些指标上比国外低一些，但是发展速度也很快，目前已有十几个品种。

1993 年由国内贸易部颁布的行业标准，代号为 SB/T 10186～10145—93，颁布了专用小麦粉的国家行业标准。表 2-8 列出了发酵饼干专用粉和酥性饼干专用粉的主要质量指标。

其中，发酵饼干用小麦粉是制作发酵饼干专用的小麦粉，其质量标准参见 SB/T 10140—93《发酵饼干用小麦粉》。酥性饼干用小麦粉是制作酥性饼干专用的小麦粉，其质量标准参见 SB/T 10141—93《酥性饼干用小麦粉》。

发酵饼干和酥性饼干专用小麦粉的技术要求见表 2-8。

表 2-8 发酵饼干和酥性饼干专用小麦粉的技术要求

项目		指标	发酵饼干用小麦粉 (SB/T 10140—93)		酥性饼干用小麦粉 (SB/T 10141—93)	
			精制级	普通级	精制级	普通级
原 料			应符合 GB 1351 的规定		应符合 GB 1351 的规定	
理化指标	水分/%	≤	14.0		14.0	
	灰分量(以干基计)/%	≤	0.55	0.70	0.55	0.70
	粗细度	CB 36 号筛	全部通过		全部通过 CB 36 号筛	
		CB 42 号筛	留存量不超过 10.0%			
	湿面筋量/%	≥	24～30		22～26	
	粉质曲线稳定时间/min	≥	3.5		2.5	3.5
	降落数值/s		250～350		150	
	含砂量/%	≤	0.02		0.02	
	磁性金属物量/(g/kg)	≤	0.003		0.003	
感官指标	气味		无异味		无异味	
卫生指标			应符合 GB 2715 的规定		应符合 GB 2715 的规定	

注：检测粗细度时，筛上剩余物在感量 0.1g 天平上称量不出数，视为全部通过。

25

四、饼干生产选择面粉时所要考虑的因素

1. 面筋含量

韧性饼干的特征是图案为凹花，带有针孔，配料中油、糖量较低、易吸水膨胀而形成面筋。韧性面团调制时经较强烈的机械搅拌，使面团弹性降低，面团变得较为柔软，具有一定的可塑性。因而，制作韧性饼干的小麦面粉，宜选用面筋弹性中等，延伸性好，面筋含量较低的面粉。一般以湿面筋含量在21％～28％之间为宜。如果面筋含量高、筋力强，则生产出来的饼干发硬、变形、起泡；如果面筋含量过低、筋力弱，则饼干会出现裂纹，易破碎。

甜酥性饼干（包括曲奇饼干）采用辊印或挤压及钢线切割成形，这类饼干含油脂多、含糖多，面团较软，用钢带来进行烘烤。操作中面片要有结合力，不粘模、不粘带，成形后的饼干凸状花纹图案要清晰，不收缩变形。这就要求制作甜酥性饼干的面粉要用软质小麦研磨，一般面粉的面筋含量为19％～22％。

苏打饼干为发酵性食品，口感酥松，有发酵食品特有的香味，含糖量很低，不易上色。在生产过程中，采用多次辊轧、折叠、夹酥，因此，面团要求有好的延伸性与弹性，不易破皮。苏打饼干原料中有80％的面粉，故面粉的选择很重要，面筋过高，饼干易收缩变形，口感脆性好，但缺乏酥性。面筋过低，虽饼干酥性好，但脆性差。苏打饼干一般采用二次发酵的生产工艺，面粉分别作二次投料。在第一次面团发酵时，发酵时间较长，应选用湿面筋含量在30％左右、筋力强的面粉，使之能够经受较长时间的微生物发酵而不会导致面团弹性过度降低。第二次面团发酵时，时间较短，宜选用湿面筋含量为24％～26％、筋力较弱的面粉。

半发酵饼干是综合了韧性饼干、酥性饼干和苏打饼干生产工艺优点的发酵性饼干。半发酵饼干油、糖含量少，产品层次分明，无大孔洞，口感酥松爽口，并具有发酵制品的特殊风味。要求选用饼干专用小麦粉或优质精制小麦粉，湿面筋含量以24％～30％为宜，弹性良好，延伸性在25～28cm为宜。如果面筋筋力过强，易造成饼干僵硬，易变形；若面筋筋力过小，面团发酵时持气能力较差，成形时易断片，产品易破碎。

威化饼干为多孔性结构，具有酥脆，入口易化的特点，除夹心部分外，其配方中基本不含油和糖。此类饼干要求面粉中的面筋含量一定要适中，筋力要适宜，湿面筋在 23％～24％之间。如果面粉的筋力太强，生产出来的威化饼干易破碎，同时生产过程易粘模；如果面筋筋力太大，则在调浆过程中起筋，生产出来的威化饼干干硬、不松脆。

蛋卷是经烘烤的薄片卷筒而成的特殊饼干，口感松脆，有浓郁的鸡蛋味。蛋卷生产中也需要调浆，其面粉的要求与威化饼干所用的面粉差不多，面筋在 24％左右。

2. 面粉的粗细度

面粉的粒度影响面粉的吸水率。颗粒粗的面粉与水的接触面较小，水分的渗透速度降低。研磨较细的面粉，比表面积增大，吸水率自然最高。不同种类饼干对面粉的粗细度要求不同。对于甜饼干一般要求全通过 150μm 筛，如果面粉的颗粒大，则面团制作时吸水慢，影响和面时间，同时糊化温度升高，做出的饼干可能会有粘牙现象。如果面粉的颗粒度太小，饼干在烘烤时会向上膨胀，影响饼干的形状。威化饼干和蛋卷都需经过调浆，对面粉的粗细度要求更加严格，其面粉的颗粒应尽可能细小，最好能全通过 125μm 筛，只有这样调出的浆才均匀，生产出的饼干表面光滑幼细，没有粗糙感。

但是，面粉中破损淀粉与面粉的粗细度有关，面粉粒度越小，破损淀粉就越多，这对甜酥性饼干、威化饼干质量影响不是很大，但对苏打饼干和半发酵饼干的质量却有较大影响。如果面粉细，破损淀粉过多，面粉的吸水量增多，造成面团发软，弹性降低，饼干会发硬而不松脆。并且淀粉酶对破损淀粉的作用增加，产生糊精，造成饼干发黏。但如果面粉粒度大，破损淀粉量过少，则吸水量少，提供给酵母的糖类少，发酵速率慢，面团较硬，饼干不够酥松，因此，在苏打饼干和半发酵饼干的制作中，对面粉的粒度有严格要求。

3. 面粉的灰分与白度值

灰分是面粉加工精度的一个重要指标。过去，面粉的标准是以面粉中灰分含量的高低为基础制定的，现在，更是以面粉灰分的高低来确定面粉的价格。饼干厂家对面粉的灰分含量要求越来越严格。灰分高，说明面粉加工精度低、粉色差、含麸星多，所生产出来的饼干结构粗糙、颜色深、口感差。如果面粉的灰分低，则相反。对于生产颜色浅的饼干，如威化饼干、苏打饼干等，最好使用灰分低、麸星少的面粉。

白度值与面粉中类胡萝卜素和麸星含量多少有关，而麸星涉及面粉的加工精度，上面已经讨论过。诸如胡萝卜素等色素可以通过添加漂白剂进行改良，这对于生产颜色浅的饼干是有必要的，以使得此类饼干有较为理想的颜色。

4. 降落数值

降落数值是用于衡量面粉中 α-淀粉酶含量高低的指标。降落数值高，表明面粉中 α-淀粉酶含量低；降落数值低，则表明面粉中 α-淀粉酶含量高。特别是用发芽小麦研磨出来的面粉中含有大量的 α-淀粉酶，和面以后 α-淀粉酶就会分解淀粉分子，产生糊精及麦芽糖。降落数值太低的面粉，不适于制作韧性饼干、苏打饼干和威化饼干，因为这类面粉中 α-淀粉酶含量高，酶作用于淀粉产生大量的麦芽糖，烘烤时美拉德反应和焦糖化作用强烈，产生大量褐色物质，使得饼干颜色加深，不利于以上饼干所要求的颜色。同时，由于小麦发芽，会影响面筋的质和量，使面筋减少，面筋质变弱，面筋易断裂，制造出来的饼干会产生裂纹，容易破碎。

发酵性饼干对面粉的降落数值要求更加严格。降落数值低，除了以上讲到的一些弊病之外，还会产生大量糊精，使得发酵饼干口感差。此外，淀粉分解产生大量的糖供酵母使用，使得发酵速度加快，饼干易破皮变形。但降落数值过高，则 α-淀粉酶量低，没有足够的糖供酵母使用，产气速度慢，生产出来的饼干硬而不松脆，且会收缩变形。

对于苏打饼干所用的面粉，其降落数值一般在 250～350s 之间。如果超出这个范围，就应该用不同品种的小麦粉进行搭配或添加改良剂进行调整。

第二节　面团改良剂

面团改良剂是指能够改善面团加工性能、提高产品质量的一类添加剂的统称，面团改良剂还被称为面粉品质改良剂、面团调节剂、酵母营养剂等。面团改良剂现在多为混合制剂，它包括面粉处理剂、乳化剂、酶制剂、食品营养强化剂、水硬度和面团 pH 调节剂、缓冲剂、各种氧化剂和还原剂类物质。

一、面团改良剂的分类

面团改良剂品种繁多，按化学成分可分为无机改良剂、有机改良剂、混合型改良剂。根据其用途可分类如下。

1. 面筋调节剂

用于饼干类食品生产主要为面粉降筋剂，主要有：L-半胱氨酸盐酸盐、焦亚硫酸钠、抗坏血酸、木瓜蛋白酶、细菌蛋白酶、胃蛋白酶、胰蛋白酶。

2. 酵母营养剂

酵母营养剂又称酵母食物，是酵母生产、繁殖的必需营养物质。面团发酵能否顺利取决于酵母是否正常生长、繁殖。要使酵母正常生长，必须满足酵母细胞生长繁殖所必需的温度、氧气和营养物质（酵母食物）。营养物质中的碳素源主要是摄取面团中的葡萄糖、果糖、麦芽糖和蔗糖；氮素源则需补充铵盐。

3. 发酵促进剂

真菌 α-淀粉酶、磷酸二氢钙、氯化铵、硫酸铵、磷酸铵。

二、面团改良剂的作用

1. 还原剂（reducing agent）

还原剂是指能降低面团筋力，使面团具有良好的可塑性和延伸性的一类化学合成物质。它的作用机理主要是使蛋白质分子中的二硫键断裂，转变为硫氢键，蛋白质由大分子变成小分子，降低了面团筋力、弹性和韧性，增强了面团的延伸性。适量地使用还原剂，可以使调粉和发酵时间缩短

我国 GB 2760—2011《食品添加剂使用卫生标准》中规定，L-半胱氨酸盐酸盐作为面粉处理剂可使用在发酵面制品中，最大使用量为 0.06g/kg；焦亚硫酸钠在饼干中的最大使用量 0.05g/kg，残留量以

二氧化硫计。

目前亚硫酸氢钠仍是韧性饼干的面团改良剂，它对饼干面团辊压具有特殊作用，能使面粉被辊压成非常理想的薄度，有利于成形。但亚硫酸盐会给产品风味带来不良影响，且亚硫酸性质不稳定，易于分解而放出二氧化硫气体，对面团的改良率低，并有腐蚀性。焦亚硫酸钠作为面团改良剂比较有效和安全。

2. 蛋白酶（protease）

在饼干工业中应用的酶制剂主要是胃蛋白酶和木瓜蛋白酶。主要适用于柔软、易加工、延伸性强的面团。

蛋白酶能水解蛋白质分子的肽链，即蛋白酶能够使面筋蛋白质分解成氨基酸、肽、胨等物质，破坏面团中的面筋结构，降低面筋筋力，减少面团的硬脆性，增加面团的延展性，提高其可塑性。蛋白酶对蛋白质的作用是不可逆的，即断裂的蛋白质分子不能再重新结合起来，故在添加蛋白酶时要严格控制操作过程和时间，不可过量。

在制造饼干时，当使用高面筋含量、质地较硬的强力粉时，可利用蛋白酶来改善面团性质。我国 GB 2760—2011《食品添加剂使用卫生标准》中规定，木瓜蛋白酶、蛋白酶（枯草芽孢杆菌）可用于焙烤工业中，按生产需要适量使用。

蛋白酶一般是在第二次发酵时加入，胃蛋白酶的加入量为第二次面粉量的 0.02%，胰蛋白酶的加入量为第二次面粉量的 0.015%。蛋白酶的使用并不普遍，有的国家将其作为添加剂的一种成分。

3. 铵盐的作用

常用的铵盐有氯化铵、硫酸铵、磷酸铵等，它们主要充当酵母食物，促进发酵。并且其分解后形成的酸对调整 pH 也有一定的作用，会使 pH 降低。

面粉中低氮化合物含量极低，酵母如果单纯依靠面粉中的氮源素，则必须经历由面粉和酵母中的蛋白酶将蛋白质水解以后，再摄取低分子含氮物质的过程。这样在面团发酵前期因氮源素的含量太低，会影响酵母的增殖。铵盐是酵母细胞最重要的氮源，酵母利用铵盐中的氮在细胞中合成了复杂的多肽和蛋白质，以满足正常生长繁殖的需要。

4. 面团 pH 的调节

如果面团的 pH 适宜于酵母的繁殖和发酵，将能有效抑制杂菌的繁衍和活动。碱性过强的面团，会造成发酵周期延长，风味变劣。常用的酸度调节剂是磷酸二氢钙（磷酸钙）、磷酸氢钙或添加乳酸等。

我国 GB 2760—2011《食品添加剂使用卫生标准》中规定，磷酸二氢钙（磷酸钙）作为过氧化苯甲酰的稀释剂可按生产需要适量使用，在面包、饼干中最大使用量（以磷酸计）为 5.0g/kg；乳酸作为酸度添加剂，可按生产需要适量使用。

5. 分散剂或填充剂

常用的分散剂或填充剂有食盐、淀粉、小麦面粉、大豆粉、绿豆粉等。

由于面团改良剂的有效成分及使用量都极低，因此要使上述物质与其充分混合均匀，便于称量计量和在面团中混合分散均匀，充分发挥其作用效果。

三、饼干面团改良剂的使用

1. 饼干面团改良剂

生产饼干需要面团有良好的塑性和松弛的结构。除选择低面筋含量的低筋粉，增加糖油比等方法外，还可添加面团改良剂。

（1）韧性面团改良剂 生产韧性饼干的配方中，由于面团中油、糖比例较小，加水量较多，因此面团的面筋可以充分地膨润，如果操作不当常会引起制品变形，所以要使用改良剂。饼干中使用的面团改良剂一般为还原剂和酶制剂，它们可使面团筋力减小、弹性减小、塑性增大，使产品形态平整、表面光泽好，还可使搅拌时间缩短。

常用的降筋剂有 L-半胱氨酸盐酸盐、焦亚硫酸钠、抗坏血酸、木瓜蛋白酶、蛋白酶（枯草芽孢杆菌）、胃蛋白酶、胰蛋白酶等。亚硫酸氢钠（钙）也是目前仍在使用的还原剂。

（2）发酵面团改良剂 在饼干生产中，当使用面筋含量较高的面粉时，面团发酵后还保持相当大的弹性，在加工过程中会引起收缩，烘焙时表面起大泡，且产品的酥松性也会受到影响。利用蛋白酶分解蛋白质的特性来破坏面团的面筋结构，可改善饼干产品的形态，并且使产品变得易于上色。

在苏打饼干面团中使用 α-淀粉酶可促进淀粉糖化，供给酵母发酵的营养物质，促进发酵，防止发酵时间过长导致乳酸发酵与醋酸发酵生成过多的酸。

（3）酥性面团改良剂　酥性面团中脂肪和糖的含量很大，足以抑制面团面筋的形成，但面团发黏，不易操作。常需使用卵磷脂来降低面团黏度。卵磷脂可使面团中的油脂部分乳化，为面筋所吸收，改善面筋状态，使饼干在烘焙过程中，容易生成多孔性的疏松组织。此外卵磷脂还是一种抗氧化增效剂，可使产品保存期延长。由于磷脂有蜡质口感，所以用量一般在 1% 左右，过量会影响风味。

（4）半发酵面团改良剂　半发酵型饼干生产工艺属于发酵性与韧性两类饼干的混合新工艺。目前，在这类饼干的生产过程中，普遍应用木瓜蛋白酶和焦亚硫酸钠作为面团改良剂。用酶制剂和还原剂双重功能，从横向和纵向两方面来切断面筋蛋白质结构中的二硫键（—S—S—），使之转化成硫氢基键（—SH），达到削弱面筋强度的要求。这样做，一方面可保持饼干形态，使之不易变形，另一方面则能降低烘烤时的抗胀力，使产品酥松度提高。

木瓜蛋白酶制剂的主要成分为精制木瓜蛋白酶与天然辅料，其作用与机理为，生物活性物质木瓜蛋白酶的酶促反应，可使面团中的蛋白质在一定程度上分解成肽和氨基酸，从而降低湿面团筋度，改良面团的可塑性及理化性质，使之适合各种风味的高、中、低档甜饼干或咸饼干的制作，尤其适用于低脂低糖饼干制作。因此，这种酶是制作薄片型、特脆型饼干必不可少的面团改良剂，其用量按投入小麦粉量计，一般工艺制作的甜饼干用 0.02%～0.03%，威化饼干用 0.025%～0.04%。不同工艺和不同质地的小麦粉，添加量可适当增减。

在当前的饼干制作工艺上，除了采用上述介绍的面团改良剂外，还添加乳化剂作面团改良剂。普遍采用蔗糖酯和分子蒸馏单甘油酯，以提高饼干的酥松度，增加口感，改善面团物理性状，使饼干操作进行顺利。前者用量为小麦粉的 0.08%～0.10%，其 HLB（hydrophile lipophile balance）值应选择在 12～16，后者用量为小麦粉的 0.04%～0.05%。

2. 面团改良剂使用注意事项

面团改良剂的使用要针对性强，用量要适当。要从产品特性、工厂设备、加工工艺特点、原料品质、气温等方面考虑，在能达到目的的情况下要尽量少用。面团改良剂的使用量应根据制品的性状来决定。例如当使用面筋含量过多的面粉可稍增加氧化剂的量；面筋过硬时应使用还原剂、酶制剂，减少氧化剂；面粉等级过低或需漂白的面粉，可稍增加氧化剂用量。

第三节 油　　脂

油脂是饼干生产的主要原料。在饼干生产中，它起着调和面团、增加辊轧工序面团韧性、强化烘烤酥性、提高营养价值的作用。

油脂按其原料来源分为食用植物油和食用动物油脂。

食用植物油是以植物油料加工生产供人们食用的植物油。大多数植物油在常温下呈液态，只有椰子油、可可脂等少数油脂在常温下呈固体。植物油按其干燥性能又可分为三类。

干性油：油脂在空气中有较高的干燥性能，干燥后可生成一层具有弹性而坚硬的固体薄膜，其碘价在 130 以上，如亚麻油、核桃油等。

半干性油：干燥速度较慢，干燥后的油膜不牢固，会重新软化，其碘价在 100～130，如大豆油、棉籽油、香油、菜籽油等。

不干性油：不能自行干燥形成油膜，碘价在 100 以下，如花生油、棕榈油、茶油等。

一、饼干生产中常用的油脂

1. 猪油

猪油是饼干和其他焙烤制品常用的油脂之一，它起酥性好，可塑性和乳油性也较强，制出的产品品质细腻，口味肥美。猪油分猪板油、肉膘油和猪网油三种。其中专门从猪腹部的板油提炼的油脂质量最好，色泽洁白，具有猪油特有的温和香味，其酸价不超过 0.8；猪膘油和猪网油质量差些，酸价最高可达 1.5，常带有不愉快的气味。

猪油的熔点在 36～42℃ 之间，当温度逐渐升高时，猪油便显示出逐渐软化而不流动的特性，达到熔点时变为液体。良好塑性和稠度的猪油对饼干有优良的起酥性。

猪油是动物性油脂，不含天然抗氧化剂，容易氧化酸败，在饼干加工过程中经高温焙烤，稳定性差，宜用于保存不长的饼干中，或者在使用时需添加一定量的抗氧化剂。

2. 奶油

奶油是从牛奶中分离得到的乳脂肪加工制成的，含 8％～15％脂肪、14％～16％水及 0.5％～2.0％的非脂固形物。奶油的熔点为 28～34℃，凝固点为 15～25℃。在常温下，奶油性状柔软，易在面团中分散均匀，具有优良的可塑性。同时，奶油中还含有较多饱和脂肪酸，如甘油和磷脂，它们是天然的乳化剂，使奶油具有良好的稳定性，且有利于面团调制时将少量空气包入，提高其起酥性。

奶油含有特殊的芳香和营养价值，添加至高档饼干中，可以提高饼干的风味及营养。因奶油水分含量高，其中的水分有可能迁移至饼干中，使饼干失去松脆特性，所以，不能直接用奶油做夹心饼干的夹心料。

3. 精炼植物油

饼干生产中常用的植物油包括：棕榈油、橄榄油、椰子油、菜籽油、花生油、豆油和混合植物油。

棕榈油和橄榄油均属月桂酸系油脂，在常温时呈硬性固体状态，饱和度也高，稳定性好，不易氧化，可用于饼干表面的喷油。若用在饼干生产，则因缺乏稠度和塑性，加工性能差。但因棕榈油价格低于一般精炼植物油，仍有不少饼干厂将其与精炼植物油搭配使用；棕榈油还可用于制作起酥油或人造奶油，制得稳定性高的复合型油脂。椰子油的熔点范围为 24～27℃。当温度升高时，椰子油不是逐渐软化，而是在较窄的温度范围内骤然由脆性固体转变为液体。利用此特性，椰子油用于夹心料中，吃到嘴里能较快融化。

精炼的菜籽油、花生油、豆油和混合植物油在常温下呈液态，有一定黏度，润滑性和流动性好，用于饼干面团中，不但起酥性好，而且能提高面团的润滑性，降低黏性，改善饼干面团的机械操作性。这些植物油的不饱和脂肪酸含量高，易氧化，但它们都含有微量的天然抗氧化剂，如维生素 E、芝麻酚等，对这些植物油本身起到保护作用，因此，其稳定性比猪油好。这些精炼植物油可用于贮存期不长，油脂含量较少的饼干中，用量不宜太高，否则，面团中的油容易发生外析现象，影响操作和产品质量。

精炼的芝麻油具有独特的香气，可用于芝麻薄脆饼干等特定口味的饼干，以提高饼干的风味。

4. 低度硬化油

低度硬化油是由精炼植物油氢化至熔点 40～42℃，再掺和熔点较低、饱和度较高的椰子油或棕榈油进行调整，再经精炼（碱炼、脱色和脱臭）而成。低度硬化油在常温下有一定可塑性，利于饼干的加工和操作。低度硬化油不饱和脂肪酸含量较低，稳定性高，但由于熔点偏高，性质偏硬，稠度欠佳，故起酥性不好。

饼干用的低度硬化油熔点：冬季为 34～36℃，夏季为 36～38℃。

5. 起酥油

起酥油是由精炼动植物油脂、氢化油或这些油脂的混合物，经混合、冷却塑化而加工出来的，具有可塑性、乳化性等加工性能的固态或具流动性的油脂产品。可按不同需要以合理配方使油脂性状分别满足各种焙烤制品的要求。

调节起酥油中固相与液相之间的比例，可使整个油脂成为既不流动也不坚实的结构，使其具有良好的可塑性和稠度；亦可增加起酥油中液状食用性植物油的比例，制成流动性的起酥油，以满足饼干加工自动化及连续化的需要。

起酥油中往往添加了乳化剂。乳化剂在面团调制时与部分空气结合，这些面团中包含的气体在饼干焙烤时受热膨胀，能提高饼干的酥松度。起酥油的熔点范围可随不同配方而定，饼干用的起酥油熔点为36～38℃，可用于油脂含量高、保存期适中的饼干中。

6. 人造奶油

人造奶油是以氢化油为主要原料，添加适量的干乳或乳制品、乳化剂、食盐、色素、香料和水加工制成的。它的软硬度可根据各成分的配比来调整。人造奶油的乳化性能和加工性能比奶油要好，但其香气和滋味则逊色得多。人造奶油水分在 16％左右，含量较高，因而不能直接用作夹心料。

　　一般来说，人造奶油与天然奶油搭配使用，可得到风味和外观色泽良好的产品。

二、饼干中油脂的作用

1. 调节面团中面筋的形成

在调制面团过程中，面粉中的面筋性蛋白吸水胀润就形成面筋。对酥性饼干和曲奇饼干，需要适当控制面筋的形成，其配方中添加了较大量的油脂，达到 14％～40％（以面粉为基数计）。油脂在面团混合阶段经过物料的翻动和相互的摩擦，伸展成片状油脂，一方面由于油脂的疏水作用，限制了面筋性蛋白的吸水作用，使得面筋形成量少，一般每增加 1％的油脂，面粉的吸水率相应降低 1％；另一方面由于油膜的隔离作用，使已形成的面筋不能互相黏合而形成大的面筋网络，筋力减弱，也使淀粉与面筋之间不能结合，从而降低了面团的弹性和韧性，增加面团的塑性。

2. 增加面团所包空气的量

当调制面团时，在搅拌机的高速搅打下，油脂能卷入大量的空气，使之形成无数微小的气泡。油脂这种搅打起泡的能力，称为油脂的充气性。这些微小的气泡被包裹在油膜里，不会逸出，在面团中不仅能增加体积，还起着气泡核心的作用。当面团烘烤受热时，其中的疏松剂分解产生的气体便进入这些气泡核心，使产品体积增大，提高了饼干的酥松度。此外，起酥油和人造奶油中添加了分子蒸馏单硬脂酸甘油酯等乳化剂，奶油中含有天然的乳化剂磷脂，这些乳化剂更利于油脂对气体的包裹作用。

3. 提高面团的润滑性

面粉中的蛋白质和淀粉吸水后就呈现出黏性，加水量越多，黏性越大。油脂具有润滑性，能在面筋与淀粉之间的分界面上形成润滑膜，使面筋网络在发酵过程中的摩擦阻力减小，面团黏性降低，有利于膨胀，同时，当油脂加入时，相应的加水量也少，面团的黏度也会变小。油脂的润滑性会使面团显得油润光洁。在一定用量范围内，油脂用量愈多，面团的润滑性愈好。面团的润滑性可以改善面团的机械操作性，减少成型过程中的粘压辊、粘帆布、粘印模和焙烤过程中的粘烤盘或网带的现象，以利操作顺利进行。

4. 改善饼干的口感和风味

饼干的口感与油脂含量有密切关系，通过调节油脂的用量和品种，结合疏松剂的使用和调粉工艺技术，可赋以饼干酥松、脆硬等口感。

韧性饼干的油脂含量较低，为面粉量的 $10\%\sim16\%$。油脂在面团中不能大量分隔面筋，形成连绵不断的面筋网络，面筋网络在焙烤过程中脱水以后，使饼干呈硬、脆的口感。酥性饼干含有 $16\%\sim30\%$ 的油脂，属中等油脂含量。油脂在一定程度上分隔了面筋，与韧性饼干相比，饼干的硬、脆性质减弱，具有一定的酥松性。曲奇饼干属高油高糖饼干，含油脂量 $30\%\sim45\%$，油脂与糖在面团中阻隔了面筋网络的形成，所以，曲奇饼干更为酥松润口。不夹油酥的苏打饼干口感松脆，夹油酥的苏打饼干具有口感酥松的特点。

三、饼干用油脂的选择

饼干中油脂的用量根据饼干类型的不同而不同，一般占面粉量的 $16\%\sim60\%$。选择适当的油脂才能生产出不同口感与风味的饼干。不是所有的油脂都适用于饼干生产，选择饼干生产用油脂的原则是：

① 油脂价格便宜，以降低成本；

② 油脂有足够的来源，不能因来源不足而影响企业生产；

③ 油脂性质稳定，在生产过程中不与任何物质起化学反应；

④ 油脂在生产过程中不易氧化，具有抗氧化能力；

⑤ 油脂具有很好的风味，并对最终产品的风味没有不良影响。

韧性饼干用油量较少，一般是面粉量的 $10\%\sim16\%$。油脂原料固有的香味对饼干口味影响很大，故要求选择品质纯正的油脂或本身香味较为愉快的油脂，如奶油、人造奶油、优良猪板油等。

酥性和甜酥性饼干用油量较多，一般为面粉量的 $16\%\sim30\%$。甜酥性的曲奇饼干类则属高油脂饼干，油脂用量可达面粉量的 $40\%\sim60\%$。由于甜酥性饼干面团调制时间短，所以，要求选择油脂稳定性优良、起酥性较好且熔点较高的油脂，否则油脂用量大会因油的熔点低而造成"走油"，使饼干品质变劣，操作困难。甜酥性饼干一般以优质的人造奶油及植物性起酥油为最佳，猪板油次之。

苏打饼干对酥松度和它的层次结构的要求决定了应选用起酥性好的油脂，同时还要求油脂具有较好的稳定性。猪油的起酥性有利于制成组织细密、层次分明、口感松脆的苏打饼干，植物性起酥油对改善饼干的层次有利，但酥松度较差，因此，混合使用优良的猪板油与植物性起酥油，可制成细腻、松脆的苏打饼干。

半发酵饼干的特点是酥松爽口，因此要求油脂有较好的起酥性。一般使用人造奶油，若适量地配以猪板油或精炼植物油，则饼干品质更佳。半发酵饼干的表面喷油选用棕榈油为佳，可以起到防止腐败的作用。

夹心饼干浆料中的油脂，要讲究其口融性和对饼干的黏合性。饼干表面喷油用的油脂，因其暴露于饼干的表面，与空气的接触面积大，容易氧化酸败，必须选择稳定性和光泽感良好的油脂，如棕榈油和精炼植物油。

四、油脂的预处理及使用时注意的事项

普通液态食用植物油、猪油等可以直接使用。

奶油、人造奶油、氢化油等在低温时硬度较高，可以通过加热或搅拌机搅拌使其软化，从而均匀地与其他配料混合。加热软化时，要注意温度控制，不宜使其完全熔化，否则，会破坏这类油脂的乳状结构，进而降低成品质量。

要防止油脂的酸败。酸败油脂的各种理化指标都发生了变化，使食品失去固有香味，给食品带来酸、苦、涩、辣等异味，有时甚至产生毒性。

此外，使用油脂时，应注意掌握油脂的熔点，这对饼干的加工工艺很重要。

第四节　糖 与 糖 浆

在饼干的配方中，除了面粉之外，糖是使用量最多的一种配料。

一、饼干生产中常用的糖

食糖是制作焙烤食品的主要原料之一，是食品甜味的主要来源。它对焙烤食品的生产工艺、成品质量都起着十分重要的作用。

食糖生产的主要原料是甘蔗和甜菜。甘蔗主要产于我国南方如广西、广东等地，甜菜主要产于我国北部，如黑龙江、吉林、内蒙古、新疆等地。

食糖按制糖原料的不同，可分为甘蔗糖和甜菜糖；按制糖设备的不同，可分为机制糖和土糖；按食糖的颜色不同，可分为白糖和红糖；按加工程度不同，可分为粗制糖和精制糖。市售食糖一般按其色泽和形态，分为白砂糖、绵白糖、赤砂糖、土红糖、冰糖、方糖等。

饼干生产中常用的食糖主要有白砂糖、绵白糖、赤砂糖等。

1. 白砂糖

白砂糖是焙烤食品生产中用量最大、最重要的甜味剂，简称为砂糖。它是从甘蔗茎体或甜菜块根提取、精制而成的产品。白砂糖的主要成分是蔗糖，含量在99.5%以上。蔗糖是由葡萄糖和果糖构成的一种双糖。

白砂糖按技术要求的规定可分为精制、优级、一级和二级共四个级别；按其晶粒大小可分为粗粒、大粒、中粒、细粒。

白砂糖在面包生产中使用时，一般要预先溶化成糖液，再投入面粉中进行调粉。因为糖粒的结晶在调粉时不但难于溶解，使面团中带有粒状晶糖，而且对面团的面筋网络结构有破坏作用。且会使酵母细胞受到高浓度的反渗透压力，造成细胞萎缩而死亡。在面团中也不宜使用磨碎后的砂糖粉。

白砂糖的保质期一般不短于18个月，宜放在干燥、低温的仓库内贮藏，严防受潮。

2. 绵白糖

绵白糖是用细粒白砂糖加2.5%转化糖浆或饴糖加工制成的。绵白糖因本身含有一定量的还原糖，加之颗粒小、溶化快，易达到较高浓度，所以人们食用时，总觉得比白砂糖甜。在焙烤食品中，它多被用于含水分少、经烘焙或要求滋润性较好的产品中，还常被撒在一些花色产品的表面，以求清爽、沙甜。

绵白糖按其技术要求可分为精制、优级、一级三个等级。

二、常用的糖浆

1. 淀粉糖浆

淀粉糖浆是以淀粉及含淀粉的原料经酶法或酸法水解、净化而制成的产品，其主要成分为葡萄糖、麦芽糖、低聚糖（三糖和四糖等）和糊精。以玉米为原料生产的这种糖浆也称为玉米糖浆。

（1）种类　淀粉糖浆的产品分类与淀粉水解程度有关。淀粉的水解在工业上称为转化，其转化程度以葡萄糖值（简称 DE）表示。葡萄糖值表示糖浆内还原糖（以葡萄糖计）占固形物的百分率，即：

$$DE＝（还原糖/固形物）×100\%$$

由于淀粉原料不同，水解条件不同，生产出来的液体葡萄糖也不相同。按转化程度，液体葡萄糖可分为：低转化糖浆，DE 为 20% 以下，也称低 DE 糖浆；中转化糖浆，DE 为 38%～42%，也称中 DE 糖浆；高转化糖浆，DE 为 60%～70%，也称高 DE 糖浆。根据不同的要求，每一类中又有不同的产品。

目前我国生产的主要是中转化糖浆，行业标准名称为液体葡萄糖，或称葡萄糖浆。液体葡萄糖产品按 DE 值可分为三大类：DE 值为 40%～48%；DE 值为 34%～39%；DE 值为 28%～33%。其中 DE 值为 40%～48% 的产品中又分为优等品和一等品两种。

（2）性质　液体葡萄糖的糖分组成大约为：葡萄糖 23%，麦芽糖 21%，三糖和四糖 20%，糊精 36%。

葡萄糖是淀粉糖浆的主要成分，熔点为 146℃，低于蔗糖，在焙烤制品中比蔗糖着色快。由于它的还原性，所以具有防止再结晶的功能。在挂明浆的糕点制品中，淀粉糖浆是不可缺少的原料。结晶的葡萄糖吸湿性差，但极易溶在水中，而溶解于水中的葡萄糖溶液具有较强的吸湿性，这对于糕点制品在一定时间内保持质地松软有着重要作用。

与葡萄糖相反，固体麦芽糖吸湿性强，而含水的麦芽糖则吸水性不大。麦芽糖的甜度远低于蔗糖，具有还原性。麦芽糖的熔点为 102～103℃，对热很不稳定，加热到 102℃ 就会变色，加热后色泽转深。在淀粉糖浆中含有一定量的麦芽糖，使淀粉糖浆的着色和抗结晶作用更加突出。麦芽低聚糖是介于糊精和麦芽糖之间的一组糖类，也称为高糖。这类糖的吸湿性小，溶解度和透明度高。

糊精系白色或微黄色的结晶性粉末或微粒，无甜味，几乎无吸湿性，能溶于水，在热水中则胀润而糊化，具有极强的黏性。糊精在淀粉糖浆中的含量多少，直接影响其黏度，同时也间接地影响糕点制品在加工过程中的热传导性。正是由于糊精具有较大的黏稠性，因而可防止蔗糖分子结晶的返砂作用，使糕点制品中的明浆保持透明光亮，在糕点生产中，越是使用甜度不大的淀粉糖浆，制品的明浆越不易返砂、变质，这主要是糖浆中糊精含量多的缘故。

不同的淀粉糖浆，其性质也不同，DE 高的淀粉糖浆甜度高。低 DE 糖浆、中 DE 糖浆和高 DE 糖浆的性质见表 2-9。

表 2-9　转化糖浆的性质

种类\\性质	低 DE 糖浆	中 DE 糖浆	高 DE 糖浆	种类\\性质	低 DE 糖浆	中 DE 糖浆	高 DE 糖浆
甜度(以蔗糖为100计)	微弱	50	80	黏度	高	中	低
溶解性	易溶	易溶	易溶	冰点降低	少	中	多
结晶性	不结晶	不结晶	结晶	热稳定性	好	好	差
吸湿性	低	低	略高	发酵性	低	中	高
渗透压	低	中	高	抗氧化性	好	好	好

（3）应用　淀粉糖浆因其色泽和透明度优于饴糖，近年来在糕点生产中也大有取代饴糖的趋势。

淀粉糖浆的甜度比蔗糖低，但随转化程度的提高而增大，淀粉糖浆可广泛用于低甜度食品中。与不同糖品混合使用，有互相提高甜度的效果。如中转化糖浆 13.3％（干基）和蔗糖 26.7％混合配成浓度为 40％的糖液，其甜度与 40％的蔗糖溶液相等。所以淀粉糖浆作为甜味剂可与蔗糖混合使用。

高转化糖浆中葡萄糖和麦芽糖成分较多，提高了糖浆的发酵性。所以，高转化糖浆适用于发酵性食品。焙烤食品要求在烘烤过程中生成焦黄色外壳，故选用高转化糖浆为宜。

2. 麦芽糊精

麦芽糊精是淀粉经酶法控制低度水解、净化、喷雾干燥制成的 DE 值≤20％，不含游离淀粉的淀粉衍生物，又称水溶性糊精，其商品的英文简称为 MD。

麦芽糊精的主要性状和水解率（DE）有直接关系，因此 DE 值不仅表示水解程度，而且还是掌握产品特性的重要指标。麦芽糊精的水解程度越高，产品的溶解性、甜度、吸湿性、渗透性、发酵性、褐变反应越大，冰点下降也越快；而组织性、黏度、色素稳定性、抗结晶性越差。

麦芽糊精的主要性状特点如下：流动性良好，无色，无淀粉和异味、异臭；几乎没有甜度或不甜；溶解性能良好，有适度的黏性；耐热性强，不易变褐；吸湿性小，不易结团；即使在浓厚状态下使用，也不会掩盖其他原有风味或香味；有良好的载体作用，是各种甜味剂、香味剂、填充剂等的优良载体；有很好的乳化作用和增稠效果；有促进产品成形和良好的抑制产品组织结构的作用；成膜性能好，既能防止产品变形，又能改变产品外观；极易被人体消化吸收，特别适宜作病人和婴幼儿食品的基础原料；对食品饮料的泡沫有良好的稳定效果；有良好的耐酸和耐盐性能；有抑制具有结晶性糖的晶体析出的作用，有显著的"抗砂"、"抗烊"作用。

我国的麦芽糊精产品按标准分为以下三类。

MD10：DE 值（％，质量分数）≤11；

MD15：DE 值（％，质量分数）11≤DE 值＜16；

MD20：DE 值（％，质量分数）16≤DE 值≤20。

麦芽糊精广泛用于糖果、饮料、罐头食品中。在方便食品配料中加入麦芽糊精后可以大大改善产品风味，增加品种，降低成本，提高经济效益。在儿童食品、营养保健食品、乳粉生产中，麦芽糊精也是重要的基础原料之一。麦芽糊精用于饼干或其他方便食品，造型饱满，表面光滑，色泽清亮，外观效果好。产品香脆可口，甜味适中，入口不粘牙，不留渣，次品少，货架期也长。

麦芽糊精在饼干或方便食品中的用量为 5％～10％，在保健食品中用量为 15％～25％，强化食品中的用量为 15％～30％，婴儿食品中的用量为 5%～10%。

3. 麦芽糖饴（饴糖）

麦芽糖饴又称饴糖、米稀、糖稀。是以淀粉为原料，经 α-淀粉酶、麦芽（或 β-淀粉酶、真菌淀粉酶）水解工艺制得的一种以麦芽糖为主（40%～60%）的糖浆。

传统的饴糖是以大米或其他粮食（玉米等）为原料，加水蒸（煮）熟，拌入麦芽作糖化剂后，淋出糖液经煎熬浓缩而成的一种糖浆。其中麦芽糖多在 40% 以上，其余主要是糊精，少量麦芽三糖和葡萄糖。这种古老的工艺现已被酶法糖化工艺所取代。

麦芽糖是由 2 分子葡萄糖通过 α（1→4）葡萄糖苷键所构成的双糖，是淀粉水解物的常见组分。麦芽糖的甜度为蔗糖的 30%～40%，甜味与蔗糖不同的是入口不留后味，具有良好的防腐性和热稳定性，吸湿性低，水中溶解度小。麦芽糖的熔点为 102～103℃，加热到 102℃就会变色，加热后色泽转深。

由于饴糖中主要含有麦芽糖和糊精，糊精的水溶液黏度较大，因此饴糖可以作为糕点制品中的抗结晶剂。但糊精含量多的饴糖对热的传导性不良。麦芽糖的熔点较低，对热也不稳定，因此饴糖又能作为糕点、面包的着色剂。饴糖的持水性强，可保持糕点的柔软性，是面筋的改良剂，可使制品的质地均匀，内部组织具有细微的孔隙，心部柔软，增大体积。

普通的饴糖含有较多的灰分、蛋白质以及残余淀粉，其透明度、热稳定性、起泡性和泡沫稳定性均较差，因此其使用受到一定限制。

饴糖在加工过程中经脱色或再经离子交换精制者，俗称白饴糖。如白饴糖的麦芽糖含量超过 45%（最好在 50% 以上），被称为高麦芽糖浆，其主要成分是麦芽糖和麦芽糖多聚体。

高麦芽糖与饴糖的制法大同小异，只是其麦芽糖含量稍高而已。产品经脱色、离子交换精制后，其外观澄清如水，蛋白质与灰分的含量极微，糖浆熬煮温度远高于饴糖，一般超过 140℃。当前，在食品工业中高麦芽糖浆的用途之一是制作糕点、糖果等产品。

4. 转化糖浆

蔗糖在酸性条件下，水解生成葡萄糖与果糖，这种变化称为转化。一分子葡萄糖与一分子果糖的混合体称为转化糖。含有转化糖的水溶液称为转化糖浆，其甜度明显大于蔗糖。

正常的转化糖浆应为澄清的浅黄色溶液，具有特殊的风味。它的固形物含量为72％～75％，完全转化后的转化糖浆，所生成的转化糖量可达全部干固形物的99％以上。

转化糖浆应随用随配，不宜长时间贮藏。在缺乏淀粉糖浆和饴糖的地区，可以用转化糖浆代替。

转化糖浆可部分用于面包和饼干生产中，在浆皮类月饼等软皮糕点中可全部使用，也可用于糕点、面包馅料的调制。

5. 果葡糖浆

果葡糖浆是将淀粉经过酶法水解制成的葡萄糖，用异构酶将葡萄糖异构化为果糖，制成甜度很高的糖浆，因此该糖浆的组成是果糖和葡萄糖，故称为果葡糖浆。

果葡糖浆在面包生产中可以全部代替蔗糖，尤其在低糖主食面包中使用效果更佳。因为酵母在发酵中可直接利用葡萄糖，故发酵速度快。但果葡糖浆在面包中使用量过多时，即超过相当于蔗糖量15％时，面团发酵速度降低，面包内部组织较黏，咀嚼性变差。

三、糖在饼干生产中的作用

1. 改善饼干的色、香、味、形

饼干中添加足量的糖，就能经过焙烤使"焦糖化作用"与"美拉德反应"加速，不仅饼干表面有金黄至棕黄的色泽，面且还产生焙烤制品固有的焦香风味。

焦糖化反应要在高温条件下（一般为200℃）才会发生。但有研究表明，溶化状态的糖在100℃以上即开始产生焦糖化反应；碱性条件有利于焦糖化反应的进行，所以，饼干配方中添加的碱性化学疏松剂，如碳酸氢钠与碳酸氢铵，有助于饼干上色。

美拉德反应又称棕黄色作用，在150℃时反应速率最快，在饼干焙烤的后期，其表面温度可达140～180℃，此温度对美拉德反应最佳。美拉德反应需要氨基化合物（如蛋白质、氨基酸类）及含羰基化合物（如还原糖等）的参与，所以，要获得较好的色泽，一般需添加含还原性单糖较多的转化糖、饴糖或淀粉糖浆。还原糖含量越多，饼干就越易上色。

饼干风味的形成是由材料的种类、用量以及制作方法所决定的。除了盐有调味功能外，以糖对风味影响最大。饼干中虽有不用糖的品种（如：咸饼干等），但是对我国消费者，在没有把饼干作为主食的情况下，甜味品种更受欢迎。在制作过程中，糖可分解为各种风味的成分。在焙烤时糖所发生的糖焦化反应和焦糖化反应产物，都可使制品产生好的烤香风味。

对于饼干制作，使用较多的糖能够限制面筋在调粉时的形成，使成品具有酥脆的口感，如用糖过少，口味就会僵硬。而使用糖量过多又会使面筋形成量过低，不仅操作时不易成形，而且口感硬脆。

2. 作为酵母的营养源

在生产苏打饼干和半发酵饼干时，常需加入的少量的糖，特别是加入的饴糖或淀粉糖浆可作为酵母生长繁殖的碳源，有助于面团的发酵。焙烤食品的酵母在发酵时一般只能利用果糖（六碳糖），如葡萄糖、果糖等。双糖类（如蔗糖、麦芽糖）因分子太大无法透过酵母的细胞膜，所以不能为酵母直接吸收利用。但蔗糖可经过转化糖酶或酸的水解作用分解为单糖。面粉内的淀粉酶可以把面粉内的破裂淀粉转化为麦芽糖，麦芽糖又受酵母中麦芽糖酶的作用分解为葡萄糖供给酵母利用。而酵母缺少乳糖酶，所以乳糖无法利用。还有一些比较特殊的酵母稍微能利用半乳糖。

面团内加一小部分砂糖（4%～8%）可以促进发酵，但超过了8%，酵母的发酵作用会因糖量过多而受到抑制（主要因为渗透压增加），导致发酵速度有减慢趋向。

葡萄糖、果糖如果分别使用，发酵速度葡萄糖稍大于果糖，但如混合使用，葡萄糖的发酵速度与果糖的差异会加大。一般面团发酵过程中约有2%的糖被酵母利用产生二氧化碳和酒精，发酵剩余的糖称为剩余糖。显然，如果葡萄糖和果糖混用时或使用砂糖时，剩余糖中果糖较多。

面团内同样浓度的葡萄糖与砂糖在发酵速度上没有大的区别。这是因为在调粉时，蔗糖会在转化糖酶作用下分解为葡萄糖和果糖。

糖是供给酵母营养的主要来源。几乎所有的糖都可以在酶作用下分解为葡萄糖和果糖，酵母就是利用它们进行发酵的。发酵后的最终产物为二氧化碳和酒精。

但是，过量的糖会产生很大的渗透压，迫使酵母质壁分离，反而影响酵母正常的发酵活性。

3. 改善面团的性质

面粉和糖都具有吸水性。当调制面团时，面粉中面筋蛋白吸水胀润的第二步反应，是依靠蛋白质胶粒内部浓度造成的渗透压使水分子渗透到蛋白质分子中去，增加吸水量，面筋大量形成后，面团弹性增强，黏度相应降低。如果在面团中加入一定量的糖或糖浆，不仅会吸收蛋白质胶粒之间的游离水，同时会使胶粒外部浓度增加，渗透压减小，从而降低蛋白质胶粒的胀润度，降低调粉过程中面筋的形成程度，使其弹性减弱。因此，糖在面团调制过程中起反水化作用。

为了保证成型后的饼干坯具有最佳保持花纹清晰的能力，形态不收缩变形，就必须在面团调制过程中掌握好面团的胀润度，除了选用适合制作饼干要求的小麦粉外，还可在饼干配方中调整糖的配比量，来改善小麦粉的吸水率和工艺特性。

糖是一种吸水剂，它会使面筋和淀粉等胶体内水量降低。当增加糖量时，由于糖的反水化作用的结果，将胶体中的结合水降低，面团变软。实践证明：吸水率随糖量增加而减低，湿面筋量随糖量增加而显著降低，湿面筋外形也可以因糖量的增多而成败絮状。由此，在饼干配方中要选择最佳的糖与油的配比。

双糖对面粉的反水化作用比单糖大，因此加入砂糖糖浆比加入等量的淀粉糖浆作用强烈。溶化的砂糖糖浆比糖粉作用大，糖粉虽然在调粉时亦逐渐吸水溶化，但此过程甚为缓慢且不完全。

糖不仅可以调节面筋的胀润度，使面团具有可塑性，还能防止制品收缩变形。

4. 对面团的吸水率及搅拌时间的影响

正常用量的糖对面团吸水率影响不大，但随着糖用量的增加，糖的反水化作用也逐渐强烈，大约每增加 1% 的糖，面团吸水率降低 0.6%。高糖面团若不减少水分或延长搅拌时间，则面筋不能充分扩展，产品体积小，内部组织粗糙。因此高糖配方的面团，其搅拌时间要比低糖面团多50％左右，最好使用高速调粉机。

5. 延长产品的保存期

防氧化作用：氧气在糖溶液中溶解量比水溶液低得多，因此糖溶液具有抗氧化性。还由于砂糖可以在加工中转化为转化糖，具有还原性，所以是一种天然抗氧化剂。在油脂较多的食品中，这些转化糖就成为了油脂稳定性的保护因素，可防止酸败的发生，增加保存时间。

糖具有防腐性，当糖液的浓度达到一定值时，有较高的渗透压，能使微生物脱水，发生细胞的质壁分离，抑制微生物的生长和繁殖。这在糖含量较多的食品中效果比较明显，一般细菌在50％的糖度下就不会增殖。因此，饼干中的含糖量高可增强其防腐能力，延长产品的保质期和保存期。

糖具有吸水性和持水性，可使焙烤食品在保质期内保持柔软。因此，含有大量葡萄糖和果糖的各种糖浆不能用于酥性焙烤食品，否则，会因吸湿返潮而使其失去酥性口感。

四、糖的用量及使用前的处理

在饼干生产过程中，加糖量根据饼干的品种及对口味的要求不同而异。韧性饼干用糖量为24％～26％（以面粉为基数，下同），酥性饼干为30％～38％，苏打饼干约为2％，半发酵饼干为12％～22％。砂糖量不足时，即使油脂含量很高，饼干口味虽酥松，但总会感到不松脆。

第五节　乳与乳制品

乳与乳制品是生产饼干的高档优质辅料，往往用于生产高品质的饼干，以赋予产品独特的香味，提高产品的档次，增强产品的营养价值。乳品在改善工艺性能方面也发挥重要作用。随着焙烤食品进一步向高级化、多样化、方便化、保健化发展，乳及乳制品的使用将越来越多。

乳品有牛乳、山羊乳、绵羊乳、水牛乳、马乳等，产量最多的是牛乳。

一、饼干中常用乳制品的种类

在饼干配方中，常用的乳制品有鲜乳、乳粉、炼乳及奶油（黄油）等。

1. 鲜乳

在鲜乳中应用最多的是牛乳。牛乳除了含 87%～89% 的水分外，还有 3.5%～5% 的乳脂肪、3.3%～3.5% 的乳蛋白、4.6% 的乳糖，以及无机盐、维生素等。牛乳中含有至今已知的所有维生素，无机盐中以钙含量较多且易被人体吸收利用。由于牛乳富含营养，容易受微生物侵染，因而刚收集回来的鲜牛乳需经巴氏灭菌后在 2～5℃ 下保存，使用时需扣除鲜乳所含的水分。

2. 乳粉

乳粉是一种干燥粉末状乳制品，在以保留牛乳营养成分的目的下，将牛乳经过巴氏灭菌、真空浓缩及喷雾干燥而得。乳粉水分含量约为 2%，大大缩小了牛乳的体积，具有耐保藏，便于包装运输，使用方便等特点。

生产中常用的乳粉有全脂乳粉、全脂加糖乳粉、脱脂乳粉等。全脂乳粉保持了牛乳的香味与色泽；全脂加糖乳粉除了保持牛乳香味外，还带适口的甜味；脱脂乳粉因乳脂肪含量低，不易氧化，耐保藏，但乳香味差些。

乳粉是高蛋白的粉末状制品，有吸湿性，容易吸湿回潮、变质，贮藏容易酸败，因而需要严密包装。使用时用湿水调成液状，基本上能保持新鲜牛乳的品质，再加入面团中或者乳粉与面粉混合过筛，再调粉。

3. 炼乳

炼乳分甜炼乳（加糖炼乳）和淡炼乳（无糖炼乳）两种。

淡炼乳是牛乳经加热浓缩至原重量的 50% 左右，经装罐、加热灭菌，外观呈稀奶油状的乳制品。淡炼乳又分全脂淡炼乳、脱脂淡炼乳等。

甜炼乳是指在牛乳中加入约 17% 的蔗糖，经杀菌、浓缩至原重量的 38% 左右而成。甜炼乳应具有纯净的甜味和固有的乳香味，且色泽均匀一致，具有细腻的质感和良好的流动性。甜炼乳是利用高浓度蔗糖进行防腐的，如果生产条件符合规定，包装卫生严密，在 8～10℃下长时间贮存是不会变质的。

黏度增大、出现凝结块及霉斑、颜色不纯正、有异味的炼乳都不能使用。

4. 奶油（黄油）

奶油又称黄油或白脱油，是从牛乳中分离制成的，它具有特殊的芳香味和较高的营养价值，人体易消化吸收，并有良好的乳化性能。

奶油中含有 80% 左右的乳脂，16% 左右的水分，熔点为 28～34℃，凝固点为 15～25℃。奶油在常温下呈固态油脂，在高温下软化变形。

奶油含较多的饱和脂肪酸、甘油酯和磷脂，它们是天然的乳化剂，使奶油具有良好的稳定性。

奶油在高温下易受细菌和霉菌的污染，所含的不饱和脂肪酸易被氧化而酸败，高温和日光会促使其氧化，因此，奶油应在冷藏温度下贮存。

奶油的价格较高，多用在高档产品中。随着消费者对植物性脂肪越来越欢迎，现多用经过调香的人造奶油代替奶油来制作饼干、面包等。

二、乳制品在饼干生产中的作用

1. 改善面团的性能

牛乳是一种很好的乳化剂，可促进面团中油水的乳化，能改善面团的胶体性能，调节面团的胀润度，使面团不易收缩变形，促使饼干皮面润滑而有利于工艺操作。

但是，在饼干生产中，如果过多地使用乳粉、甜炼乳等，会使面团变得太黏，操作中会产生粘辊、粘模型、粘烤盘的问题，尤其是甜炼乳更会使操作工艺带来困难。因此，其用量应适中。

2. 加快发酵速度

面团发酵时，面团的酸度增加，发酵时间越长，酸度增加越大。但乳粉的乳蛋白可缓冲酸度的增加，从而增强面团的发酵耐性，使发酵过程变缓慢，面团也变得柔软光滑，便于机械操作，有助于品质的管理。例如没加乳粉的面团，搅拌完后平均 pH5.8，经 45min 发酵后，降为平均 pH5.1；而含有乳粉的面团，搅拌完后 pH5.94，经 45min 发酵后，降为 pH5.72。淀粉分解酶的最适 pH 为 4.7，因此淀粉分解酶在没有乳粉的面团中发酵比有乳粉的面团快。假如糖量少或没有添加糖的面团，加入乳粉会降低淀粉分解酶的作用，最终减少面团气体的产生。在此情况下，可加入麦芽粉、麦芽糖浆，补救乳粉的影响。假如面团内已含有足量的糖，乳粉的添加，可加速气体的产生，因为乳粉能刺激酵母内酒精酶的活性，加快发酵速度，增加气体的产生。

3. 提高产品的营养价值

乳制品除含蛋白质、乳脂、乳糖外，还含有多种维生素和钙、磷等矿物质，营养极为丰富，易被人体所吸收。乳蛋白质属于完全蛋白质，它含有人体全部必需氨基酸。乳蛋白的营养价值非常高，消化率也较高，可达 84％～87％，是一种非常经济的优质蛋白质来源。饼干中的蛋白质、矿物质及维生素含量较低，而且面粉蛋白质为一种不完全的蛋白质，缺少赖氨酸、色氨酸和蛋氨酸等人体必需氨基酸。如饼干配方加入 6％的乳粉，可使赖氨酸增加 46％、色氨酸增加 1％、蛋氨酸增加 23％、钙质增加 66％、维生素 B 增加 13％，使饼干更富营养、更适合食用。所以乳制品可以强化饼干的乳蛋白矿物质，弥补营养的不全面之处。因此，在饼干配方中加入乳制品能提高饼干的营养价值。

4. 赋予饼干优良的风味

乳制品有一种独特的香味和滋味，是一种任何香精都不能代替的天然风味物，饼干中如果配入奶油，食用时给人一种舒适的奶香味。脱脂乳粉因缺少呈味的乳脂，香味就弱些。

5. 改善饼干的色泽

乳制品中所含糖类大部分是乳糖。乳糖具有还原性，在烘烤时，乳糖与蛋白质中的氨基酸发生褐变反应，使饼干表面形成诱人的色泽。乳制品用量越多，制品的表皮颜色越深。

乳糖的熔点较低，在烘烤时着色快，因此，凡是配方中乳制品用量多的饼干，烘烤时应适当降低烘烤温度和延长烘烤时间。否则，着色过快，容易造成外焦内生。

第六节 疏 松 剂

饼干要获得多孔状的疏松结构与食用时的酥松口感，就要添加疏松剂。饼干中常用的疏松剂分为化学疏松剂与生物疏松剂两种。

一、化学疏松剂

苏打饼干和半发酵饼干的膨松都使用了酵母作为疏松剂，而一般饼干膨松都使用化学疏松剂。一般饼干不使用酵母作疏松剂的原因，是由于一般饼干是多糖多油脂的，这种条件不利于酵母的生长繁殖。故饼干膨松都使用化学疏松剂。使用化学疏松剂操作简便，不需要发酵设备，也可缩短生产周期。

当饼干在烘烤时，化学疏松剂受热而分解，可以产生大量的二氧化碳气体，这种气体可以使饼干坯起发，在饼干内部结构中形成均匀致密的多孔性组织，从而使成品具有膨松酥脆的特点。此外，化学疏松剂必须达到对人体健康无害和有利于提高饼干质量的要求。

对化学疏松剂的一般要求：

（1）以最小的使用量而能产生最多的二氧化碳气体。

（2）在冷的面团中，二氧化碳气体的产生较慢，一旦入炉烘烤时，能迅速而均匀地产生大量气体。

（3）经烘烤后的成品中所残留的物质，必须无毒、无味、无臭和无色。

（4）化学性质稳定，在贮存期间不易变化。

（5）价格低廉，使用方便。

常用的化学疏松剂多属碱性化合物，如小苏打、碳酸氢铵及碳酸铵等。碳酸氢铵起发能力略比小苏打强；分解时它较碳酸铵少产生一分子氨，在成品中残留少，因而减低了成品中的氨臭味，用量适当时尚不至于造成过度的膨松状态。现在我国一般饼干厂都以小苏打和碳酸氢铵混合使用，以弥补两者的缺点，得到较好的效果。两种使用总量，根据饼干配方约占面粉量的 $0.5\% \sim 2.0\%$。当然，各地区掌握配料总和有较大幅度的出入。大致幅度见表 2-10。

表 2-10　饼干使用化学疏松剂幅度

面团类型	糖油与面粉的比例	小苏打量/%	碳酸氢铵量/%
酥性面团	糖：油＝2：1 （糖＋油）：面粉＝1：2	0.65～0.7	0.5～0.6
韧性面团	糖：油＝3：1 （糖＋油）：面粉＝1：2.5	0.9～1.0	0.75～1.0
甜酥性面团	糖：油＝1.8：1 （糖＋油）：面粉＝1：1.7	0.3～0.35	0.15～0.20

1. 碱性疏松剂

碱性疏松剂又称"膨松盐"，主要是碳酸盐和碳酸氢盐，如碳酸铵、碳酸氢钠（重碱、小苏打）、碳酸氢铵。碱性疏松剂在焙烤过程受热分解可产生大量的 CO_2，从而使饼干坯体积膨胀增大。反应式如下：

$$2NaHCO_3 \longrightarrow Na_2CO_3 + CO_2 + H_2O$$

$$NH_4HCO_3 \longrightarrow NH_3 + CO_2 + H_2O$$

$$(NH_4)_2CO_3 \longrightarrow 2NH_3 + CO_2 + H_2O$$

碳酸氢钠的分解温度在 60～150℃之间，碳酸铵或碳酸氢铵的分解温度在 30～60℃之间。碳酸氢钠由于加热分解产物是碳酸钠，如果加入量过多，会使饼干的碱性增强，影响口味；同时碱也会与面粉中黄酮醇色素反应，使饼干内部色泽变黄。碳酸铵或碳酸氢铵的分解温度低，膨松力比碳酸氢钠大 2～3 倍，如果添加过多会使饼干发泡不均匀，孔洞过大，松而不脆，甚至使饼坯发摊，影响成品形态。所以，碱性疏松剂的添加量不要过多。在饼干生产中，习惯上将碳酸氢铵与碳酸氢钠配合使用，既有利于控制气体不要释放得过快，以获得饼干必要的松软度，也可使饼干内不会有过多的碱性残留物。

使用时，如果碱性疏松剂结块，要先经粉碎，然后用冷水溶解（溶解用水量应计入总加水量），以防止大颗粒直接混入面团而造成胀发不均匀，或者使得烘烤时局部 CO_2 集中，形成饼干起泡，造成内部"空洞"和表面"黑斑"，影响产品质量。不得使用热水溶解，以防止 $NaHCO_3$ 和 NH_4HCO_3 受热分解出一部分或大部分 CO_2，降低烘烤时的胀发力，影响胀发效果。

2. 酸性疏松剂

酸性疏松剂亦称为"膨松酸",一般常用的有酒石酸氢钾、硫酸铝钾、葡萄糖酸-δ-内酯以及各种酸性磷酸盐(如酸性焦磷酸钠、磷酸铝钠、磷酸一钙、无水磷酸一钙、磷酸二钙)。酸性疏松剂本身不会产生 CO_2,它是与碱性疏松剂反应而生成 CO_2 气体的。反应式如下:

$$NaHCO_3 + \underset{\overset{|}{CHOHCOOH}}{CHOHCOOK} \longrightarrow +CO_2+H_2O+ \underset{\overset{|}{CHOHCOONa}}{CHOHCOOK}$$

$$2NaHCO_3+Ca(H_2PO_4)_2 \longrightarrow Na_2HPO_4+CaHPO_4+2CO_2+2H_2O$$

酸性疏松剂与碱性疏松剂配合使用可使气体缓慢释放,增加产气的长效性,亦能使小苏打全部分解利用,降低碱度,所以,使用时两者的配合要合理,否则,碱性疏松剂过多,会有碱味,酸性疏松剂过多,则会带来酸味,甚至还有苦味。

3. 复合型疏松剂

复合型疏松剂又称"发酵粉"、"焙粉",是为了适应各种焙烤的需要而配制的,种类很多。一般由碳酸盐类(钠盐或铵盐)、酸类(酒石酸、柠檬酸、乳酸等)、酸性盐类(酒石酸氢钾、磷酸二氢钙、磷酸氢钙、磷酸铝钠等)、明矾,以及起阻隔酸、碱作用和防潮作用的淀粉等配制而成。

(1)复合型疏松剂依碱性原料分类

① 单一剂式复合型疏松剂 以 $NaHCO_3$ 与酸性盐作用而产生 CO_2 气体。

② 二剂式复合型疏松剂 以 $NaHCO_3$ 与其他会产生 CO_2 气体的疏松剂原料和酸性盐一起作用而产生 CO_2 气体。

③ 氨系复合型疏松剂 除能产生 CO_2 气体外,尚会产生 NH_3 气体。

(2)复合型疏松剂依产气速度分类

① 快性发粉 通常在饼干未烘烤前就产生气体。

② 慢性发粉 在饼干未烘烤前产生的气体较少,大部分均在加热后才产生。

③ 双重反应发粉　含有快性和慢性发粉，二者混合而制成。

由于复合疏松剂含有酸、碱两类物质，在水溶液中易发生化学反应而产气，所以使用时应迅速加水搅拌均匀，并立即加入面粉中调制。如果面团放置时间太长，也会因发生了化学反应而达不到预期的起发效果。

二、生物疏松剂——酵母

在饼干生产中，韧性饼干与酥性饼干只添加化学疏松剂，而苏打饼干与半发酵饼干还需添加生物疏松剂——酵母。酵母的发酵作用使得苏打饼干与半发酵饼干不仅内部结构层次分明，而且还具有酵母发酵食品固有的香味。

1. 酵母的种类

在饼干生产中，常用的酵母有鲜酵母、活性干酵母和即发活性干酵母。

（1）鲜酵母　鲜酵母又称压榨酵母，是由酵母菌种在糖蜜等培养基中经过扩大培养和繁殖后，将酵母液用离心分离和压榨方法除去大部分水分而制成的。

鲜酵母使用方便，价格便宜。但是，鲜酵母的发酵力相对较低，市售的鲜酵母发酵力一般只有 650mL 左右（按 Hayduck 法所测），因而，其发酵速度慢，发酵时间延长，影响生产效率。鲜酵母的活性也不稳定，随着贮存时间延长和贮藏条件不当，其活性迅速降低。鲜酵母的活性受温度影响变化较大，只适宜在 0～4℃的温度下保存。如果在室温下贮存，酵母很容易自溶和变质，因而，必须用冰箱或冷库贮存，这样增加了设备投资和电能消耗。即使是低温贮存，鲜酵母的贮存时间也较短，一般仅为 3～4 周。

（2）活性干酵母　活性干酵母是由鲜酵母经低温干燥而制成的颗粒状酵母。活性干酵母的发酵力比鲜酵母高，可高达 1300mL，活性也稳定。活性干酵母容易贮存与运输，不需低温贮存，在 20℃下可贮存 1 年左右。但活性干酵母的成本较高，使用前也需用温水活化。

（3）即发活性干酵母　即发活性干酵母是近些年来发展起来的一种发酵速度很快的高活性新型干酵母，它是在干酵母基础上添加了活性催化剂，使发酵力增强。与鲜酵母、活性干酵母相比，即发活性干酵母的活性特别高，发酵力高达 1300～1400mL，活性特别稳定，采用真空密封充氮气包装，室温下贮存期可达 2～3 年。即发活性干酵母不需低温贮存，只要在室温状态下的阴凉处存放即可，可节省能源。即发活性干酵母还有一个鲜明的特点就是使用时不需活化，很方便，省时省力。但即发活性干酵母的价格较高。

2. 酵母的特性

使面团胀发的气体是酵母本身新陈代谢的产物，因而，酵母正常的生长繁殖是保证好发酵力的前提条件。酵母的生长繁殖受营养条件、温度、pH 等环境条件的影响。

(1) 酵母所需的营养素　酵母所需的营养物质有碳、氮、无机盐类和生长素等。面粉本身的和在发酵过程中由 α-淀粉酶和 β-淀粉酶转化作用而得的葡萄糖、麦芽糖或加入的蔗糖、转化糖等糖类可作为酵母的碳源。氮源的主要来源是面粉固有的和蛋白质的水解产物，以及各种添加剂中的铵盐，如硫酸铵、氯化铵等。酵母所需要的无机元素为镁、磷、钾、钠等，生长素是促进酵母生长的维生素类，如维生素 B_1、维生素 B_2。现在在生产中往往会在面团中添加酵母食料。酵母食料不仅为酵母的生长繁殖提供足够的养分，而且是一种多功能的复合型面团改良剂，其主要成分有铵盐、钙盐、氧化剂、乳化剂、酶制剂等。

(2) 温度对酵母发酵力的影响　酵母生长的适宜温度在 27～32℃之间，发酵最佳温度（在面团中）应是 28～32℃，因此，当面团发酵时，应控制发酵室温度在 30℃以下。实践证明，如果面团温度升至 34～36℃时，酵母主要进行酒精发酵，乳酸含量显著增加，影响产品的口味。酵母的活性随温度增高而增强，但其衰老期也加快，也易产生杂菌。当温度在 60℃以上时，酵母很快就会死亡。在 10℃以下，酵母的活性几乎停止，故不能用冷水直接与酵母接触，以免破坏酵母的活性。

在实际生产中，由丁四季温度的变化且多数的生产车间无空调设备，应该从调整水温来控制面团温度，以使酵母的活性达到最大。春秋季节多用 30～40℃的温水来搅拌，酵母可直接加到水中，既保证酵母在面团中均匀分散，又保证酵母起到活化作用。夏初季节多用冷水搅拌，冬天用热水搅拌，但冷水水温不要低于 15℃，热水温度不要高于 55℃，水温过高过低都不利于酵母繁殖。在盛夏季节，室温达 30℃ 以上时，酵母应在面团搅拌完成前的 5~6min，干撒在面团上，搅拌均匀即可，这可避免酵母过快的产气发酵。

（3）氧、pH 对酵母发酵力的影响　酵母在有氧及无氧条件下都可以进行发酵。在发酵初、中期，酵母利用面团中的氧气进行呼吸作用，产生二氧化碳，随着氧气的消耗及二氧化碳的积聚，酵母开始选择无氧呼吸，也即是酒精发酵过程。

酵母适宜在酸性条件下生长，在碱性条件下其活性大大降低。最适 pH 值在 5.0~5.8 之间。pH 值低于 5.0 或高于 8.5 时，酵母的活性将会受到抑制。

（4）糖、盐对酵母活性的影响　在面团中的糖、盐成分都可产生渗透压。渗透压过高，会造成酵母质壁分离，使酵母无法维持正常的生长而死亡。不同的酵母，其耐糖性也有差异。在实际生产中，应根据配方中糖的用量来选择酵母，高糖的面团应选用耐糖性好的酵母。

3. 酵母在饼干生产中的作用

（1）使面团膨胀，以获得口感酥松的产品　酵母呼吸作用与发酵作用时的代谢产物——二氧化碳可使面团胀发，在焙烤过程中，二氧化碳气体受热膨胀，使饼干内部形成多孔状组织，结构疏松。

酵母在发酵时，利用原料中的葡萄糖或果糖，或利用本身的酶将淀粉或蔗糖分解为可以利用的葡萄糖或果糖，进行发酵作用。

酵母在发酵初期，由于面团中含较多的氧，酵母主要是进行有氧条件下的呼吸作用，将糖类直接分解为二氧化碳，并释放出热量。反应式如下：

$$C_6H_{12}O_6 \longrightarrow 6CO_2 + 6H_2O + 2817kJ$$

呼吸作用释放出的大量二氧化碳使面团逐渐膨大。随着氧气的不断消耗与二氧化碳的积聚，酵母转入了无氧条件下的酒精发酵，此时，在酶的作用下，酵母将单糖分解为酒精与少量的二氧化碳，反应方程式如下：

$$C_6H_{12}O_6 \longrightarrow 2C_2H_5OH + 2CO_2 + 100kJ$$

从反应方程式来看，等量的单糖在发酵过程中，酵母进行呼吸作用比酒精发酵放出的二氧化碳要多很多，但是，酒精发酵却是面团发酵的主要过程，越到发酵后期越显得重要。事实上，酵母的呼吸作用与酒精发酵作用贯穿于面团发酵的全过程。

（2）改善产品的风味　面团在发酵过程中产生的酒精与面团中的有机酸（如乳酸、醋酸、丁酸等），在烘烤中形成酯类物质，使产品具有发酵产品特有的香味。面粉中脂肪或配方中的油脂中不饱和脂肪酸被面粉中的脂肪酶和空气中的氧气氧化成过氧化物，该过氧化物又被酵母中的酶所分解，生成复杂的醛类、酮类等羰基化合物，这些羰基化合物也是特殊芳香气味的来源。经过分析，现证实了发酵后形成的香味母体有酯类化合物、醛类化合物、酮类化合物、二元酸、含氧酸、含氧多元酸及丙酮酸等化合物。

（3）提高产品的营养价值　酵母的蛋白质含量很高，且含有多种维生素，尤其是 B 族维生素随着酵母发酵繁殖而增多，增加了饼干的营养价值。在发酵过程中，酵母中的分解酶将大分子物质分解为易于被人体吸收的小分子物质，如将部分淀粉分解为麦芽糖和葡萄糖，蛋白质水解成胨、肽和氨基酸等，这样提高了谷物的生理利用价值，对人体的消化吸收有利。

4. 酵母的质量指标

酵母的质量指标见表 2-11。

表 2-11　酵母的质量指标

指标名称	鲜酵母	活性干酵母	即发活性干酵母
发酵力（CO_2）/mL	≥750	≥650	≥900
酸度/L	≤25	≤7.0	—
水分/%	≤71	≤7.0	≤5.0
保存率/%	—	≥70	≥80
感观指标	外观要求淡黄色或乳白色，具有酵母的特殊气味，无腐败气味，不发软，不粘手，无其他杂质	呈淡黄色至淡棕色颗粒或条状，具有酵母的特殊气味，无腐败及异臭味，无杂质异物	呈淡黄色至淡棕色颗粒或条状，具有酵母的特殊气味，无腐败及异臭味，无杂质异物

（1）品质检查　在苏打饼干等发酵产品的制作中，酵母的好坏是整个工艺过程的重要因素，如果酵母的性能不好，就会给面包制作带来难以弥补的损失。所以，对使用的酵母要进行品质鉴定。

新鲜的酵母一般可由外表颜色、味道上辨认出来。良好新鲜的酵母外表颜色一致，没有不良的斑点，同时具有清香的酵母味。一般用手指摁时，比较容易破碎。如果有斑点、而且发臭、用手指摁时表面发黏、可摁下去一个坑，说明酵母已经变质，不宜使用。对于干燥酵母，其品质好坏，很难用观察的方法来辨别，一般采用活化产气的方法。

（2）酵母的使用前处理　即发活性干酵母可直接投入面粉里进行发酵，但鲜酵母与活性干酵母在使用前必须经过活化处理。

酵母的活化处理方法：将酵母放在 26～30℃ 的温水中，加入少量的糖，搅匀，静置 20～30min，当表面出现大量气泡时，即可投放生产。

活性干酵母的活化处理方法与鲜酵母相似，但活化时间要长。

第七节　其他原料

一、淀粉

淀粉在饼干生产中经常应用于酥性和韧性面团，尤其是常作为配料应用于韧性面团调制中。淀粉是有效的面筋浓度稀释剂，在面团调制过程中充当冲淡面筋浓度的稳定性填充剂，用以调节面粉筋力。淀粉的添加有助于缩短调粉时间、降低面团的黏度、增强面团的可塑性，使成品形态好，花纹保持力增强。因此，在调制酥性面团时，适量添加淀粉可以使操作顺利，使饼干形态完整，酥度提高；而调制韧性面团时，添加淀粉作为填充剂可以使产品不会收缩变形。

淀粉在饼干生产中的作用和意义表现为：

① 在面团形成过程中调节面筋的胀润度；

② 对苏打饼干和半发酵饼干，在面团发酵时，为酵母提供碳源，有利于充分产生二氧化碳气体，使饼干获得酥松的结构；

③ 决定在焙烤时吸水量；

④ 残留在面团中未被发酵使用的糖分在饼干的烘烤过程中，由

于表面糊化而产生"着色"作用。

面粉中淀粉的添加量一般为 5%～8%，不宜多加，也不宜少加。如果淀粉添加量过多，会使面团的黏结力、胀发率降低，还会使成品饼干破碎，成品率下降。如果淀粉添加太少，则冲淡面筋的效果不明显，起不到调节胀润度的作用。

二、香精香料

香料和香精是以改善、增加和模仿食品香气和香味为主要目的食品添加剂，也称香味剂。香精香料在饼干的配方中较为常见，除少数品种如水饼干和特色苏打饼干（苔条、乳酪等品种）不使用外，几乎每种品种都要添加香精或香料。在饼干中使用香精或香料的最主要目的是为了赋予饼干独特的香味，提高饼干的风味，因此，可以根据不同的饼干品种，选择不同的香精或香料，使饼干具有不同的香味。例如，奶油巧克力饼加奶油香精；椰汁薄饼添加椰子油香精；橘蓉饼干添加橘子香精油等。

1. 香料

香料是由多种挥发性物质所组成的，食品中使用的香料也称赋香剂或增香剂。香料物质一般属于有机化合物，其分子结构中大多有一定种类的发香基团。

（1）香料的分类

香料根据来源和制取方法不同，可分为天然香料和人工合成香料。

① 天然香料是用物理方法从动物或植物中提炼而得的，有精油、浸膏、酊剂、香膏、香树脂、净油、粉剂等几种形式。

我国的天然香料很多，如薄荷、桂花、桂皮、玫瑰、肉豆蔻、茴香、八角、花椒等。天然香料的产品大多都是液态，含有挥发性的萜烯、芳香族、脂族和脂环族等成分。提取方法主要是水蒸气蒸馏、挥发性溶剂浸提和压榨法。将天然香料制成精油和精制品，不仅产品利用率高，产品香味丰富、柔和，安全性高而且便于贮运，成本适中。

天然香料的种类很多，主要用来配制香精。在糕点中常用的有玫瑰、桂花、洋葱汁以及各种香料油，如橘油类、柠檬类等。

② 合成香料　合成香料又称人造香料,是指采用人工方法单离、合成方法制取的香料,包括单离香料和合成香料。单离香料是从天然香料中分离出来的各种单体化合物。合成香料分两类,一种是天然等同香料,用化学方法合成的,其结构与天然成分一样;另一种是在天然香料中还未发现的成分,但它的香味与天然物相似,或者在调香过程中有特殊作用的化合物。

合成香料一般不单独使用于食品中加香,多数在配制香精后使用。直接使用的合成香料只有香兰素等少数品种。

(2) 饼干中常用的食品香料　GB 2760—2011《食品添加剂使用卫生标准》中列入附录 A "食品用香料名单"的允许使用的食品用香料有 872 种,暂时允许使用的食品用香料有 163 种。下面只介绍几种常用于饼干生产的食品用香料。

① 甜橙油　甜橙油有冷磨油、冷榨油和蒸馏油三种,主要成分有 α-苎烯(90％以上)、癸醛、辛酸、芳樟醇、十一醛、甜橙醛等。

冷榨品和冷磨品为深橘黄色或红棕色液体,有天然的橙子香气,味芳香。遇冷变混浊。与无水乙醇、二硫化碳混溶,溶于冰醋酸。蒸馏品为无色至浅黄色液体,具有鲜橙皮香气。溶于大部分非挥发性油、矿物油和乙醇,不溶于甘油和丙二醇。

本品为允许使用的食用天然香料,主要用于配制橘子、甜橙等果香型香精,最大使用量可按正常生产需要适量使用。

② 橘子油　橘子油有冷榨油和蒸馏油两种,主要成分有 α-苎烯、癸醛、辛酸和芳樟醇等。

冷榨油和蒸馏油在理化性质上稍有差异,前者呈橙红色,香气更接近鲜橘果香;后者呈黄色,香气稍逊。两者均溶于大多数非挥发性油、矿物油和乙醇中,微溶于丙二醇,几乎不溶于甘油。

本品为允许使用的食用天然香料,可用于配制多种食用香精,最大使用量按正常生产需要适量使用。

③ 柠檬油(Lemon oil)　柠檬油有冷磨油和蒸馏油两种,后者品质一般较差。主要成分有 α-苎烯、柠檬醛、辛醛、壬醛等。

冷磨油为浅黄色至深蓝色,或绿黄色液体,具有清甜的柠檬果香气,味辛辣、微苦。可与无水乙醇、冰醋酸混溶,几乎不溶于水。蒸馏品为无色至浅黄色液体，气味和滋味与冷磨油相同。溶于大多数挥发性油、矿物油和乙醇，可能出现混浊。不溶于甘油和丙二醇。

本品为允许使用的食用天然香料，可用于配制多种食用香精，最大使用量按正常生产需要适量使用。

④ 八角茴香油　八角茴香油又称大茴香油。为木兰科植物八角茴香的枝叶或果实粉碎后蒸馏而得的，内含 80%～95% 反式茴香脑及蒎烯等 15 种成分。

本品为无色透明或浅黄色液体，20℃以下可有片状结晶。具有茴香脑的特征香气，味甜。凝固点 15℃。易溶于乙醇、乙醚和氯仿，微溶于水。本品为允许使用的食用天然香料，可用于配制各种食用香精，最大使用量按正常生产需要而定。

⑤ 小茴香油　小茴香油即甜小茴香油。主要成分为茴香脑（50%～60%）、小茴香酮（10%～20%）、蒎烯、α-苧烯、双戊烯、水芹烯、大茴香醛和茴香酸等。

本品为无色或浅黄色液体，具有小茴香的气味，分苦和甜两种。凝固点约 15℃，沸点 160～220℃。溶于乙醇和乙醚，微溶于水。

本品为允许使用的食用天然香料，可用于配制各种食用香精，最大使用量按正常生产需要适量使用。

⑥ 香兰素　香兰素又称香草酚、香草精、香荚兰素、香兰醛。为白色至微黄色针状结晶或晶体粉末，具有类似香荚兰豆香气，味微甜。沸点 284℃～285℃。易溶于乙醇、乙醚、氯仿、冰醋酸和热挥发性油，溶于水、甘油。对光不稳定，在空气中逐渐氧化。遇碱或碱性物质易变色。

本品为允许使用的食用合成香料。可用于配制香草、巧克力、奶油型等类香精，最大使用量按生产需要适量使用。

⑦ 乙基香兰素　乙基香兰素又称乙基香草醛。为白色至微黄色鳞片状结晶或结晶性粉末，呈甜巧克力香气及强烈的香兰素所独有的芳香气，香气比香兰素强 3～4 倍。沸点 285℃，熔点 76.5℃。溶于乙醇、乙醚、甘油、氯仿和氢氧化碱溶液，微溶于水。遇光和空气可逐渐氧化，与铁和碱接触可变红色，并失去香味。水溶液呈酸性。

本品作为暂时允许使用的食用香料，可用于配制各种食用香料，最大使用量按正常生产需要适量使用。本品特别适用于乳基食品的赋香，广泛地以单体或与香兰素配合使用。

⑧ 丁位癸内酯　丁位癸内酯又称 δ-癸内酯。为无色油状液，有椰子样香，稀释成低浓度呈奶油香。极易溶于乙醇、丙二酮和植物油，几乎不溶于水。沸点281℃。

本品为允许使用的食用合成香料。可用于配制奶油、乳品、椰子等型香精，最大使用量按生产需要适量使用。

⑨ 麦芽酚　本品为白色针状结晶或晶体粉末，具有焦糖香，在稀溶液中有草莓香。熔点160～162℃，易溶于热水、氯仿，溶于乙醇，微溶于乙醚和苯，不溶于石油醚。在碱性溶液中变为黄色，很容易与铁作用呈红紫色，对石蕊呈酸性反应。于93℃升华成柱状体。对食品的香味有改善和增强作用，对甜食起增甜作用，对苦味、涩味有消杀作用。此外，还有防霉、延长食品贮藏期的性能。

麦芽酚作为香味物质的增效剂使用，用量很小，一般添加量在0.003%左右。

2. 食用香精

在实际食品饼干生产中人们一般多使用香精，即由各种香料调配而成的混合型食用香料。

在食品加香中，目前生产上除橘子油、香兰素等少数和品种外，香料一般不单独使用，通常是数种乃至数十种香料调和起来，才能适合应用上的需要。这种经配制而成的香料称为香精。

香精的基本组成是：主香剂、顶香剂、辅助剂、定香剂。主香剂是构成香精香气类型的基本香料，决定香精所属品种。顶香剂是易挥发的或强烈的天然香料和人造香料，能使代表香气类型的成分更明显突出。辅助剂可分为协调型和变调型两种，协调型辅助剂衬托主香剂，使香气明显突出；变调型辅助剂则使香气别致。定香剂使各种香料挥发均匀，能使香精保持均匀而持久的芳香。有时为了使用方便，还在香精中加入适量的稀释剂，如乙醇、甘油、丙二醇等。

（1）食用香精分类

香精按其性能可分为水溶性香精和油溶性香精两大类。除此之外还有乳化香精、粉末香精、果香基香精、肉味香精等。

①水溶性香精　水溶性香精系用蒸馏水、乙醇、丙二醇或甘油为稀释剂调和以香料而成的。

食用水溶性香精应是透明的液体，其色泽、香气、香味与澄清度符合该型号的标样，不呈现液面分层或浑浊现象。本品在蒸馏水中的溶解度一般为 0.1%～0.15%（15℃），对 20% 乙醇的溶解度为 0.2%～0.3%（15℃）。食用水溶性香精易挥发，不适合在高温操作下的食品赋香之用。

水溶性香精是将香基与蒸馏水、乙醇、丙二醇、甘油等水溶性稀释剂，按一定比例和适当的顺序互相混溶、搅拌、过滤、着色而成。调好的香精有的要放置一段时间，叫成熟期，以使其香味更为圆熟。

在调配水溶性香精时，若使用精油类香料，应先适度地除去其中萜类，以改善其水溶性。去萜的方法之一是先将精油、蒸馏水和乙醇在容器中充分搅拌，低温静置，因萜类在乙醇溶液中的溶解度低，所以大部分上浮，而含香的水溶性物质则溶于乙醇溶液中，趁冷加入适当的助滤剂将析出物滤去，这样可将上下层分开，下层放入调和容器中，用于配制香精。

②油溶性香精　油溶性香精系用精炼植物油、甘油或丙二醇等作稀释剂调和以香料而成的。

食用油溶性香精一般应是透明的油状液体，其色泽、香气、香味与澄清度符合该型号的标样，不呈现液面分层或浑浊现象。但以精炼植物油作稀释剂的食用油溶性香精在低温时会呈现冻凝现象。食用油溶性香精中含有较多量的植物油或甘油等高沸点稀释剂，其耐热性比水溶性香精高，因而适用于焙烤食品。

这里仅列举几个配方，以供了解香精的组成，见表 2-12。

表2-12　几种油溶性香精配方　　　　　单位：%

香料名称	柠檬	菠萝	奶油	香草
乙酸乙酯		1		
乙酸戊酯		0.7		
乙酸桂酯		0.05		

续表

香料名称	柠檬	菠萝	奶油	香草
乙酸芳樟酯	0.3			
丁酸乙酯		5	0.5	
丁酸丁酯		2		
丁酸戊酯		2.5	0.4	
丁酸香叶酯		0.2		
己酸乙酯		3		
己酸烯丙酯		4		
庚酸乙酯		0.1		
桂酸甲酯		0.1		
苯乙酸乙酯		0.05		
丁酸			3	
丁二酮			1	
壬醛	0.25			
大茴香醛				0.1
柠檬醛	7			
洋茉莉醛			0.3	
桃醛		0.1	0.1	
椰子醛				0.2
香兰素		1	5	17
柠檬油(冷压)	25	0.5		
橘子油(冷压)	7	2.5		
乙醇			49.7	62.7
甘油			40	20
茶油	60.45	77.2		

③ **乳化香精** 乳化香精是亲油性香基加入蒸馏水与乳化剂、稳定剂、色素调和而成的香精。通过乳化可抑制香精挥发,可使油溶性香味剂溶于水中,节约乙醇,降低成本。但若配制不当可能造成变质,并造成食品的细菌性污染。饼干中不常用乳化香精。

④ **粉末香精** 粉末香精是使用赋形剂,通过乳化、喷雾干燥等工序制成的一种香精。由于赋形剂(胶质物、变形淀粉等)形成薄膜,包裹住香精,可防止香精受空气氧化或挥发损失,且贮运、使用也较方便,特别适用于憎水性的粉状食品的加香。

⑤ **果香基香精** 果香基香精是一种只含香料的香基香精,不含

稀释剂,使用前加以不同的稀释剂,即可配制成水溶性或油溶性香精,因不含稀释剂,在贮藏期内,可使香精加速成熟,并可免除因用植物油而在贮藏期内发生酸败变质的损失。果香基香精是食用香精的半成品,不能直接用于食品。对有条件的大型食品厂,使用这种香精可以节约容器和运费,而且可以对它进行再调配,所以使用效果较好。

(2)饼干中常用的食用香精　食用香精是用各种安全性高的可溶性食用香料和稀释剂根据各种香型的要求调合而成的。大多数食用香精是模仿各种果香调合而成的果香型香精。在饼干生产中,比较普遍使用的食用香精有柠檬香精、橘子香精、椰子香精、香蕉香精、草莓香精等。除此之外,还有一些较为常用的其他类型的香精,如可可香精、奶油香精、香草香精等。

3.香味剂的使用

(1)香味剂香型的选择　香味剂的选择要考虑到产品本身的风味和消费者的习惯。一般应选用与制品本身香味协调的香型,而且加入量不宜过多,不能掩盖或损害原有的天然风味。如含巧克力的制品可以选用巧克力香型的,含乳品的制品叫选用乳脂香型或香草香型的。对于用来掩盖某些原料带来的不良气味而添加的香料,使用的量需要加大。

焙烤食品中常用的香料类型主要有乳脂香型、果香型、香草香型、巧克力香型等。果香型香料类型主要有柠檬香型、橘子香型、椰子香型、杏仁香型、香蕉香型等。

(2)香味剂种类的选择　香料和香精都有一定的挥发性,对必须加热的食品,应该尽可能在加热后冷却时,或在加工处理的后期添加,以减少挥发损失。食用水溶性香精与食用油溶性香精相比,耐热性较差,更需注意此点。焙烤食品要经高温烘焙,不宜使用耐热性差的水溶性香精,必须使用耐热性比较高的油溶性香精。

若食品不经高温处理,也可使用水溶性香精,如夹心饼干的浆料,一些糕点用的糖膏、油膏及果酱,使用量根据生产需要而定。

(3)香精香料在饼干生产中的使用　在饼干生产中,选择与使用香精香料时应注意以下几点。

① 香精香料的选择和使用量　香精香料的使用量要控制适当，用量过少，起不了增香作用，影响效果；用得过多，则会带来触鼻的刺激感，损害产品原有的天然香味，因此，要按香精香料的不同情况决定其用量。应选用与产品本身香味协调的香型，以烘托出饼干天然香味。

香精在饼干中的用量一般为 0.05％～0.15％。在焙烤食品中使用耐热的油溶性香精，仍有一定的挥发损失，尤其是薄坯的食品，加工中香精挥发的更多，所以饼干类食品比面包类食品中的香精使用量要稍高一些。例如，在饼干生产中，如杏仁、桂花、蜂蜜等香味强烈的香料，用量一般为小麦粉 0.05％，其他香料的用量为小麦粉的 0.1％左右，香兰素的用量为小麦粉的 0.05％～0.1％。乙基香兰素香味比香兰素强 3～4 倍，可酌量减少。

选择热稳定性好，耐贮藏的香精香料。饼干需经受 180～200℃高温烘烤，因此，要求香精沸点较高，挥发损失少，使产品中能最大限度地保留其残存量。据此，饼干大都采用较耐高温的油溶性香精。

夹心饼干中的夹料是不须经此高温处理的，所以，可使用水溶性香精，让香精的气态分子扩散得快些。

② 添加方法　一般的香精香料有易受碱性条件影响的弱点，在饼干中若使用化学疏松剂（碱性剂）时，要注意分别添加，以防止化学疏松剂与香精香料直接接触。

香味剂与其他原料混合时，一定要搅拌均匀，使香味充分地分布在食品中。在加工时，应将香精香料与其他原料混合均匀，应无冻凝、沉淀等现象，这样有助于香气、香味醇和均匀。饼干生产中一般不使用分散性不好的粉末香精和乳化香精。加入香味剂时，一次不能加入太多，最好一点一点地慢慢加入。加工中应尽量减少香料在环境中暴露。

③ 使用条件　由于香味剂的配方、食品的制作条件千变万化，香味剂加入食品后由于受原料、其他添加剂、加工工艺等影响，香精香料在使用前必须做预备试验，才能找出香味剂使用的最佳条件。

④ 添加方式

a. 加入面团中。香精在面团加工中，由于搅拌、烘焙而损失，因此一般需要多加入 20% 的量或使用微胶囊粒香精。

　　b. 喷涂。如在饼干上喷洒，当产品出炉降温到 40～50℃ 时喷涂最好，这时其组织疏松、吸附力强。

　　c. 夹心或包衣。在焙烤食品中常用的有奶油、肉桂、香兰素、肉味香精。

　　⑤ 要选用安全性高的香精香料　随着科学技术的不断发展，人们逐渐对各种香原料与人体健康之间的关系加深了认识，重新评价了原来所用的添加剂，有的列为禁用，例如香豆素、黄樟素。对黑香豆、洋茉莉醛、茴香醚、杨梅醚、凤梨醛、水杨酸酯类、环己基丙酸丙烯酯等则需进一步调查研究。香豆素在 50 年代曾作为焙烤食品中的定香剂被广泛采用，其本身香味亦甚佳，但现已查明有致癌性。配制杏仁香油中的重要原料苯甲醛，亦严格限制使用含氯的原料。

　　⑥ 保藏条件　香味剂使用时要注意其稳定性。有些香精香料会因氧化、聚合、水解等作用而变质，一定的温度、光照、酸碱性、金属离子污染等因素会加速其变质，所以香味剂多采用深褐色的中性玻璃瓶密封包装，且不宜使用橡皮塞。香味剂要贮藏于阴凉干燥处，贮藏温度一般以 10～30℃ 为宜。香味剂启封后不宜继续贮藏，应尽快用完。

第三章 饼干加工工艺与设备

第一节 饼干加工工艺

饼干的主要原料是小麦面粉，此外还有糖类、淀粉、油脂、乳品、蛋品、香精、膨松剂等辅料。这些原、辅料通过和面机调制成面团，再经过辊轧、成形等工序制成饼坯，最后经烤炉烘烤，冷却后即成为酥松可口的饼干。饼干以其具有的营养丰富、风味多样、外形美观、便于携带等特点吸引了大量的消费人群。随着时代的发展，饼干的种类越来越多，风味越来越丰富，配方与生产工艺流程也越来越多样化。例如韧性饼干生产的工艺流程与酥性饼干和甜酥性饼干的生产工艺流程大相径庭，都为经过发酵生产的饼干，苏打饼干的生产工艺流程和半发酵饼干的生产工艺流程不尽相同，同样具有松脆、入口即化的特点，威化生产的工艺流程和蛋卷的生产工艺流程又各有特色。同时，各种饼干由于配方存在的较大差异，其具体生产工艺技术或工序如面团调制、辊压、成形等又都各有不同要求。如油、糖用量大的饼干（酥性饼干和甜酥性饼干），一般采用辊印成形的甜酥性饼干生产工艺；而用油量稍小的，则一般用冲印成形的韧性饼干生产工艺；用油量及糖量都少而且需要发酵的，一般采用冲印成形的苏打饼干生产工艺。此外还有一些特殊的生产工艺，如挤浆成形（用其制造小蛋黄饼干）及挤花成形（用其生产曲奇饼干）等。总之，随着科学技术的发展和人民生活水平的提高，饼干的形式多种多样，生产工艺也各不相同，这里不一一赘述。在实际生产中，应根据所生产饼干的要求和配方的特点，具体选择生产工艺，以达到生产优质饼干的目的。

虽然韧性饼干、酥性饼干和苏打饼干等常见饼干品种的生产工艺各不相同，但无论何种饼干，其生产工艺流程都可简化为：原辅料预处理→面团的调制→成形→烘烤→冷却→整理→包装→成品。下面将就这几个方面着重进行介绍。

一、原、辅料预处理的意义和方法

不同品种的饼干所需的原、辅料各不相同。但无论何种饼干，在面团调制前都应将各种原、辅料根据其配方，按照质量标准进行检验并经过必要的预处理。

1. 小麦面粉的预处理

和其他商品不同，食品有着更为严格的卫生安全要求。而小麦面粉在生产中往往是大批量生产的，难免存有各种杂质。因此，小麦面粉在使用前首先必须除杂，尤其是金属杂质。普遍采用的方法是在过筛装置中增设磁铁，以便吸附金属杂质。磁铁在使用期间要检查有无磁性。凡是磁性减退的，可以充磁或更换。面粉的粒度直接影响到面团调制的质量，为了在既定工艺下得到符合要求的面团，必须在各类淀粉类原料使用前进行过筛。这样既能使面粉形成微小细粒和清除杂质，又能使面粉中混入一定量的空气，有利于饼干的酥松。对于发酵面团还有利于酵母的增殖。为了保证产品的卫生条件，其他粉类原辅料都应过筛消除杂质后才能使用。

根据季节的不同，应采取适当的措施控制面粉的温度。夏季应将面粉贮存在干燥、低温、通风良好的场所以便降低面粉的温度。冬季使用的面粉应提前 2～3 天运入车间提高面粉的温度避免黏度增大。黏度增大是造成粘辊、面片断裂的主要因素。

要根据生产饼干的种类选择合适的面粉品种。一般，生产韧性饼干使用湿面筋含量在 24%～36% 的面粉为宜，而生产酥性饼干的面粉的湿面筋含量以 24%～30% 为宜。

2. 糖类的预处理

在饼干生产中常用的糖类有白砂糖、饴糖、淀粉糖浆、转化糖浆等。白砂糖晶粒在调和面团时不易充分溶化，所以一般都将砂糖磨碎为糖粉或溶化为糖浆。如果直接用砂糖会使饼干表面有可见的糖粒，或在高温烘烤时砂糖晶粒溶化造成饼干表面发麻与内部有孔洞。酥性面团调和时间短，加水量少更易发生上述现象。同时由于糖具有强烈的吸水性，使用糖浆就可以防止水与面筋蛋白质直接接触而使之过度胀润，这是控制形成过量面筋的一个措施。为了清除杂质与保证细度，磨碎的糖粉要过筛，一般使用 100 目筛。糖粉若由车间自行磨制，由于研磨操作中会产热，粉碎后糖粉温度较高，应该冷却后才能使用，以免影响面团温度。将砂糖溶化为糖浆使用，加水量一般为砂糖量的 30％～40％。加热溶化时要控制温度，经常搅拌，防止焦煳，使糖充分溶化。煮沸溶化后应过滤，冷却备用。有的工厂还通过掌握糖浆的温度来调节面团的温度。冬天可以提高糖浆温度但要防止温度过高而将面粉烫熟。糖浆桶或其他容器要经常用开水洗烫杀菌。糖浆在冷却过程中不要搅拌，以免返砂。为了使部分砂糖转化为转化糖浆，可在糖浆中添加少量盐酸，用量为 1kg 糖加 6％盐酸 1mL 左右。饴糖与其他淀粉糖浆使用前亦应过滤。夏天要注意防止糖浆发酵。饴糖在夏季甚易发酵，使饴糖酸度增高，品质变劣，因此不宜久藏。一般来说，饴糖应贮藏于凉爽通风之处或冷风仓库中，以防止败坏。

　　3. 油脂的预处理

　　生产中常用的油脂有：猪油、奶油、植物油（包括棕榈油、橄榄油、椰子油、菜籽油、花生油、豆油和混合植物油等）、低度硬化油、起酥油、人造奶油等。普通液体植物油、猪油可以直接使用。奶油、人造奶油、低度硬化油、椰子油等油脂低温时硬度较高，可以用文火加热，或用搅拌机搅拌使其软化。这样，使用时可以加快面团调制速度使面团更为均匀。加热软化时要掌握火候，不宜使其完全熔化，否则会破坏其乳状结构降低成品品质而且会造成饼干"走油"。加热软化后是否需要冷却，应根据面团温度情况决定。

　　(1) 使用油脂时应注意的几个问题

　　① 按照质量标准掌握油脂品质，不使用变质的油脂。

　　② 防止混入非食用油脂，如矿物油、蓖麻油、桐油等以防食物中毒。

　　③ 挥发性脂肪酸较多的油脂及有特殊种子味道的油脂，如生芝麻油、粗棉子油等在饼干生产上要尽量少用，以防影响饼干原有的风味。

　　④ 掌握好油脂的熔点，以利于软化操作和烘烤工序的顺利进行。

　　⑤ 根据饼干配方，控制好糖油比。

　　(2) 油脂用量　油脂的用量要根据具体情况而定。一般遵循如下原则。

① 糖、油脂用量比约为 2:1。用糖量增高，则油脂用量也要相应提高，才有利于操作。

② 当油脂用量高于 10% 时，需要相应的提高油脂熔点。加一些固体油脂，可提高油脂熔点。

③ 一般饼干生产的用油量在 5%～10% 之间，低油饼干应采用液体油脂。

④ 在目前的工艺条件下，油脂用量不宜高于 15%（拌油例外）。

（3）磷脂

磷脂是一种很理想的食用乳化剂，在饼干及糕点生产中，磷脂可以代替部分油脂，在同等油脂的饼干中，加入磷脂的饼干较为酥松。

4. 乳、蛋类的预处理

乳制品和蛋制品并不是生产每种饼干都要加入的。但由于其对制品品质良好的改善作用，在饼干加工中经常用得到。乳制品往往赋予产品独特的香味，提高产品的档次，增强产品的营养价值。在饼干配方中，常用的乳制品有鲜乳、乳粉、炼乳及奶油（黄油）等。鲜牛乳营养丰富，容易败坏，需经巴氏灭菌后在 2～5℃ 下保存，使用时需扣除鲜乳所含的水分，并要经过过滤。乳粉是高蛋白质的粉末状制品，有吸湿性，容易吸湿回潮、变质，贮藏容易酸败，因而需要严密包装。使用时用水或油调成液状，基本上能保持新鲜牛乳的品质，再加入面团中或者将乳粉与面粉混合过筛，再调粉。

蛋制品对改善饼干的色、香、味、形，以及提高其营养价值等方面都有一定的作用；在一些产品，如小蛋黄饼、蛋卷等的配方中，蛋制品则是比较重要的成分。饼干生产中常用的蛋制品有鲜蛋、冰蛋和蛋粉三类。使用鲜蛋时最好经过清洗、消毒、干燥。打蛋时要注意清除坏蛋与蛋壳。使用冰蛋比较方便，但使用前要将冰蛋箱放在水浴内，待其融化后再用。蛋粉使用前需加水调匀融化为蛋液或与面粉一起过筛混匀，再进行调粉。

二、面团的调制

面团调制就是将各种原材料按要求配合好，然后在混合机中进行调制，得到保证产品质量要求的均匀面团的过程。在饼干生产的工艺过程中，调制面团是最关键的一道工序，直接关系到面团的黏弹性与延伸性的好坏，是影响辊轧、成形等生产操作能否顺利进行的关键因素。面团调制的好坏直接影响到饼干成品的花纹、形态、疏松度、表面光滑程度及内部结构等，对成品的色泽、风味、口感及外观等起着决定性的作用，对饼干成品的商品价值有着举足轻重的影响。因此，要生产出符合要求、形态美观、表面光滑、内部结构均匀、口感酥脆的优质饼干，必须严格控制面团质量。从事饼干工艺研究的人员及生产管理人员对此应极为重视。

面团的黏弹性与延伸性是影响饼干生产各个环节及成品质量的主要因素，在饼干生产中要求面团应具有良好的塑性，适度的弹性和延伸性，较小的黏性。面团是由面粉中的两种面筋性蛋白质及面粉本身的淀粉和其他辅料所组成的。面团的黏弹性与延伸性的大小取决于面粉中面筋性蛋白吸水形成的面筋的数量。饼干面团调制过程中，面筋蛋白并没有完全形成面筋，不同的饼干品种，面筋形成量是不同的，而且阻止面筋形成的措施也不一样。面粉中面筋性蛋白吸水形成面筋的过程受很多因素的影响。

1. 面团形成的主要影响因素

（1）小麦粉中蛋白质的组成　小麦粉中所含的面筋蛋白有麦胶蛋白、麦谷蛋白和少量的其他蛋白质。其中分子较小的麦胶蛋白只能形成不太牢固的聚合体，作用较小，但也能促使面团的膨胀。而麦谷蛋白是高分子蛋白，由于分子表面积很大，容易产生非共价力的聚合作用，促进面筋网络良好的形成，发挥着骨架作用；同时部分面筋蛋白的碎片也能起到侧向粘接的作用，可以抵抗骨架的扭曲并带有一定的弹性。

调制面团时，麦胶蛋白、麦谷蛋白因吸水、水化膨胀而形成的呈胶体特性的物质叫作面筋。面粉中面筋蛋白的表面有很多亲水性的基团，当面粉加水后，无数的水分子就被吸附到面筋蛋白的单体表层周围而形成水化物，这种吸水现象进一步发展，水分子就扩散到面筋蛋白分子的内部。当面筋蛋白分子充分吸水后体积膨胀，此时，面筋蛋白便形成了有弹性的胶体。充分胀润后的面筋蛋白水化物彼此联结起来形成了面筋网络，构成面团的骨架。调和在面筋网络中的淀粉也一起吸水胀润，胀润后的淀粉与其他辅料填充在面筋网络之间，这样就形成了面团。

可见小麦粉中所含蛋白质的种类与比例决定着形成面筋的数量与性质。面筋性蛋白质含量越高，可能形成的面筋数量就越多，面团的弹性和延伸性就越好；反之面筋性蛋白质含量越低，可能形成的面筋数量就越少，面团的弹性和延伸性就越差。

（2）投料顺序　面团加工性能的优劣与面团调制过程中面筋的形成有密切的关系，而面筋的形成很大程度上又受到小麦粉在与其他原料混合时各种原辅料添加的顺序。当需面团有较大韧性时，可在小麦粉中直接加水调和，有利于面筋的形成。

（3）加水量　在面团调制过程中，被吸收到胶粒内部的水分称为水化水或结合水，分布在胶粒表面的水分称为附着水，充塞于面筋网络结构中胶粒之间的水分称为游离水。面团形成时，游离水逐步变为水化水，在此过程中，可以明显地感觉到面团逐渐变硬，黏性逐渐减弱，体积随之膨大，弹性不断增强，这一过程就是水化作用过程。小麦粉的品种、品质和蛋白质化学结合方式决定了水化作用进行的快慢与程度，并体现在小麦粉的吸水力上。面筋性蛋白质含量越多、灰分越少的小麦粉吸水量越大，水化作用越容易进行；淀粉粒受伤较多，小麦粉的原含水量低，小麦粉粒度细，都会增加小麦粉在面团调制时的吸水量，促进水化作用。同时，不同饼干品种所要求面团的软硬度也影响到面团调制时的加水量。

（4）面团调制时的温度　面筋性蛋白质吸水后的胀润作用与温度有关，会随着温度升高而增强，30℃时达到面筋性蛋白质的最高胀润度，此温度也被称为面筋性蛋白质的最高胀润温度。此温度时，面筋性蛋白质的吸水量能够达到150％～200％，如果温度继续升高，则胀润度将会下降。淀粉在温度低于50℃时胀润度甚低，在30℃时吸水率仅30％左右。可见温度是面团形成的主要影响因素之一。在一定的温度范围内，面团调制时的温度越高，面筋性蛋白质吸水胀润程度越强，面筋的结合力就越强，面筋网络形成就越快；反之，温度的降低，不利于面筋蛋白质的吸水、胀润。为了限制面筋的形成过快、面团的弹性过大，可以采取对原材料和面团降温的措施。如酥性面团的调制通常采用冷粉操作。

（5）面团调制的时间　不同加工性能的面团需要的调制时间不同。为了获得弹性和韧性较大的面团，调制的时间应适当延长，有利于面筋性蛋白质能够充分的吸水胀润，促进面筋的形成；反之，当需面筋较少时，应尽量减少面团的调制时间，阻止面筋蛋白质的吸水、胀润，避免形成大量的面筋。

（6）面团调制的方式　面团调制时通常使用调粉机进行混合操作。不同的饼干品种决定了面团加工性能的差异，这就对调粉机桨叶与搅拌速度提出了不同的要求。例如：韧性面团的调制通常选择卧式双桨或立式双桨搅拌机，酥性面团的调制一般选择桨叶较大的搅拌机。

（7）糖、油脂的反水化作用　在面团调制时，由于糖具有吸湿性，糖或糖浆的加入就会使蛋白质胶粒内部的水分向外移动，这就是糖的反水化作用。糖有强烈的反水化作用（见表3-1）。

表 3-1　砂糖增加量对面团吸水率的影响

面团加糖量/%	相对吸水率/%	湿面筋形成率/%
0	100	22.6
24	75	7.5
35.2	64.5	—
50	54.1	3.62

油脂的反水化作用虽不如糖那样强烈，但它亦是一种重要的反水化物质。因为脂肪吸附在蛋白质分子表面，使其表面形成一层不透性的薄膜，阻止水分子向胶粒内部渗透和在一定程度上减少表面毛细管的吸水面积，使吸水减弱，面筋得不到充分胀润；并且，由于表层的脂肪会使蛋白质胶粒之间结合力下降，使面团弹性降低、黏性减弱。这种作用随着油脂温度的增加而变得更加强烈，这是因为液态油的流散性较固态油脂大得多，能够使蛋白质胶粒表面的吸附面积变得更大所致。

因此在面团调制时，糖和油脂的存在会使面团的弹性降低、韧性减弱、可塑性增强。

此外，水及淀粉的用量，调制面团的时间和面团静置时间都会影响蛋白质吸水能力，从而影响面团黏弹性和延伸性。由于饼干配方及其对成品的要求各不相同，因此不同种类的饼干在面团调制时亦要采用不同的工艺措施。

2. 酥性面团的调制

生产酥性和甜酥性饼干的面团称酥性面团，要求其具有较大的可塑性和有限的黏弹性，使操作中的面皮有结合力，不粘辊筒和模型，饼坯有较好的保持花纹的能力而且在烘烤中不收缩变形，并有一定程度的胀发率等。达到以上要求，必须严格控制面团调制时面筋性蛋白质的吸水率，控制面筋的形成数量，使之达到有限的胀润程度，从而控制面团的黏弹性，使其具有良好的可塑性。因此酥性面团一般糖、油用量大，面筋形成量少，吸水量少，面团疏松，不具延伸性；靠糖、油调节其胀润度，胀发率较少，密度较大，宜做中高档产品。酥性或甜酥性面团因其调制温度接近或略低于常温，比韧性面团的温度低得多，俗称冷粉。

酥性面团调制品质与面粉的粗细度、筋力、温度、面筋数量等均有关系。这里主要介绍酥性面团调制过程中的工艺因素。

（1）投料次序的影响 酥性面团是用来生产酥性饼干和甜酥饼干的面团。由于这两种饼干外形呈现浮雕状斑纹，成品图案清晰，成形后饼坯花纹保持好。这就要求酥性面团具有较大程度的可塑性和有限的黏弹性，使操作中的面片有结合力，不粘辊筒和印模，焙烤时有一定的胀发率而又不收缩变形，成形后的饼干坯应具有保持花纹的能力，饼干内部孔洞性好，口感酥松。要控制面筋的形成，则应限质蛋白质分子与水分子的接触，故水与面粉不能同时加入，因而酥性面团的投料顺序是先将油脂、糖、水（或糖浆）、乳、蛋、疏松剂等辅料投入调粉机中充分混合、乳化成均匀的乳浊液。主要是利用糖、油脂等有反水化作用的原理。为防止香味大量挥发，应在乳浊液形成后加入香精、香料。最后加入小麦粉调制一定时间即可。这样，小麦粉在一定浓度的糖浆及油脂存在的状况下吸水胀润受到限制，不仅限制了面筋性蛋白质的吸水，控制了面团的起筋，达到酥性饼干面团调制的要求，而且可以缩短面团的调制时间。

（2）加水量的影响　　在通常情况下，面团水分含量的多少与湿面筋的形成量有密切关系。面团水分含量为原料本身的水分及外加水的总和与面团总重量之比，它与面团的软硬度有关，加水多，面团较软，容易起筋。因此通过控制加水量限制小麦粉的水化作用，是控制酥性面团面筋形成的重要方法之一。加水量与糖、油用量有关，糖、油用量少，则加水量相应多些，但也不能过多，以形成一块完整的面团为限，因此酥性面团加水量一般控制在 3%～5%，使酥性面团的最终含水量在 16%～18% 为最佳，甜酥性面团水分含量在 13%～15% 为最佳。同时按生产实践经验，为了防止面筋大量形成，加水量要与调粉时间相配合，虽然调粉时间短能够防止面筋的形成，但当面团较硬（水分少）时要适当增加调粉时间，使面筋既不形成过度，也不形成不足。如果调粉时间太短，面团将是散砂状。

　　在生产实际中，对于冲印成形的且由于要经过多次辊轧，会有一定面筋形成。为了防止面带断裂和粘辊，一般要求面团有一定的强度和黏弹性，且软一些。对于辊印成形的面团，由于不形成面片，无需头子分离，将面团直接压入印模成型即可，过软的面团反而会造成充填不足、脱模困难等问题，一般要求面团稍硬些。面团的软硬通常用控制加水量来控制。

　　必须注意在面团调制时不能随便加水，一旦加水过量，面筋大量形成，塑性变差，还可能造成大量游离水，使面团发黏，而无法进行后续工序。如果面团太散太干，在补加水时，混入少量植物油和乳化剂，充分乳化后，边搅拌边以喷雾的形式加入。

　　（3）糖、油脂用量　　在酥性面团调制中，糖和油脂用量都比较高，这样能够充分发挥糖和油脂的反水化作用，限制面团起筋。一般糖的用量可达小麦粉的 32%～50%，油脂用量可达 40%～50% 或更高一些。

　　（4）面团温度的影响　　如前所述，蛋白质的吸水量与温度有关。温度过低，蛋白质吸水少，形成面筋强度低，面团黏性大，结合力较差而操作困难；反之，如果酥性面团温度过高，蛋白质吸水量大，形成面筋强度大，面团弹性增加不利于饼干成形和保形，成品酥松感差，而且，温度高，用油量大的甜酥性面团有可能出油（油脂在高温下流散度增加而从面团中析出），使面筋性蛋白质胶粒表面的结合力减弱，造成面团松散，无法压延成整张的皮子，从而使成品表面不光，质量变差。可见，温度是影响面团调制的重要因素。所以生产中应采取各种措施，严格控制面团温度。调制面团时的水温决定着面团的温度。一般酥性面团的温度应控制在 22～28℃为宜；对油脂含量高的甜酥性面团，温度一般可控制在 20～25℃之间。夏季气温高，可用冰水调制面团。

（5）调制时间的影响　蛋白质与淀粉吸水都有一个过程，因此，调制时间是控制面筋形成程度的直接因素。时间短，面筋性蛋白质与淀粉吸水不充分，面筋形成量不够，面团松散而无法形成面片；游离水过多引起面团黏性太大而粘辊、粘帆布、粘印模，且饼坯胀发力低；时间过长，面筋性蛋白质和淀粉吸水量大，面筋形成过多，面团弹性强，成形时容易收缩，致使成品花纹不清、表面不光、起泡、凹陷、体积小、成品不酥松等。总之，调制时间控制不当，会导致无法正常生产。调制酥性面团的控制时间与搅拌机的桨形有关，参见表3-2。

表3-2　酥性面团调制工艺参数

项目		酥性饼干	甜酥性饼干
面团温度/℃		22～28	20～26
面团最终含水量/%		16～18	13～15
调粉时间/min	卧式单桨	5～10	8～15
	立式双桨	10～15	12～18
面筋含量/%		25～30	
淀粉添加量（以小麦粉为准）/%		5～8	
头子添加量（以鲜面团为准）		1/10～1/8	

在实际生产中，应根据油、糖、水的量和面粉质量，以及调制面团时的面团温度、调制设备和操作经验，来具体确定面团的调制时间。一般情况下，油、糖相对较少，水相对较多的酥性面团，用卧式调粉机，时间为 5～10min，立式调粉机时间为 10～15min；油、糖

相对较多，水相对较少的甜酥性面团，卧式调粉机时间为 8～15min，立式调粉机为 12～18min。在气温较高的夏季，搅拌时间可以缩短 2～3min 左右。

在酥性面团调制过程中，要不断用手感来鉴别面团的成熟度。即从调粉机中取出一小块面团，观察有无水分及油脂外露。如果用手搓捏面团，不粘手，软硬适中，面团上有清晰的手纹痕迹，当用手拉断面团时，感觉稍有连接力和延伸力，两个拉断的面头没有收缩现象，则说明面团的可塑性良好，已达到最佳程度。

(6) 静置时间　面团调制好后，适当静置几分钟到十几分钟，使面筋蛋白水化作用继续进行，以降低面团黏性，适当增加其结合力和弹性。因此，调粉不足的面团可采取静置措施来得以弥补；若调粉时间较长，面团的黏弹性较适中，则不必进行静置，立即进行成形工序。否则会使面团因发硬而松散。面团是否需静置和静置多少时间，视面团调制程度而定。在实际生产中，静置时间应根据具体情况而定，一般为 5～10min。

(7) 加淀粉及头子量的影响　加入淀粉可以抑制面筋的形成，降低面团的强度和弹性，增加面团的可塑性。对于用面筋含量高或筋力较强的面粉调制酥性面团时，在生产中常通过加入淀粉，来减少面筋相对含量，从而降低面筋强度。但淀粉的添加量不宜过多，过多就会影响饼干的胀发力和成品率。一般只能使用小麦粉量的 5%～8%。生产过程中产生的饼干屑功能与淀粉相近，可根据需要添加。

在冲印和辊切成形操作时，从面带上切下饼坯必然要留下部分边料，在生产中还会出现一些无法加工成饼坯的面团和不合格的饼坯，这些统称为头子。在生产过程中为了减少浪费，常常要把它再掺到下次制作的面团中。头子因经长时间胀润，面筋形成程度高，面团具有较强的黏弹性，因此头子的加入会增强面团的筋力，影响酥性面团的加工性能和成品的酥松度。在面筋筋力十分弱、面筋形成十分慢的情况下，头子的加入可以弥补面团筋力不足而改善操作。所以头子的添加应根据情况灵活使用，注意适量。一般加入量以新鲜面团的1/10～1/8 为宜。

此外，面团调制过程中各工艺因素的运用恰当与否也是影响生产和质量好坏的关键，而正确判断调粉的成熟度并掌握好调粉的温度和投水量等参数是控制面团质量的主要因素。表3-2列出了一些酥性面团调制的工艺参数。

3. 韧性面团的调制

韧性面团是用来生产韧性饼干的面团。韧性饼干的生产常采用冲印成形，需要经多次辊轧操作，要求头子分离顺利，这就决定着韧性面团要有较好的延伸性和韧性，适度的弹性和可塑性，适度的结合力及柔软、光滑的性能，面筋的形成既要充分，同时面筋的强度和弹性不能太大，以保证面团能顺利压成面皮并冲印成形，焙烤的饼干胀发率大、体积质量小、口感松脆。此种面团适用于做凹花饼干。与酥性面团相比，韧性面团的面筋形成比较充分，但面筋性蛋白质仍未完全水合，面团硬度明显大于面包面团。由于韧性面团在调制完毕时具有比酥性面团更高的温度，因此韧性面团俗称热粉。

韧性面团的特点取决于其成分和调制工艺。韧性面团的糖、油用量少，面筋形成量大；吸水量多，具有较强的结合力和延伸性；通过机械搅拌和添加改良剂调节胀润度；胀发率较大，密度较小；成品口感松脆，可做中低档产品。韧性面团在调制过程中，通过搅拌、撕拉、揉捏、甩掼等处理，使原材料得以充分混合，并使面团的各种物理特性（弹性、软硬度、可塑性）等都有较大的改善，为后道工序创造必要的条件。韧性饼干产品要达到理想的目的，重要的是要在面团调制中分成两个阶段来控制。第一阶段是使面粉在适宜的条件下充分胀润，蛋白质充分水化形成面筋。开始时，面筋颗粒的表面首先吸水，水分向面筋内部渗透，最后内部吸收大量水分，体积膨胀，充分胀润，形成了面团。随着搅拌的进行，各种物料逐渐分布均匀，面筋中的各种化学键已经形成，面团内部逐渐形成面筋网状结构，结合紧密，软硬适度，具有一定的弹性。第二阶段是要使已经形成的面筋在长时间的机械拉伸力、剪切力作用下弹性降低。在持续搅拌过程中，已形成的面筋网状结构被不断撕裂拉伸，最后超越其弹性强度，网状结构被破坏，使弹性明显下降，同时面筋中的各种化学键在机桨剪切力的作用下部分断裂，重组，这两种力的综合作用导致面团还软，流散性增大，具有一定的可塑性，达到了面团调制的目的。

79

为了获得质量良好的韧性面团，一般应选择湿面筋含量在 30％以下的小麦粉。如果小麦粉中的湿面筋量高于 30％，可掺入小麦粉量 5％～10％的淀粉或熟小麦粉（饼干屑也可用来调剂面筋量），使面筋量处于 30％以下。

根据韧性面团特点，调制时应注意以下几个方面。

（1）投料顺序　由于韧性面团用油量一般较少，用水量较大，可先将面粉加入到搅拌机中搅拌，然后将油、糖、蛋、奶等辅料加热水或热糖浆混匀后，缓慢倒入搅拌机中。这样，可使面筋充分吸水胀润，有利于面筋的形成。如果需要面团可塑性较大时，可按酥性面团的方法，即将油脂、糖、乳、蛋等辅料与热水或热糖浆在调粉机中搅匀，再加入小麦粉。如果使用改良剂，则应在面团初步形成时加入。由于韧性面团调制温度较高，疏松剂、香精、香料一般在面团调制的后期加入，以减少分解和挥发。

（2）面团调制时间　韧性面团的调制得分两个阶段来完成，即在调粉过程中不但要使面粉与各种辅料充分混匀，还要通过搅拌，使面筋蛋白与水分子充分接触，吸水膨胀形成大量面筋，降低面团黏性，增加面团的延伸性和可塑性，有利于压片操作。另一方面通过充分搅拌，使已经形成的面筋在搅拌浆剪切力作用下不断被撕裂，使面筋逐渐处于松弛状态，一定程度上增强面团的塑性，使冲印成形的饼干坯有利于保持形状。韧性面团的调制时间一般在 25～30min。

对面团调制时间不能生搬硬套，应根据经验，通过判断面团的成熟度来确定。一种方法是观察调粉机的搅拌桨叶上粘着的面团，当在转动中很干净地被面团粘掉时，即接近结束。二是用手抓拉面团时，不粘手，感到面团有良好的伸展性和适度的弹性，撕下一块，其结构如牛肉丝状，用手拉伸则出现较强的结合力，拉而不断，伸而不缩。调粉时间与调粉机转速有关系。当调粉机转速快时可适当缩短时间。通常当采用卧式双桨搅拌机时，调制时间控制在 20～25min，转速控制在 25r/min 左右。

（3）面团温度　韧性面团的调制，由于搅拌强度大、时间长，在搅拌过程中机械与面团及面团内部之间的摩擦能够产生一定的热量，而使面团温度升高。较高的面团温度有利于面筋的形成，缩短搅拌时间，也有利于降低面团的弹性、韧性、黏性和柔软性，使辊轧、成形操作顺利，提高制品质量。如果面团温度过高，会出现面团易走油和韧缩，饼干变形，保存期变短，疏松剂提前分解，影响焙烤时的胀发率等问题。如果温度过低，所加的固体油脂易凝固，面团变得硬而干燥，面筋形成、扩展困难，面带容易断裂，搅拌时间增加；另外，温度过低，所加的改良剂反应缓慢，起不到降低弹性、改变组织的效果，影响质量。实验证明，韧性面团的温度控制在 $36 \sim 40 ℃$ 较为合适。

面团的温度常用加入的水或糖浆的温度来调整。在夏天需用 $40 \sim 45 ℃$ 温水调面；冬天一般是使用 $85 \sim 95 ℃$ 的糖水直接冲入小麦粉中，这样，在调粉过程中就会使一部分面筋性蛋白变形凝固，以此来降低湿面筋的形成量，控制面筋的强度和弹性，改善面团工艺性能。

（4）面团的软硬度与加水量　韧性面团通常要求面团比较柔软些，这样可使延伸性增大、弹性减弱，成品酥松性提高，面皮压延时光洁度提高，而且面带不易断裂，生产线操作顺利，产品质量提高。

要保持面团的柔软性，主要依靠加水量来调节，加水多则软，加水少则硬。但加水量又受到加油量、加糖浆量的直接影响，因此，加水量一般控制在 $18\% \sim 24\%$，面团含水量应保持在 $18\% \sim 21\%$。此外，软硬度还受到调粉时间、面团温度等因素的影响。

（5）面团静置　韧性面团调制时间较长，面团在机桨长时间拉伸及撕裂的作用下，常会产生一定强度的张力，所以以刚调制完毕的面团弹性一时还降不下来，此时可静置一定时间，让面团缓和一下，经拉伸后的面团在静置中即恢复松弛状态，达到消除张力的目的，同时还能达到黏性下降的目的。一般静置时间为 $15 \sim 20min$。此外在使用强力面粉时，或在遇到由于各种因素发生面团弹性过大时，往采取调粉完毕后静置 $15 \sim 20min$，甚至半小时后再生产的办法来促使弹性降低。如果面粉本身筋力较弱或在调粉时面团弹性已经下降，则不必再静置。

（6）淀粉用量　韧性面团要求比较柔软，因此加水量要大。但因韧性面团油脂用量少，面粉中蛋白质易吸水形成面筋，使面团弹性过大，因此常加入淀粉作面筋稀释剂。淀粉用量应适中，太少则稀释面筋浓度的效果不明显,起不到调节面团胀润度的作用;反之淀粉使用过量,则不仅使面团的结合力下降,还会使面筋过于软弱,持气能力下降,导致饼干胀发率减弱,破碎率增加,成品率下降。一般淀粉的使用量为面粉的5%~10%。

(7)饼干改良剂的使用 生产韧性饼干的配方中,由于油脂、糖比例小,加水量较大,面团的面筋蛋白能够充分吸水胀润,操作不当常会引起面团弹性大而导致产品收缩变形。添加面团改良剂就是要达到减小面团筋力,降低弹性,增强可塑性,使产品的形态完整、表面光泽,缩短面团调制时间的目的。常用的面团改良剂多是含有—SO_2基团的各种无机化合物,如亚硫酸氢钠、亚硫酸钙、焦亚硫酸钠和亚硫酸等。

(8)糖、油脂等辅料的影响 韧性面团温度较高,有利于面筋快速形成,但也可以使糖、油脂等辅料对面团产生负面的影响。在温度较高时,糖黏着性增大,进而使面团黏性增大;而脂肪则随着温度增高,流动性增大,从面团中析出,导致面团"走油"。因此如果出现面团发黏,发生粘辊、脱模不顺利时,往往说明糖的影响大于油脂的影响,这时可以通过降低调粉温度来减小糖在面团中的作用。但温度不能过低,否则又会引起面筋难以形成、面团弹性过低,而无法进行后续加工。

总之,韧性面团的调制质量受诸多因素的综合影响,在实践中要全面考虑,方能获得品质优良的面团。表3-3列出了一些韧性面团调制工艺参数。

表3-3 韧性面团调制工艺参数

面团温度/℃	38~40	静置时间/min	15~20
水分添加量(以小麦粉为基准)/%	18~24	淀粉添加量(以小麦粉为基准)/%	5~10
调粉时间/min	卧式双浆 20~25		

4.发酵面团的调制和发酵

发酵饼干利用生物疏松剂——酵母在生长繁殖过程中产生二氧化碳气体,二氧化碳气体又依靠面团中面筋的保气能力而保存于面团中。在烘烤时二氧化碳气体受热膨胀，加上油脂的起酥效果，形成发酵饼干特别疏松的内部组织和断面具有清晰层次的结构。为了实现以上目标，这就要求调制后的发酵面团的面筋既要充分形成，具有良好的保气性能，还要有较好的延伸性、可塑性、适度的结合力及柔软、光滑的性质。要达到这些目的，发酵面团调制多采用二次搅拌、二次发酵的调制工艺。

（1）面团调制工艺

① 面团的第一次搅拌与发酵　通常使用总发酵量 40％～50％的面粉，加入预先用温水溶化的新鲜酵母液或用温水活化好的干酵母液中。鲜酵母用量为面粉量的 0.5％～0.7％，干酵母用量为面粉量的 1.0％～1.5％。再加入用以调节面团温度的温水（加水量一般根据面粉品种定，标准粉为 40％～42％，精白粉为 42％～45％，一般加水量根据面粉的面筋含量而定）。在卧式调粉机中调制 4～6min。面团温度冬天控制在 28～32℃之间，夏天则为 25～28℃。然后在相对湿度 75％～80％、温度 26～28℃下发酵 4～10h。发酵时间的长短依面粉筋力、饼干风味和性状的不同而异。

第一次发酵的目的是通过较长时间的静置，使酵母在面团内得到充分的繁殖，以增加面团的第二次发酵潜力。酵母细胞在发酵初期摄取氮素源和分解型碳素源来进行发酵和繁殖。随着发酵作用的继续进行，面粉中的面筋性蛋白质受到乳酸菌和醋酸菌的代谢产物乳酸及醋酸的作用而变性，同时酵母在无氧条件下产生的酒精亦会使面筋溶解和变性。酵母和面粉中的蛋白酶活动结果使面团中产生低氮化合物，酵母细胞就利用此种低氮化合物和糖类进行同化作用而迅速合成新细胞，达到繁殖的目的。酵母的同化作用由简单的物质合成大分子量物质，是吸热反应。热量的来源是依靠发酵作用释出而获得的。第一次发酵除酵母的繁殖外，面团本身亦经历了较大的变化。酵母呼吸和发酵作用产生的二氧化碳使面团体积膨松，当二氧化碳逐渐达到饱和时，面筋的网络结构便处于紧张状态，继续产生的二氧化碳气体使面筋中的膨胀力超出其本身的抗胀限度而塌架。除了这种物理变化之外，再加上面筋的变性等一系列变化，使面团弹性降低到理想的程度，这样就达到了第一次发酵的两个重要目的：面团面筋量减少，形成海绵状组织，面团的弹性降低到理想的程度；使酵母在面团内充分繁殖，以增加面团发酵潜力，并产生发酵所特有的风味。

发酵完毕时面团的 pH 值为 4.5～5.0。

② 第二次搅拌与发酵　将第一次发酵成熟的面团（俗称"酵头"）与剩余的 50%～60% 的面粉、油脂和精盐、饴糖、鸡蛋、乳粉等除化学疏松剂以外的其他辅料加入和面机中进行第二次搅拌。第二次搅拌所用面粉，主要是使产品口感酥松，外形美观，因此所用面粉与第一次发酵时所应用的面粉有本质上的区别，一般选用低筋粉。面团加水量是无法规定的，这与第一次发酵的程度有关，第一次发得愈老，第二次加水量就愈少。小苏打等化学膨松剂可以在搅拌开始后，缓慢撒入。在面团的 pH 值达到中性或稍高为止或者在调粉将要完毕时撒入，这样有助于面团光滑。

第二次搅拌是影响产品质量的关键，它要求面团柔软，以便辊轧操作。搅拌时间一般 4～5min，使面团弹性适中，用手较易拉断为止。面团的温度应该控制在一定范围内，调粉结束时冬天面团温度应保持在 30～33℃，夏天 28～30℃。从前后两次调粉的时间来看，共同的特点是时间都很短。习惯上认为，长时间的调粉会使饼干质地僵硬。

第二次发酵又称后续发酵，主要是利用第一次发酵产生的大量酵母，进一步降低面筋的弹性，并尽可能地使面团结构疏松。由于第二次发酵的配料中含有大量的油脂、食盐以及碱性疏松剂等，使发酵作用变得困难，但依靠酵头在第一次发酵时产生的较强的发酵潜力，这个过程在 3～4h 即可发酵完毕。一般发酵温度在 28～30℃，相对湿度为 75%。

（2）与发酵有关的几个因素

① 面团温度　面团温度是酵母的生长与繁殖众多影响因素中最重要的因素之一。由于发酵面团使用酵母作为疏松剂，面团的温度调整是否适当，直接关系到酵母的生存环境。同时酶要充分活性对温度也有一定的要求范围。因此掌握好苏打饼干面团的温度，具有特殊意义。一般酵母繁殖最适宜的温度是 25～28℃，最佳发酵温度（在面

团中）是 28～32℃；大多数酶的最适温度范围是 30～40℃。但要维持适宜的发酵温度，保证酵母既能大量繁殖又能使面团发酵产生足够的二氧化碳气体，必须考虑周围环境和发酵本身的放热。调制好的面团随着发酵的不断延续，会因酵母本身生命活动过程中所产生的热量而使面团温度有所上升，所以，面团温度应掌握在 28℃左右。夏天如在无空调设备的发酵室进行，酵母发酵和呼吸时产生的能量均使面团温度迅速升高，所以宜把面团的温度调得低一些（一般调低 2～3℃），防止面团过热，引起过多的乳酸菌、醋酸菌发酵，使面团变酸；冬季则不然，由于周围环境的温度通常都低于 27℃，温度过低，则会引起发酵不足、胀发不良等问题而延长发酵时间和生产周期，因此调制面团时，应将温度控制得高一些。

通常，在发酵完毕后面团温度将比初期提高 5℃左右。经过实践证明，如果面团温度升到 34～36℃时，会使乳酸含量显著地增加，琥珀酸和苹果酸含量亦稍有增长。因此，高温发酵必须缩短时间，否则极易变酸，从而影响酵母的繁殖。习惯上不采取高温发酵的办法。如果温度过低，则发酵速度缓慢，体积增大不足。从而发酵时间过长，面团发得不透，同时也易造成产酸过高，所以说，掌握合适的温度是非常重要的。

② 加水量　发酵面团的加水量波动范围很大，一般而言加水的多少取决于小麦粉的品质及其吸水率等因素。小麦粉的吸水率小加水就少些；吸水率大，加水就适当多些。第二次调粉时，加水量不仅要依据小麦粉的吸水率大小，还要根据面团第一次发酵的程度确定。第一次发酵不足，则在第二次调粉时就适当多加一些水；反之，第一次面团发得越老，加水量就越少。

同时，酵母的繁殖能力随面团的含水量增加而增大，因此在第一次发酵时，面团可以适当地调的软一些，以利于酵母繁殖。但是，加水量过多，面筋形成程度高，面团发的快，体积大，发酵过程中产生的水多，加之糖及盐的反水化作用，往往会使面团变软和发黏，不利于辊轧和成形操作，所以调制面团时不能太软，应稍硬些。但加水量也不能过少，使面团硬度过大，以免导致成品变形。

此外筋力过弱的面团亦不能采用软粉发酵，否则，发酵完毕后会使面团变得弹性过低，造成产品僵硬。

加水量与发酵体积的关系：加水量为 184mL 的试样发酵 6h 已足够了，面团体积已膨大到极限，8h 后体积反而减小，说明面团已塌陷回降，这时的面团会变得很黏，酸度过高。这样就不一定理想，除非第二次发酵所用的面粉筋力极强和面筋量过高，否则就不应当选择这样的条件。其他试样的情况说明在正常情况下面团体积是随加水量的增加而增大的。

③ 用糖量　在发酵面团调制过程中，糖的作用根据其加入的阶段以及加入量的不同而不同。在第一次调制面团和发酵过程中，糖作为酵母的碳源被加入进去。酵母发酵时的碳素源主要是依靠其本身的淀粉酶水解面粉中的淀粉而获得的，然而，开始时小麦粉本身的酶活力很低，淀粉酶水解淀粉而获得的可溶性糖分和小麦粉中原有很少的可溶性糖分不能充分满足酵母生长和繁殖的需要，在这种情况下，补充 1.0%～1.5% 面粉量的饴糖或葡萄糖，有助于加快发酵速度。这与加入淀粉酶的作用类似，但酶活力较高的面粉并无此种必要。但在加入糖分时应该考虑到，在糖浓度较高时会产生较大的渗透压，造成酵母细胞萎缩和细胞原生质分离而大大降低酵母的活力，因此糖的加入量要适当，否则会对发酵产生有害的影响。

第二次调粉、发酵时，酵母所需的糖分主要由小麦粉中的淀粉酶水解淀粉而得到，因此，加糖的目的不是为了给酵母提供碳源，而是从成品的口味和工艺上考虑的。

④ 用油量　发酵饼干使用油脂较多，因此油脂添加的多少、添加的顺序等都会对饼干的生产和品质产生明显的影响。加入油脂有利的方面是能够使制品疏松，增加制品风味。不利的方面是大量的油脂会在酵母细胞周围形成一层难以使营养物质渗入酵母细胞膜的薄膜，阻碍了酵母正常的新陈代谢，从而抑制酵母的发酵。为了解决多用油脂改善饼干的疏松度与尽量减少油脂对酵母发酵作用影响的矛盾，一般采用将少部分油脂在调粉时加入，大部分则与少量面粉、食盐等拌成油酥，在辊轧面团时加到面片中的方法。为了解决流散度高的液体油对酵母发酵更为显著的抑制作用，通常使用优良的猪板油或其他固体起酥油。

⑤ 用盐量 食盐的加入对饼干生产也具有双重作用。适量的加入会对产品的生产起到积极的影响：一是增强面筋弹性和韧性，增大面团抗胀力，达到提高面团保气性的效果；二是能够作为小麦粉中淀粉酶的活化剂，提高淀粉的转化率，供给酵母充足的碳源；三是作为产品的调味物质，满足改善口味的需要；四是具有抑制杂菌的作用等等。反之，过高的食盐浓度会抑制酵母的活性，使发酵作用减弱。

发酵饼干的食盐加入量一般为小麦粉总量的 1.8%～2.0%。为了防止食盐对发酵产生不良影响，第一次调粉发酵中不加盐，通常在第二次调粉时才加入盐，也可以在第二次调粉时只加入食盐的 30%，其余的 70% 在油酥中拌入或在成形后撒在饼干表面。

除此之外，小麦粉性能、酵母的品质与数量对发酵的影响也十分重要。总之，发酵面团的调制受到许多因素的影响，一些因素有了变化，其他因素也要相应地变化。表 3-4 列出了一些发酵面团调粉的工艺参数。

表 3-4 发酵面团调粉工艺参数

项目		第一次调粉	第二次调粉
小麦粉用量/%		40～50	50～60(余量)
调粉时间/min		4～6	5～7
酵母用量/%		鲜酵母 0.5～0.7	—
		干酵母 1.0～1.5	—
面团温度/℃	冬季	28～32	30～33
	夏季	25～28	28～30
加水量(以小麦粉为基准)/%		40～45	根据第一次发酵程度确定

5. 半发酵饼干面团的调制与发酵

半发酵饼干是在发酵饼干（苏打饼干）和酥性饼干的基础上产生的一种新型饼干。它综合了传统的韧性饼干、酥性饼干、苏打饼干的工艺优点，对其生产技术进行了改进，采用生物疏松剂与化学疏松剂相结合而制成。半发酵饼干的制作方法与传统的苏打饼干制作方法相比，简化了生产流程，缩短了生产周期；这类饼干与传统的韧性饼干相比，产品层次分明，无大孔洞，口感松脆爽口，并且有发酵饼干的特殊芳香味；它与传统的酥性饼干相比，油、糖用量可以较大限度地降低，以适应饼干向低糖、低油方向发展的趋势，且操作易于掌握。此外，这种操作方法制得的饼干块形整齐，有利于包装规格的一致性，因此，新工艺是自然选择和优胜劣汰的结果。

半发酵饼干面团的调制一般也分为两个阶段。第一阶段发酵阶段。即将一定配比的面团在适当条件下发酵一定的时间，得到符合要求的面团。其发酵机理实际上就是发酵性苏打饼干的制作原理，因此，半发酵饼干面团第一次调制及发酵的工艺过程与发酵饼干面团的发酵工艺基本相同。第二阶段，发酵后的面团在添加了其他所有辅料后不再进行发酵，而是采用韧性饼干的工艺，进行搅拌混合。因此半发酵饼干的制作工艺也被称为"混合"饼干制作法。

（1）第一次面团调制与发酵　在半发酵面团调制与发酵过程中，首先将适量即发活性干酵母（发酵力＞600mL）与小麦粉全量的50％搅拌均匀，加入少量白砂糖、食盐及适量温水，搅拌 4～5min。面团温度控制范围夏季为 24～28℃，冬季为 26～32℃。

面团调制成熟后，即移入发酵缸中进行发酵。发酵的目的一是为了形成一定量的二氧化碳，从而使面团体积膨胀，面筋含量适中，以保证成品有疏松的结构和清晰的层次；二来是利用发酵产物的特殊香味赋予制品独特的风味。发酵开始阶段，在面团中的氧气和养分供应充足的条件下，酵母菌的生命旺盛，呼吸作用强烈，通过酵母的有氧呼吸作用，面团中所生成的单糖分解成二氧化碳和水，并产生一部分热量。发酵的中期阶段，酵母的呼吸作用所产生的二氧化碳积聚在面团内，随着酵母呼吸作用继续进行，二氧化碳气体越积越多，面团体积逐渐膨大，面团中的氧气逐渐减少，于是，酵母的呼吸方式发生变化，开始由有氧呼吸转变为缺氧呼吸（即酒精发酵）。这一作用生成酒精和二氧化碳，并产生一小部分热量。酒精发酵是面团发酵中的主要生化过程，这种变化在面团发酵后期尤为旺盛。从理论上讲，面团在发酵过程中，酵母的有氧呼吸和酒精发酵这两个生化过程是有严格区别的。但实际生产中，这两种生化过程很难截然区分。不过在不同发酵阶段它们各自所起的作用不同。

由发酵过程可见，由于在发酵过程中要产生热量，而酵母和各种酶的最适活动温度有一定的范围，因此要注意控制发酵过程中的温度：过低势必会延缓发酵过程的进行，使面团在预定时间内发酵不足；但发生较多的情况是温度过高。由于乳酸菌、醋酸菌等产酸菌属于好温性菌，当发酵在 28～30℃进行时，它们的产酸量不大，如果发酵温度升高，则酸度增长很快，在 35～37℃将达到高峰。因此，要降低面团酸度，除合理控制酵母用量外，还要掌握发酵的时间和温度，以便控制产酸菌大量产酸。

　　发酵刚开始不久，除酵母菌的繁殖外，面团本身也发生较大的变化，酵母菌呼吸和发酵产生的二氧化碳使面团体积膨松，当二氧化碳逐渐达到饱和时，面团又塌架，这时的 pH＝2.5～5.0，产生的酸性物质有乳酸、醋酸、丁酸、苹果酸、甲酸和柠檬酸等，其中以乳酸产量最多，约占产酸总量的 60%，其次是醋酸。

　　(2) 第二次面团调制与静置技术　半发酵饼干在第二次调制面团时采用韧性饼干的制作工艺，使饼干既有发酵性苏打饼干的风味，又有韧性饼干松脆的特点，从而制作出了一种新颖的饼干品种。发酵饼干一般是低糖低油脂的，无法用酥性饼干的制作工艺，但半发酵饼干因为在第一次调制面团时，小麦粉总量的 50%采用了苏打饼干的工艺，不用油脂，很少用糖，剩下的 50%小麦粉却使用了配方中糖与油的全量，换言之，等于配方中的糖与油增加了一倍，达到了酥性饼干配方的要求。由此，半发酵饼干成了前道工序采用苏打饼干的发酵工序，后道工序采用酥性饼干的配方，却采用韧性饼干的调制方法，这是酥性饼干配方要求的综合性新工艺。

　　韧性饼干是靠充分搅拌来破坏面筋的，因此，一般需用 50～60min 的长时间搅拌来调制面团。酥性饼干因糖、油配比高，所以只需 10 多分钟便可使面团搅拌成熟。半发酵饼干的投水量虽然比酥性饼干的投水量高，已接近韧性饼干面团的含水量，但这些水分的大部分是以经过第一次发酵的面团的形式加在第二次面团调制的小麦粉中，所以，它的水化作用不及制性饼干来得敏感。因此选择介于酥性面团和韧性面团之间的 25～40min 的中等搅拌时间为好。

　　另一方面，为了达到半发酵饼干的特脆目的，一般在第二次面团调制中，要采用添加酶的方法来达到破坏其面筋的目的，主要使用木瓜蛋白酶和酸式焦亚酸钠，利用酶制剂与还原剂双重功能，从横向和纵向两个方面来切断面筋蛋白质结构中的二硫键，使之转化成硫氢基键，达到削弱面筋强度的要求，从而既能达到保持饼干形态，使之不易变形的目的，又能降低烘烤时的抗胀力，使饼干的松脆度提高。

木瓜蛋白酶的有效 pH 范围为 3～9；有效温度 10～18℃；常规用量按小麦粉计，甜饼干的使用量为 0.02%～0.03%，咸饼干的用量为 0.025%～0.04%，不同工艺与不同小麦粉应将添加量适当增减。添加前，要先将木瓜蛋白酶用 20 倍的 40～60℃温水搅拌稀释后放置 10min，然后，在第二次调制面团时投入面团中搅拌，此后搅拌面团的时间不得少于 10min，否则酶促作用不能发挥，达不到预期的效果。实践表明，木瓜蛋白酶使用得当，可使饼干上色快，疏松脆化，口感舒适，有的品种虽然油脂不多，制成的饼干仍能具有饼色悦目、有油润感。木瓜蛋白酶可以说是制作半发酵饼干的重要面团改良剂，缺少它就达不到半发酵饼干的松脆度要求。

半发酵饼干第二次面团调制时投料顺序对其品质有重要影响，其正确的投料顺序如下：

发酵醪面→水→抗氧化剂＋油脂→鸡蛋→糖→食盐→水→充分搅拌使之混合乳化均匀→小麦粉＋奶粉过筛→调制面团→化学疏松剂、面团改良剂→继续搅制面团→（香料＋酒精）→继续搅拌→面团成熟。

面团在长时间的调制过程中，面筋受到调面机的桨叶拉伸和撕裂，常会产生一种拉伸的张力，此时，如果将面团静置片刻，使其恢复松弛状态，就能达到消除张力的目的。此外，半发酵面团中有相当数量的酵母菌，需要静置一段时间使其有一个继续发酵的过程，一般可控制静置时间以 15～20min 为宜。

6. 浆料面团的调制

浆料面团是生产威化饼干、杏元饼干和蛋卷等的面团。其特点是形态接近流体，由于多次搅打气体含量高，制品酥松，气孔分明。

（1）浆料面团的调制原理与工艺　浆料在调制时，应先将鸡蛋、砂糖、疏松剂等辅料在搅拌机中混合均匀，边搅打边缓缓加水。在蛋浆打擦程度和泡沫稳定性良好时，再加入小麦粉，轻轻地混合成浆料。浆料在打擦时空气分散在液相中从而形成饼干多孔性组织。在打擦中浆体是以水为分散介质，空气为分散相，形成气泡的能力与分散介质的表面活性有关；分散介质的表面活性越大，表面张力越小，对其分子团粒的保护作用就越小，形成气泡的能力就强。

（2）影响面浆调制的因素　浆料在搅打过程中应特别注意以下几个方面。

①　小麦粉的品质　选用低筋小麦粉，形成的面筋量少，既有利于增加浆料在烘烤时的流动性，使之容易充满模具，又有利于浆料内气体的受热膨胀，使产品获得疏松、多孔的结构。

②　淀粉的添加　加入适量的淀粉，不但可以降低面团筋力，改善制品的结构，而且能够增加制品表面的光泽。

③　浆料温度　调制结束时浆料温度以 20～25℃ 为宜。气温高时，为了防止浆料持气性能下降，料温要适当降低。

④　加水量　加水量的多少不仅直接影响到饼干的品质，而且也影响后续操作。加水量太少，则面浆黏度太大，流动性差，不易充满烤模，造成成品缺损；加水量太多，则浆料太稀，浇片时流动性大，易产生大量的边皮，同时由于面糊易向四周流散，导致制品太薄，容易脆裂。浆料浓度一般控制在 16%～18%。

⑤　油脂的影响　在调浆时加入适量的油脂，既可提高制品表面的光泽，改善制品风味，又可在烘烤时防止粘模。但由于油脂具有消泡性，它的加入不利于产品的膨松。

⑥　调浆时间　调浆时间过长，会使浆料形成面筋，制品不酥脆；时间过短，原辅料不能充分混合均匀。因此调浆时应搅拌至小麦粉、淀粉、油脂和水等充分混合，浆料成为含有大量空气的均匀状为止。

⑦　疏松剂　小苏打和碳酸氢铵是常用的疏松剂。为了避免制品因使用多量的小苏打和碳酸氢铵而带来的碱味，避免产品色泽发黄，通常还要添加适量的明矾。

⑧　搅拌条件　搅拌机应具有可变速性。搅拌器应选用多根不锈钢丝制成的圆"灯笼"形，这种形式的搅拌器有利于把空气带入浆料内部，同时还具有分割气泡的作用，调制浆料面团效果好。开始搅打时，转速应快一些，以 125～130r/min 为好，为防止转速过快打过

头，5min 后转速减慢，以 70r/min 为好。

饼干的种类繁多，在具体面团调制时会有一些具体的特殊要求，这些将在下一章中讲述。

三、面团的辊轧

面团的辊轧就是将调粉后内部组织比较松散的面团通过相向、等速旋转的一对轧辊（或几对轧辊）的反复辊轧，使之变成厚度均匀一致并接近饼坯厚度、横断面为矩形的层状匀整化组织的过程。不同制品的面团组织不同，特点不同，所采用的辊轧工艺也不同。各种面团的辊轧工艺如下。

1. 辊轧的基本原理

面团调制完毕后，韧性饼干面团、半发酵饼干面团及苏打饼干面团一般都需经过辊轧操作（压面）工序，才能进行成型操作。因为调制后的面团结构比较松散，空气分布不匀，面筋结构不一。而面团经过多道压延辊的反复辊轧、翻转和折叠，相当于面团调制时的机械揉捏，一方面能够使面筋蛋白通过水化作用，继续吸收一部分造成黏性增大的游离水，另一方面使调粉时未与面筋网络结合的面筋水化粒子与已形成的面筋相结合，促使面筋结构进一步形成整齐的网络结构，从而有效地降低面团的黏性、增加面团的可塑性，从外观上看，使面团形成了结构匀整、表面光洁的层状组织。这样不仅有利于成型操作，实现饼坯的形态完整、花纹清晰、保持力强和饼干产品色泽一致的要求，还有利于面团中排出多余的气体，使面带内气泡分布均匀、组织细腻。但是，在辊轧过程中，面带经过多道压延辊的辊轧，使面带在其运动方向上的延伸比沿轧辊轴线方向的拓展要大得多，因此在面带运动方向上产生的纵向应力要比轴线方向上的应力大，容易出现面带内部应力分布不均匀，如果面带直接进入成型设备必然会导致成型后的饼坯收缩变形。如果在进行多次来回辊轧的同时，把面带进行多次 90°转向，并在进入成型机辊筒时再次调转 90°，使面团在横向和纵向的张力分布均匀，以最大限度地减少由于内部应力分布的不平衡而导致的饼干变形。这样，饼干成熟后，才会形状完美，口感酥脆。

由于韧性面团和苏打饼干面团有一定的弹性，经过辊轧后会产生物理变化。对于韧性面团来说，辊轧能使其成为厚薄一致、形态完整、表面光滑、质地细腻的面带。而且，在辊轧过程中，面团的弹性降低，可塑性和结合力增强，这些性质的改变有利于饼干的冲印成型操作。对于苏打饼干面团来说，辊轧可以排除面团中的部分气体，防止饼干烘烤后底部产生洼底，表面起泡，而且在反复的辊轧过程中可以完成夹酥操作，以使制品达到应有的质量标准。在外观质量方面，最重要的特征是由于多次辊轧会使成品表面有光泽，形态完整，冲印后的花纹保持能力增强，色泽均匀。

　　辊轧时面团物理性质变化的具体参数如表 3-5 所示。

表 3-5　辊轧次数及静置时间与面筋生成量及弹性的关系

辊轧次数	静置时间/h	湿面筋量/%	塑性仪上测定弹性通过时间/s
4	0	35.9	715
12	0	36.7	667
4	1	36.4	664
12	1	39.1	544
4	3	38.7	425
12	3	38.6	244

　　表中所提到的静置时间是指面团经过预轧，然后在密闭的条件下将面带切成面片，整齐地叠在操作台上静置的时间，静置条件一般为：温度 30℃，相对湿度 80%～90%。静置后再进行辊轧。使用此种方法虽有改善弹性、增加光泽度等优点，但操作很麻烦，现在一般已不再采用。但在调制完毕后经静置 0.5～1h，仍然被广泛采用。

　　此外，对于冲印和辊切成型来说，总是要有头子产生的。头子不掺入面团就会造成浪费，增加生产成本，因此在压面过程中，常需掺入冲印成型后分下来的头子，使生产中的面带保持其运转中的连续性。而且当面团结合力较差时，掺入适量的头子可以提高面团的结合力，对成型操作十分有利。但头子掺入量如果过多，就会增加面带的硬度，给生产带来不利影响，并会影响饼干的成品质量。所以添加时应注意头子的比例、温度、掺入时的操作是否得当。

由于头子在较长时间的辊轧和传送过程中往往出现面筋筋力增大，水分减少，弹性和硬度增加的情况，因此添加时头子与新鲜面团的比例应在1：3以下，否则会使面团筋力太大，弹性和硬度超过所需范围，进而影响到成品质量。此外在冲印或辊切成型时，要求正确操作，尽量减少头子量和饼坯的返还率。

如果头子与新鲜面团温度的差异较大，就会导致头子掺入后，面带组织不均匀，机械操作困难，如出现粘辊、面带易断裂等现象。实际中受操作环境的影响，头子的温度往往与新鲜面团的温度不一致，这就要求调整头子的温度，在掺入时二者温差越小越好，最好不要超过6℃。

由于头子的加入只是将其压入新鲜面带，不会像面团调制时那样充分搅拌揉捏，因此要求头子掺入新鲜面团时尽量均匀地掺入。对于掺入后还经过辊轧工序的头子，直接均匀铺在新鲜面带上。如果不经辊轧工序，头子应铺在新鲜面团的下面，防止粘帆布和产品表面色泽差异。如果头子掺入不当，往往会造成粘辊、粘帆布、产品色泽不匀、变形、酥松度不一等后果。

2. 韧性饼干的辊轧

韧性饼干面团在辊轧前要经过一段静置时间，以消除面团的内部张力，降低面团的黏性，改善面团的工艺性质。静置时间一般为1～3h。在辊轧过程中，辊间要不断地转换面带的90°方位，并在进入成型机辊筒时旋转方向，使面带所受的张力均匀，成型后饼干坯不变形[见图3-1。图中两辊间的数字是面带厚度，单位为mm（下同）]。

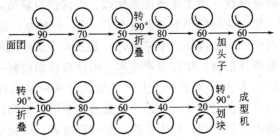

图3-1 韧性饼干辊轧成型示意图

韧性饼干面团一般要经过 9～14 次辊轧，多次折叠、翻转 90°、面带由厚到薄的过程，以达到面带组织规律化，呈层状排列，头子能够比较均匀地掺入到面团的目的。为了顺利完成辊轧操作，应注意以下几个问题。

　　（1）压延比不宜超过 3∶1，即面带经过一次辊轧不能使厚度减到原来的 1/3 以下。比例大不利于面筋组织的规律化排列，影响饼干膨松。但比例过小，不仅影响工作效率，而且有可能使掺入的头子与新鲜面带掺和不均一，使产品疏松度和色泽出现差异，以及饼干烘烤后出现花斑等质量问题。

　　（2）头子加入量一般要小于 1/3，但弹性差的新鲜面团可适当多加。

　　（3）韧性面团一般用糖量高，而油脂较少，易引起面团发黏。为了防止粘辊，可在辊轧时均匀地撒少许小麦粉，但要注意不能撒得过多或不均匀，否则，由于小麦粉夹在辊轧后的层次中降低了面带上下层之间的结合力，在炉内烘烤时会形成起泡现象或引起面带变硬，造成产品不疏松等问题。

　　3. 苏打饼干的辊轧

　　在发酵饼干生产过程中，面团辊轧也是一道不可缺少的重要工序。发酵面团在发酵过程中形成了海绵状组织，经过辊轧不仅可以驱除面团中多余的二氧化碳气体，以利于发酵作用继续进行，并使面带形成多层次结构，提高饼干的酥松性，并赋予制品特色风味；而且经过辊轧后的面带有利于冲印成型；同时发酵饼干生产中的夹酥工序也需在辊轧阶段完成。夹入油酥的目的是为了使发酵饼干具有更加完善的层次结构。

　　苏打饼干通常采用立式层轧机，面团分别通过两对辊筒轧成面带后在中间夹入油酥，再重叠起来压延折叠、转向，轧薄后进入成型机，使其保持连续性（见图 3-2）。

　　在面团辊轧过程中，需要控制的一个重要工艺参数是压延比。苏打饼干发酵面团是海绵状组织，在未加油酥前，压延比不宜超过 3∶1，防止压延比过大，影响饼干膨松。然而，压延比亦不能太小，过小则新鲜面团与头子不能轧得均一，会使烘烤后的饼干出现不均匀

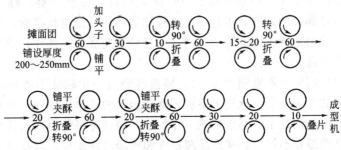

图 3-2　发酵饼干的辊轧示意图

的膨松度和色泽的差异。这种现象是因为头子是已经经过成型机辊筒压延的机械作用而产生机械硬化现象，若不能与新鲜面团轧压均匀，则又经第二次成型的机械作用，会使膨松的海绵状结构变得结实，表面坚硬，烘烤时影响热的传导，不易上色，饼干僵硬，并在满版饼干中发现花斑。

苏打饼干面团一经夹入油酥后，更应注意其压延比，一般要求在 1∶2 到 1∶2.5 之间，否则，表面易轧破，油酥外露，使胀发率差，饼干颜色又深又焦，变成残次品。

近年来，日本、英国等国家在制作苏打饼干时已废除了发酵工艺，采用 40% 以上的高油量，利用特殊设备和工艺，先将面团挤压成管状，再将油脂注入管中，用履带式轧片机压成面带，然后叠成层状，再经过旋转式轧辊压薄，送入成型机冲印。

4. 酥性饼干面团的辊轧

对于多数的酥性或甜酥性饼干面团一般不经辊轧而直接成型。究其原因，酥性或甜酥性面团糖、油脂用量多、面筋形成少、质地柔软、可塑性强，一经辊轧易出现面带断裂、粘辊，同时在辊轧中增加了面带的机械强度，面带硬度增加，造成产品酥松度下降等。但当面团黏性过大，或面团的结合力过小，皮子易断裂时，不能顺利成型，采用辊轧可以使面团的加工性能得到较好的改善。

虽然大多数厂家对于酥性面团不再使用辊轧工序，但当需要辊轧时，一般是在成型机前用 2～3 对轧辊即可，要求加入头子的比例不能超过 1/3，头子与新鲜面团的温度差不超过 6℃。

四、饼干成型

饼干面团经过辊轧成面带后直接进入成型工序。对于不同类型的饼干，成型方式是有差别的，成型前的面团处理也不相同。如生产韧性饼干和苏打饼干一般需辊轧或压片，生产酥性饼干和甜酥饼干一般直接成型，而生产威化饼干则需挤浆成型。

饼干的成型方式以所用设备的不同，一般分为冲印成型、辊印成型、辊切成型、挤浆成型、钢丝切割、挤条成型等。不同饼干成型的方法主要依据企业设备情况和生产饼干的品种和配方进行选择。

1. 冲印成型

（1）冲印成型的工作过程　冲印成型是一种将面团辊轧成连续的面带后，用印模直接将面带冲切成饼坯和头子的成型方法。作为一种传统而又被广泛使用的成型方法，不仅能用于生产粗饼干、韧性饼干、苏打饼干，而且也能用于生产半发酵饼干和部分酥性饼干，使用范围广，具有辊切、辊印成型不可比拟的优势。其成型动作最接近于手工冲印动作（图3-3），制品成型质量好。饼干生产厂家在没有其他成型设备的情况下，只要有冲印成型机就可以生产多种大众化的饼干，因此冲印成型设备是饼干生产厂不可缺少的成型设备。冲印成型机有旧式的间歇式冲印成型机和较新式的摆动冲印成型机。

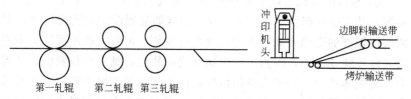

图 3-3　饼干的冲印成型示意图

冲印成型方式的发展历经了两个时期。早期是间歇式冲印成型机，其成型原理是面带通过帆布输送带间歇供给，在输送间歇间，冲头向下完成一次冲印、分切，然后再向前移动一段距离，再停下来冲印。这种成型方法的致命缺陷是与现代连续式钢带输送不能很好地配合，目前已基本被淘汰。现在通常使用的是摆动式冲印成型机，其成型的基本过程是将已经调制好的面团，先经过辊轧机初步轧辊，使其成为60～100mm厚的扁面块（也有些食品厂不经辊轧，而直接将大面团撕成小面块），然后，由冲印饼干机第一对轧辊前的帆布输送带把面块送入机器的压片部分，经过一对、两对或三对旋向相同轧辊的连续辊轧，形成厚薄均匀一致的面带，随后再经帆布输送带送入机器的冲压成型部分，冲头垂直于冲印帆布运输带上的面带，通过冲印操作将面带分切成饼坯和头子的同时，与帆布带下面能够活动的橡胶下模合模，并随着连续运动的帆布输送带、分切的饼坯和头子向前移动一段距离，然后冲头抬起成弧线迅速摆回到原来位置开始下一个冲印动作。如此下去，周而复始，不断将面带冲成饼坯。而带有花纹的饼干生坯和余料（俗称头子）随着面带继续前进，经过拣分部分（也称提头），饼干生坯与余料分离。饼坯由输送带排列整齐地送到钢带、网带或烤盘上，而烤盘由链条输送到烤炉内，进行烘烤。余料则经专门的输送带（也称回头机）送回辊轧机，再进行辊轧。这种成型方式解决了与连续式钢带载体相配合的问题，但要求十分高，必须使皮子不粘辊筒，不粘帆布，冲印清晰，头子分离顺利，落饼时无卷曲现象等。

（2）冲印成型的操作工艺　冲印成型操作一般分为三个阶段进行。这三个阶段分别是：面带形成，冲印和头子分离。

①面带的形成　成型机的第一对辊筒直径必须大于第二、三对辊筒，其直径一般为300～350mm，这样能使辊筒的剪压力增大，即使是比较硬的面团亦能轧成比较致密的面带，由成型机返回的头子应均匀地平铺在底部，因为头子多次受辊筒轧压，结构比较紧密，且因面团轧成薄片后，表层水分的蒸发，使它比新鲜面团干硬，摊在底部会使面带不易粘帆布。在发现粘辊时，表面可撒少许面粉或加些液体油。如发现冲印后粘帆布时，可在第一对辊筒前的帆布上刷上薄薄一层面粉。辊筒必须有刮刀，使其在旋转中自行刮清表面的粉层，防止越积越多造成面带不光和粘辊。同样，辊筒本身的加工要求有较高的光洁度和硬度，即使遇到较硬的金属，也不至于轧坏辊筒，这也是使面团表面光润的条件之一。辊筒运转速度与面团堆积厚度及面团硬度有关，并且与第二道帆布及第二对辊筒的运转速度有关，要随时加以

调节，保证面带不被拉断或拉长，亦不致重叠涌塞，破坏皮子的合理压延比和结构。

辊轧韧性面团时，如果几道辊筒间的面带绷得太紧，将会使其纵向张力增强，造成冲印后的饼坯在纵方向上收缩变形。

面带通过第二对辊筒后厚度为 10～20mm，此时面带已比较薄，在运转中要防止其断裂。酥性面团常常易发生这种情况，尤其是糖、油用量较高及面团结合力较小的配方更应注意，绝对不能使面带绷得太紧，要求准确调节辊筒与帆布的速度。在面团软硬有变化时特别要注意，如果需要，此时尚可适量撒粉。第二、三对辊筒的直径为 215～270mm。

第三对辊筒轧成的面带厚度为 2.5～3mm，当然这要根据不同的品种进行调节，一般由司炉人员根据饼干规格的检测随时加以校准。但在校准厚度时，前面第二对辊筒和帆布速度要随时作相应调节，否则由于厚薄不匀会影响到速度。

酥性和韧性面团在各对辊筒的压延比一般不宜超过 1∶4，压延比过大会粘辊筒，面带表面粗糙，亦易粘模型。成型机各对辊筒和各道帆布是一个整体，必须密切配合，如果其中有一个环节协调得不好，便会使操作发生故障及困难。

苏打发酵面团经辊轧后的面带折叠成片状或划成块状进入成型机，首先要注意面带的接缝不能太宽。由于接缝处是两层重叠通过轧辊，使压延比剧增，易压坏面带上油酥的层次，易于造成僵片，甚至使油酥裸露于表面，成为焦片。必须使面带保持其完整性，不完整的面带会产生色泽不均的残次品。

苏打饼干的压延比要求甚高，比甜饼干要严格得多。这是由于经过发酵的面团有着均匀细密的海绵状结构，经过夹油酥辊轧以后，使其成为带有油酥的、层次均匀的面带，压延比过大，将会破坏这种良好的结构而使制品变得不酥松、不光滑。

在面带压延和运送过程中，不仅应防止绷紧，而且要使第二对和第三对辊筒轧出的面带保持一定的下垂度（见图 3-4），以使压延后产生的张力消除，否则，就易变形。在第三对辊筒后的小帆布与长帆布交替处，要使之形成波浪形折皱状，使经过三对辊筒压延后的面带

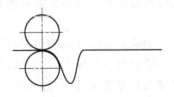

图 3-4　辊轧面带下垂

图 3-5　辊轧后的面带呈波浪形褶皱状

消除纵向张力，防止其收缩变形，见图 3-5。让折皱的面带在长帆布输送过程中自行摊平，再进行冲印成型。

②冲印　面带经毛刷扫清面屑和不均匀的撒粉后即可冲印。冲印的形式主要是由饼干面团的特性所决定的（图 3-6）。

(a) 轻型印模图　　　　(b) 重型印模图　　　　(c) 苏打印模图

图 3-6　饼干生产中的主要印模

在饼干的外观方面，最重要的当首推花纹的深浅、清晰度及设计得是否美观大方。酥性饼干为了使制品造型美观，同时由于配方及操作决定其面团的可塑性较好，花纹保持能力较强，因而不需要打针孔也不会使成型后的生坯起泡。韧性饼干面团弹性大，烘烤时易产生表面起泡，底部洼底，即便采用网带或镂空铁板，亦只能解决饼坯洼底而不能杜绝起泡，所以，印模上必须设有针柱，以使饼干上产生针孔，从而改善生坯的透气性，减少气泡的形成。苏打饼干面团弹性也较大，冲印后的花纹保持能力较差，所以，一般只用带针孔的印模或略加几个文字压痕。冲印成型机的工作示意图如图3-7所示。

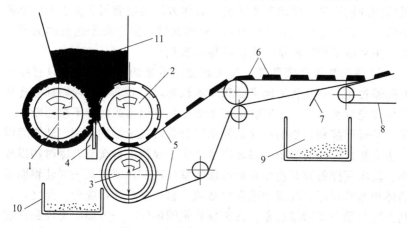

图 3-7　冲印成型机的工作示意图

1—喂料辊；2—印模辊；3—橡胶脱模辊；4—刮刀；5—帆布脱模带；
6—饼干生坯；7—帆布带刮刀；8—生坯输送带；9,10—面屑斗；11—料斗

③ 头子分离　冲印成型的特点就是在面带通过冲印成型部分后，头子必须与饼坯分离。头子用另一条角度约 20°的斜帆布向上输送，再回到第一对辊筒前面的帆布上重复压延。韧性和苏打饼干面带结合力较强，头子分离一般不太困难；而酥性面团却要十分注意，面带如果结合力不强，或机械运转不协调，就会断裂，给生产带来影响。所以，此时头子分离的斜帆布的角度不能过大。

(3) 冲印成型要注意得问题　要顺利实现冲印成型操作，必须注意如下几个方面的问题。

① 首先要合理选择轧辊直径和配置辅助设施。由于第一对轧辊前的物料由头子和新鲜面团的团块堆成，面带薄厚不匀、厚度较大或者是没有形成面带，用较大直径的轧辊便于把面团压延成比较致密的面带。因此，第一对轧辊直径（300～350mm）的选择必须大于第二和第三对轧辊（215～270mm）。在第一对轧辊前加装撒小麦粉或涂油装置以防止粘辊和粘帆布。轧辊上装配刮刀，不断将表面粉层刮去，以防止轧辊上的小麦粉硬化和积厚，影响压延后面带表面的光

洁度。

② 对于不经辊轧的韧性面团和酥性面团,面团和头子在第一对辊筒前的输送带上要均匀地铺设。具体方法是把面团和头子撕成小团块状,在帆布上铺成 60～150mm 厚的面带,由于头子比新鲜面团干硬,头子尽量铺在底层,这样不易粘帆布。

③ 进行轧辊间隙调节,实现轧辊间转速的密切配合。只有单位时间通过每一对轧辊的面带体积基本相等,三对轧辊与冲印部分连续操作才能顺利进行,才能够保证面带不重叠涌塞或面带不被拉断、拉长。轧辊间隙和轧辊间转速的密切配合起着决定性的作用,轧辊间隙一般应根据面团的性质、饼坯厚度、饼干规格进行调节,随时加以校准。轧辊间隙的调整使面带的截面积发生改变,要使每一对轧辊面带的体积基本相等,轧辊的速度也必须调整,进行密切配合。反之,必然要发生积压或断带现象。在调整轧辊间隙时,一方面要考虑到同前道工序轧辊和帆布的输送速度的配合,另一方面对于酥性面团和韧性面团,各对轧辊的压延比一般不要超过 4∶1。因发酵饼干对组织要求较高,压延比更要小,这样才能将经过发酵形成的海绵状组织压延成层次整齐、气泡均匀的结构。夹酥面带,压延比过大,还会造成层次混乱和油酥裸露等质量缺陷。

轧辊速度的调节主要是做好与轧辊间隙的密切配合,防止几道轧辊间面带绷得太紧以及面带纵向张力增强而引起冲印后饼坯在纵向的收缩变形;或使抗张力较小的面带因受纵向张力的影响,造成断裂。为了防止面带纵向张力过大和断裂,在面带压延和运送过程中,应使每两对轧辊之间的面带保持一定的下垂度,这样既可消除压延后产生的张力,又能防止意外情况引起的断带。在第三对轧辊后面的小帆布与长帆布连接处也要使面带形成波浪形褶皱状余量,以使面带张力松弛。褶皱的面带在长帆布输送过程中会自行摊平,并不影响正常成型。

④ 合理选用印模。凹花有针孔的轻型印模,能够解决韧性和发酵面团由于面筋弹性较强或面团持气能力较强导致烘烤时饼坯表面胀发变形较大、凸出的花纹不能被很好保持、表面胀大起泡的问题。因此,这种印模适用于韧性饼干和发酵饼干。无孔凸花的重型印模对于

面团面筋形成很少，组织比较疏松，在烘烤时内部产生的气体比较容易逸出，面团可塑性好，能够保持冲印时留下的表面形状的酥性面团成型良好，因此，适用于酥性饼干。

2. 辊印成型

辊印成型是生产油脂含量高的酥性饼干的主要成型方法之一。用冲印成型生产高油脂饼干时，面带在辊筒压延及帆布输送和头子分离等部分容易断裂，而辊印成型方法没有头子，省略了许多机械动作及质量管理上的麻烦。同时辊印成型的饼干花纹图案十分清晰、口感好、香甜酥脆，是冲印成型法无法比拟的，尤其是生产桃酥、米饼干等品种更为适宜。因此，辊印成型机又称为饼干桃酥两用机。而且辊印设备占地面积小，产量高，运行平稳，噪声低，运转时无冲击振动。因此目前在中小企业辊印成型方法应用非常多。当然，辊印成型也有其局限性，它不能适应多品种的生产，韧性饼干、苏打饼干自不待说，就是酥性低脂品种的生产亦十分勉强。

辊印成型设备在我国于 20 世纪 70 年代初期开始设计制造，目前应用广泛。

辊印成型机工作示意图如图 3-8 所示。辊印成型机的上方为料斗，料斗的底部是成型部分，主要由喂料槽辊、花纹辊和橡胶脱模辊三个辊组成，喂料槽辊上有与轴线相平行的用以供料的槽纹，以增加与面团的摩擦力。花纹辊又称模具辊，它上面有均匀排布的凹模，转动时将面团辊印成饼坯。在花纹辊的下方有一橡胶辊用来将饼坯脱出。工作时两辊相对转动，面团调制完毕后置于加料斗中，在重力和

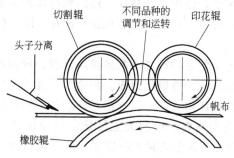

图 3-8　饼干的辊印成型示意图

两辊相对运动的摩擦力作用下首先在槽辊表面形成一层结实的薄层，然后将面团压入花纹辊的凹模中，在两辊中间有一紧贴模具辊的刮刀，可将饼干坯上超出模具厚度的部分刮下来，即形成完整的饼干坯。当嵌在模具辊上的饼干坯随辊转动到正下方时，面团花纹辊中的饼坯受到包着帆布的橡胶辊的吸力、自身重力及帆布摩擦力的作用而脱模。脱了模的饼坯由帆布传送带输送到烤炉的钢丝网带上进入烤炉。这种设备只适用于配方中油脂较多的酥性饼干和甜酥饼干，对有一定韧性的面团不易操作。

由于此种成型方法的特殊性，对面团调制的要求要严格些，要求面团较硬些，弹性小些。因为面团过软会形成坚实的团块，造成喂料不足，脱模困难，有时会使刮刀铲不清饼坯底板上的多余面屑，使脱出的饼坯外圈出现多余的边尾，影响形态的完整性。弹性过大的面团甚至会出现半块或块形不完整。但是，面团亦不能过硬及弹性过小，过硬的面团同样会使压模不结实，造成脱模困难及残缺。即使形态完整，烤出的饼干表面也会有裂纹，同时，饼干破碎也会增多。辊印成型除适用于高油脂品种外，还适用于面团中加入椰丝、果仁小颗粒（或芝麻、花生、杏仁）及粗砂糖的品种。而冲印成型如面带中带有这种颗粒会造成较大的困难。

3. 辊切成型

冲印及辊印各有优缺点，因此，人们就结合两者的机械特性，综合两种成型方法的优点，创造出辊切成型新工艺。辊切成型机不仅有占地小，效率高的特点，该工艺还对面团有广泛的适应性，不仅能生产韧性、苏打饼干，还能生产酥性、甜酥性等多种类型的饼干，是目前较为理想的一种饼干成型工艺，也是目前在国际上较为流行的一种成型工艺。

它的前部分用的是冲印成型的多道压延辊，成型部分由一个印花辊、一个切割辊及一个橡胶辊组成。面带经前几道辊压延成理想的厚度后，先经花纹辊压出花纹，再在前进中经切割辊切出饼坯，然后由斜帆布传送带送走边料。橡胶辊主要是印花及切割时作垫模用（图3-8）。这种成型方法由于它是先压成面片而后辊切成型的，所以具有广泛的适应性。

4. 其他成型方式

除以上 3 种常用的成型方式外，还有钢丝切割成型、挤条成型、挤浆成型等成型方式。

（1）挤浆成型 挤浆成型加工的面团一般是半流体状，有一定的流动性，因此多用黏稠液体泵将糊状面团间断挤出，滴加在烘烤炉的载体（钢带或烤盘）上进行一次成型，进炉烘烤。烤炉内的高温使水分迅速蒸发，面浆中的空气和化学膨松剂所产生的气体，在密闭的烤模内产生很大的压力，使面浆充分膨胀，充满整个烤模的有效空间。一般在烤模顶部两侧开有狭小的气孔，水蒸气和其他气体带着余浆料从小孔中急速排出。目前挤浆成型生产设备主要有两种形式：一种是以烤盘为载体的间歇挤出滴加式成型机；另一种是以钢带为载体的连续挤出滴加式生产流水线，它由挤浆部分、烤炉部分和冷却部分组成。

由于面糊是半流体，所以在一定程度上，因挤出模孔或挤出头的形状不同或做 O 形或 S 形运动，就可得到不同形状的饼干。蛋黄饼干、杏元饼干、威化饼干一般采用挤出成型工艺。

（2）钢丝切割成型 通过挤压机械将面团从成型孔中挤出，每挤出一定长度，用钢丝切割成相应厚度的饼坯。挤出时还可以将不同颜色的面团同时挤出，从而形成多色饼干。模孔有花瓣形和圆形多种，不同形状的模孔形成的饼干形状不同，因此可以利用成型孔的形状生产出不同外形的饼干。

（3）挤条成型 利用挤条成型机械将面团从成型孔中挤出呈条状，再用切割机切成一定长度的饼坯。挤条成型孔断面是扁平的。挤条成型与钢丝切割成型原理相同，只是挤出模孔的形状不同。

此外，还有一些如挤花成型等特殊的成型方式，此处不予赘述。

五、饼干的烘烤

烘烤是成型后的饼坯进入烘烤炉成熟、定型而成饼干成品的过程。烘烤的主要作用是降低产品水分，使其熟化，并赋予产品特殊的香味、色泽和组织结构。它是完成饼干生产的最后加工步骤，也是决定产品质量的重要环节之一。

在烘烤过程中，饼坯中水分受热蒸发，淀粉受热糊化，蛋白质发生热凝固，使饼坯由生变熟，成为色深、味香和具有多孔性海绵状结构的成品。成品的体积较生坯大得多，这主要是由于小苏打等疏松剂受热产生二氧化碳气体，该气体和水蒸气的压力使饼干内部疏松多孔，形成膨松的组织结构引起的。同时由于烘烤时饼坯失去水分，使柔软的可塑性的饼坯变成具有稳定形态的饼干，并具有优良的保藏和便于携带的特性，而苏打饼干中的酵母在高温下迅速死亡及各种酶的失活，使苏打饼干的保存期较生坯相比大大延长。总之烘烤远不只是把饼干坯烘干、烤熟的简单过程，而是关系到产品的外形、色泽、体积、内部组织、口感、风味的复杂的物理、化学及生物化学变化过程。这是这些复杂的变化，赋予了饼干良好的色、香、味、形和较长的保质期。

　　1. 烘烤设备

　　烤炉的种类很多，按照结构形式分为箱式烤炉和隧道炉。小规模工厂多采用箱式烤炉，而大中型食品厂则采用隧道炉或传动式平炉。平炉是隧道式烤炉的发展，炉膛内的加热元件是管状的，燃料可以用煤油、天然气或电热。传动式平炉长度一般为40～60m。这两种烤炉在长度方向上各处温度是不同的，一般根据饼干发生的变化可将其分为三个以上温度区：前区、中区和后区3个烤区。前区一般使用较低的焙烤温度，为160～180℃，中区是焙烤的主区，焙烤温度为210～220℃，后区温度为170～180℃。

　　2. 烘烤饼干的基本理论

　　(1) 物理变化

　　① 水分和温度的变化　在烘烤过程中，饼坯的水分变化大致有三个阶段：最初饼坯表面的吸湿阶段、中间的快速脱水阶段和后面的恒速脱水阶段。首先，当载体（钢带或网带）由成型机上运载饼坯输送入烤炉时，由于炉内温度较高，且绝对湿度相当高，而饼坯表面温度仅为30～40℃，炉内最前面部分的水蒸气会冷凝成露滴，凝聚在饼干的表面。所以，刚进炉的瞬间，饼坯表面不是失水而是增加水分。随着饼坯向炉内运动，饼坯表面温度迅速达到100℃左右，表面层水分一部分开始蒸发，一部分却由于高温蒸发层的蒸汽分压大于饼

坯内部低温处的蒸汽分压，而从外层向饼坯中心转移，使中心层的水分高于表面。

虽然饼坯表面的吸湿作用是短暂的，但是其结构中的淀粉在高温高湿的情况下迅速膨胀糊化，使烘烤后的饼干表面产生光泽。人们由于在实际生产中进行观察和推理，逐渐掌握了此种变化，于是在炉内最前部分喷蒸汽，以加大炉膛内湿度，使表层能吸收更多的水分来加大淀粉的糊化，从而获得更为光润的表面。

随着温度的不断升高，由于热量和质量的传递，水分又在表面和中心的浓度差的作用下渐渐由中心层向表面层移动，蒸发面也由表层逐渐转向中心层，相应的中心层的温度随之升高。饼干的厚度越薄，水分和温度的传递越迅速。一般饼坯的厚度在 2～3mm 之间，而烘出的成品也不会超过 7mm。因此，热量和质量的传递是比较快的，甜酥性饼干出丁糖、油含量多，可以采用高温短时间的烘烤工艺，其表面层温度几乎在 0.5min 之内即升到 100℃，中心层温度在 3min 时亦达到 100℃。

饼干第一阶段的烘烤时间为 1.5min 左右，表层温度可达 120℃，此阶段饼干水分蒸发在表面层进行。

第二阶段大约需 2min 左右，表层温度将达 120℃，中心层温度亦迅速上升到 110℃以上。在此阶段，由于饼坯内外形成的水分差，推动内部的水分逐层向外扩散，水分蒸发向饼坯内部推进，因而水分下降比较快，大量水分在这一阶段逸散，韧性饼干更快些。同时饼坯温度继续升高，表层温度可达 140℃以上，中心层温度也可达到 110℃左右。由于饼坯内外温度高，水分蒸发速度快，这一阶段称为快速脱水阶段。

第三阶段持续时间约 1min 左右。由于前两阶段的升温和脱水，此阶段饼坯的温度较高，表面层温度可达 180℃，中心层温度也在 120℃以上；脱水速度也开始减慢和稳定。

韧性饼干由于在面团调制时面筋形成较多，烘烤时脱水速度比较慢，因此，在第三阶段将脱去比前两个阶段更多量的水分。这就要求韧性饼干烘烤温度比酥性饼干低，烘烤时间也相应地延长。

面团调制时所吸收的水分在面团中存在的形式不同，有结合水、

107

附着水和游离水之分。这些不同类型的水会在烘烤的不同阶段逐渐排出。饼干在第一阶段主要是排除游离水和附着水，第二阶段开始以后才排出结合水，并且随着水分的减少，使单位烘烤时间中排出的水分进程变得缓慢。大体上说来，甜酥性饼干开始排除结合水时，饼干含水量约为 13%，韧性饼干为 17.5%。

② 厚度的变化　饼坯在烘烤中产生了大量的二氧化碳、氨气和水蒸气等，这些气体受热膨胀。由于面筋的持气性，使之不能很快逸散到饼坯之外，而在饼坯内产生很大的膨胀力，使饼坯的厚度急剧增加。烘烤完毕，饼坯厚度明显增加。饼干成品和饼坯相比，甜酥性饼干的饼坯烘烤 2.5min 时，厚度可达到原厚度的 2.5 倍左右。韧性饼干的饼坯烘烤 3.5min 时厚度亦可达到饼坯厚度的 2.15 倍。当饼坯表层温度达到 100℃ 以上后，疏松剂分解完毕，饼坯表面的淀粉和蛋白质受热凝固，使饼坯厚度略有收缩，饼干完成定型。此后一直到烘烤结束，厚度不再会发生多大变化。

饼坯的厚度变化取决于胀发力的大小，而饼坯在炉内的胀发率与面团的软硬、面筋的抗胀力、疏松剂的膨胀力、烘烤温度、炉内湿热空气对流等多种因素有关。在通常情况下，面团调得软，烤炉温度高，炉内湿空气流动缓慢，饼坯的胀发力就大；面团调得硬及面筋筋力较大时，面团的抗张力大于气体的膨胀力，饼坯的厚度就不会有太大的增加。饼坯的膨胀力与抗胀力之间的关系十分重要，在正常情况下，若膨胀力略大于抗胀力，则能获得理想的制品。如果膨胀力过大，会导致饼干过度膨胀，饼干结构会过于松散，易碎，并且会粘住载体，使刮饼十分困难，导致成品率下降。这是由于此时饼干本身内聚力相对甚小，而使饼干对载体产生较大的附着力的缘故。如果膨胀力小于抗胀力，则饼干胀发不足，不仅导致饼干僵硬，而且，如果使用的载体无孔眼的话，将引起饼干底部凹底。

（2）化学变化

① 有机物的变化　面粉本身的各种酶在烘烤初期亦由于升温而变得活泼起来。一部分淀粉因受热而体积膨胀，暴露出更多的糖苷键和葡萄糖苷键，使得淀粉酶更容易起作用。当饼坯温度达到 50～65℃ 时，淀粉酶的作用越发明显，使淀粉大分子降解生成部分糊精和

麦芽糖；同时蛋白酶的作用增强，以比面团调制时更快的速度水解蛋白质生成氨基酸。当饼坯中心层温度升到80℃时，蛋白质变性，各种酶的活动受到抑制或停止，发酵和半发酵面团中的酵母菌死亡。

蛋白质在焙烤中由于温度逐渐上升而变性。在饼坯的中心层，面筋性蛋白质脱水，使面团调制时吸收的水分释出，同时在饼坯内进行短暂的水分重新分配，使释放出的水分被急剧膨胀的淀粉粒吸收。表面层由于温度升高迅速，脱水剧烈而不明显。因此，饼干表面光泽的产生不能依赖其本身水分的再分配生成糊精，而必须依靠烤炉中的湿度来生成。当温度升到80℃时，蛋白质便凝固，失去其胶体的特性，面筋网络蛋白发生变性凝固，形成骨架，使饼坯达到定型要求。在烤炉中，饼坯的中心层只需经过1.5min左右就能达到蛋白质的凝固温度。所以说，第二阶段烘烤是蛋白质变性、饼坯定型的阶段。

碳酸氢钠、碳酸氢铵、碳酸铵以及一些有机酸盐等作为饼坯中的化学疏松剂，当炉内饼坯温度升高到40～50℃时，碳酸氢铵和碳酸铵开始分解；饼坯温度升到60～70℃时，碳酸氢钠也开始分解，分解时所产生的二氧化碳、氨气和水蒸气使饼坯膨胀。烘烤结束，有不良气味的氨气绝大部分排除到饼干之外。

对苏打饼干而言，在烘烤初期，其饼坯中心层的温度逐渐上升，饼坯内的酵母作用也逐渐旺盛起来，呼吸作用十分剧烈，产生大量的二氧化碳，使饼坯在炉内迅速胀发，形成疏松的海绵状结构。除酵母的酒精酶活动外，由于温度升高，蛋白酶水解蛋白质生成氨基酸的作用亦比面团发酵时强烈得多。中心层温度达到45～65℃时，蛋白酶的活性最强。不过，由于中心层温度的迅速增高，使得蛋白酶的作用时间十分短暂，作用效果微小。

发酵时面团中所产生的酒精、醋酸和其他低沸点有机酸在烘烤过程中受热挥发；同时由于小苏打受热分解生成碳酸钠的关系，一般饼坯经烘烤成饼干以后其pH会略显升高。但乳酸的挥发量极小。所以如果发酵面团发酵过度，并不能以加热方法来完全消除其产生的酸味。

② 色泽的变化 如前所述，烘烤的最后阶段是上色阶段。此时，由于饼坯已脱去了大量水分，颜色逐渐转为浅黄色和深黄色。饼干的

上色主要依赖如下两种反应。

　　a. 焦糖化作用　糖和糖浆直接加热，在温度超过100℃时，随着糖的分解形成褐色物质，即称为焦糖化反应。在反应过程中由于糖分子的烯醇化、脱水、断裂等一系列反应，产生不饱和的中间产物，共轭双键吸收光，产生特殊的颜色。而不饱和体发生缩合，使环体系聚合化，产生良好的颜色和风味。饼坯在烘烤中糖的焦化仅包括最初水解的单糖和在热的影响下聚合后的多糖。由于饼坯表面的温度最高可以达到180℃，因此可发生焦糖化反应而使表面形成诱人的黄色。饼坯表面焦糖化作用的程度，除温度外，还和饼坯的含糖量、pH值等多种因素有关。

　　b. 美拉德反应　饼干含有大量的糖和蛋白质，其中还原糖与蛋白质在一定温度下能进行羰氨反应形成类褐色素，从而使饼干呈现出深黄色。该反应在温度达到150℃时速度最快。在烘烤后期饼坯表面层温度可达到140～180℃，水分下降到13%～15%，这样的条件有利于美拉德反应的进行。此外膨松剂使饼干偏碱性，也能加快美拉德反应的速率。

　　一般，酥性饼坯经2.75～3min的烘烤时间后即进入上色阶段。对使用化学疏松剂的韧性饼干和酥性饼干来说，pH对烘烤上色的影响不太大；但对苏打饼干的烘烤上色影响甚大。如果面团发酵过度，pH下降，在烘烤时明显不易上色。当然部分是因为发酵过度的面团中糖类被酵母和产酸菌大量分解，致使参与焦糖化反应和美拉德反应的糖分减少的缘故。

　　③ 风味的变化　饼干在烘烤后期，会产生一种特有的香味。这部分是由于羰氨反应所产生的醛、酸等所形成的酯类芳香物质所致，部分是由于乳制品、油脂分解物、蛋制品等在烘烤中也能生产不同类型的各种风味物质。这些风味物质混合起来，形成饼干特有的香味。

　　④ 组织结构的变化　在烘烤过程中，由于高温的作用，使具有含水胶体的饼坯变成良好的具有稳定的多孔性、海绵状态结构的成品；同时烘烤使饼坯失去水分达到干燥要求，从而使柔软且有可塑性的饼坯变成形态稳定的饼干，使之能耐较长时间的保存期并便于携带。

3. 不同饼干烘烤的工艺条件

对于配料不同、大小不同、厚薄不同的饼干，焙烤温度，焙烤时间都不相同。现分别将烘烤几种不同品种饼干的炉温要求叙述如下。

（1）酥性及甜酥性饼干　一般来说，酥性饼干的烘烤应采用高温短时的烘烤方法，烤炉内最高温度为300℃，烘烤时间3.5～4.5min。但由于酥性饼干的配料中油脂、糖含量高，而且配方各不相同、块形大小不一、厚薄不均，因此烘烤条件也存在相当大的差异。对于油脂、糖含量较高的高档酥性饼干，除在调粉时应适当提高面筋的胀润度之外，还应一入炉就使用高温，迫使其凝固定型，避免在烘烤中发生饼坯不规则胀大的"油摊"现象。对于配料普通的酥性饼干，需要依靠烘烤来胀发体积，饼坯入炉后宜采用下火较高、上火较低而且逐渐上升的烘烤工艺，使其能保证饼坯在体积膨胀的同时，又不致在表面迅速形成坚实的硬壳。烘烤后期温度逐渐降低，以利于饼干上色。

配料较好的甜酥性饼干，其胀发和定型阶段需要较高的温度。由于此种产品配料中使用油、糖较多，入炉后，在烤炉钢带上极易发生"油摊"（表面积呈不规则形膨大）现象，造成饼干形态不好和易于破碎，因此，要求一入烤炉就加大底火和面火，迫使其凝固定型。由于配料中辅料极丰富，在调制面团时面筋形成量极低，疏松剂使用量亦少，饼干胀发率亦不要求过大。如果剖开胀发率小的饼干观察其截面，可见其结构较紧密，这样，可防止因油脂用量过大而使饼干的破碎率增加。在口感方面，可不必担心其胀发率小而变得僵硬，因其油脂含量高，足以使制品入口而化。烤炉的后半部分主要处于饼干的脱水、上色阶段，由于这种面团在调制时加水量极少，烘烤失水不多，所以，烤炉后半部分宜采用低温。此外，烘烤后期采用较低的温度，也有利于色泽的稳定。

配料一般的甜酥性饼干，需要依靠烘烤来胀发体积。因此，一入炉就需要较高的底火，面火温度则需要逐渐上升，使其能在保证体积膨大的同时，不至于在表面迅速形成坚实的硬壳。由于调制面团时加水量较高，所以一直到上色时为止，表面烘烤温度始终是高的。而因辅料少，参与美拉德反应和焦糖化反应的物料不多，上色反应不会太快。因而上色阶段面火温度仍然很高，以促进上色反应的进行。这种产品如果一进炉就遇到表面高温，则极易起泡，这是因为表面硬壳层阻止二氧化碳等气体逸散，当膨胀力逐渐增大时鼓胀而成气泡。从热曲线上亦不难看出，底火温度虽然上升得较快，但并非一进炉就突然很高。值得注意的是，如果突然升高底部温度，将使底部形成的气体剧烈膨胀，此时饼坯尚柔软，在使用无气孔的钢带或铁盘时会造成凹底，这种现象在配料较差、特别是面团调制时面筋形成量较大的情况下更易发生。

（2）韧性饼干　一般韧性饼干面团在调制时使用了比其他饼干较多的水，且因搅拌时间长，淀粉和蛋白质吸水比较充分，面筋的形成量较多，结合水多，所以在选择烘烤温度和时间时，宜采用低温长时间烘烤，这种工艺有利于大量脱水。

对于普通的韧性饼干，需要有足够的时间来胀发体积，因此在胀发和定型阶段，面火和底火都是逐渐上升的，而且最终的温度也不超过 300℃。在脱水、上色阶段，为了防止过度脱水、色泽过深，底火和面火逐渐减小。为了有利于气体和水蒸气逸出，底火温度稍高于面火温度。

（3）发酵饼干　发酵饼干坯中聚集了大量的二氧化碳，烘烤时，由于受热体积膨胀，使饼坯在短时间内即有较大程度的膨胀，这就要求在烘烤初期底火要高些，上火温度要低些，这样既能够使热量迅速传导到中心层，促使饼坯内部二氧化碳受热膨胀，在短时间内将饼坯胀发起来，又能使饼坯表面保持柔软，不至于在表面迅速形成一层硬壳，有利于气体的散失和体积胀大。此时如果炉温过低，烘烤时间过长，体积胀发不充分，饼干易成为僵片。实践证明，如果烤炉温度过低，即使发酵良好的饼坯亦将变成僵片；而在合理的烘烤工艺处理下，即使发酵并不太理想的面团也可获得较好的产品。

在烘烤的中期，虽然水分仍然在继续蒸发，但重要的是将胀发到最大限度的体积固定下来，获得良好的烘烤胀发率和优良的焙烤弹性，因此要求上火渐增而下火渐减。如果此时温度不够高，饼坯不能凝固定型，胀发起来的饼坯重新塌陷而使饼干密度增大，制品最后不够疏松。最后阶段上色时的炉温通常低于前面各区域，以防成品色泽过深。发酵饼干的烘烤温度一般下火选择在 330℃，上火 250℃左右。

发酵饼干的烘烤不能采用钢带和铁盘，应采用网带或铁丝烤盘。因为钢带和铁盘不容易使发酵饼干产生的二氧化碳在底面散失，若用钢丝带可避免此弊端。

（4）杏元饼干的烘焙　杏元饼干的烘焙，一般分为以下 3 个阶段。

① 饼坯的胀发　杏元饼干的胀发主要依靠鸡蛋在打擦过程中形成的气泡，这些气泡被蛋白质薄膜包裹着，当饼坯受热时，气体膨胀，从而使饼坯体积增大；其次依靠少量的小苏打等化学膨松剂受热产生气体，使制品内部形成细小气孔，达到疏松的目的。

② 饼坯的定型　饼坯在烘焙受热后，淀粉开始吸水糊化，随后蛋白质开始变性凝固。这时，饼坯的内部胀发作用停止，游离水分蒸发完毕，结合水也有部分被缓慢蒸发，饼坯得以定型。

③ 饼坯的上色　由于杏元饼干用蛋、糖量较高，很容易发生美拉德反应，很容易上色，故上色阶段宜采用较低的温度，一般面火为190℃左右，底火为 180℃左右，上色时间约 1min。

威化、蛋卷等以浆料面团成型的饼干品种其焙烤成型原理与杏元饼干的接近，可参考。

六、饼干的冷却与包装

1. 饼干的冷却

饼干冷却也是饼干生产的重要工艺操作过程。饼干刚出炉时的表面温度可达 180℃以上，中心层温度约 110℃左右，必须冷却到 38～40℃才能包装、储藏和上市出售。饼干冷却的原因有二：一方面，刚出炉的饼干水分含量较高，且分布不均匀，口感较软，在冷却过程中，水分进一步蒸发，同时使水分分布均匀，口感酥脆；另一方面，冷却后包装还可防止油脂的氧化酸败和饼干变形。冷却通常是在输送带上自然冷却，也可在输送带上方用风扇进行吹风冷却，但不宜用强烈的冷风吹，否则会使饼干发生裂缝，影响其商品价值。饼干的冷却方式、冷却时间及冷却带长度对饼干质量的影响很大，选择时必须慎重。

（1）冷却时水分的变化　一般饼干出炉时，其中心层水分含量为

8%～10%，成批产品的冷却等于在低温的烤炉中继续烘烤，水分在冷却过程中逐步挥发。

甜酥性饼干出炉后，在冷却过程中水分含量变化情况大体是：在冷却的前 3min，饼干中水分含量急剧下降，水分挥发达到最低限度；在 3～12min 内属于相对稳定阶段，饼干中含水量相对保持平衡，变化不大；12min 后饼干中水分含量的比例又逐渐增大。这是因为在刚开始冷却时，饼干温度较高，内部蒸气压大于外界蒸气压，水分由饼干内部向外逸散，饼干温度随水分的散失缓慢下降；大约 3min 后，饼干内外蒸气压接近平衡，饼干脱水过程几近停止，含水量相对保持平衡；随着饼干温度的进一步减低，内部蒸气压逐渐低于外界蒸气压，加之内外水分含量的差异，使外界大气中的水分向饼干中扩散，导致饼干的含水量又逐渐上升。由于饼干含水量变化与外界蒸气压有关系，所以冷却阶段水分含量的变化与空气的相对湿度、温度，特别是饼干的品种关系密切，应根据不同品种及车间冷却线的布置等具体条件，进行测定后确定冷却时间。一般来说，根据烘烤时间、冷却适宜温度及水分含量变化等来计算，运输带长度应是烤炉长度的 150%，才能保证在自然冷却的条件下使产品达到温度和水分含量的要求。

（2）冷却与形态的关系　出炉时饼干的温度及水分含量颇高，除硬饼干和苏打饼干外，其他品种在刚出炉时都比较软，特别是糖、油含量较高的甜酥性饼干，需要在冷却过程中挥发水分及降温才能保持其正常的形态。值得注意的是，使用烤盘生产的产品，刮饼后不宜在运输带上堆积，否则，容易弯曲变形。

（3）冷却与裂缝的关系　产品刚出炉时，表面温度可以高达180～200℃，如果立即在炉口刮饼，使饼干脱离载体，暴露在 20～30℃的室温空气中，此时，如果处在相对湿度仅为 50%～60% 的条件下，将会发生热量交换速度过快，水分急速挥发，饼干内部产生应力的现象。饼干是结构松脆的柔性物体，稍受外力作用就会发生残余变形现象。强烈的热量和水分子的交换使饼干受到均布的突加载荷，使固体各微粒间相对位置发生变化而产生变形。随着变形的发生，物体内部产生附加内力，这种附加内力越过一定限度，饼干即产生裂缝。

饼干中心层的水分在出炉时高于表面层，它在冷却过程中会向表面层转移，如果移动得缓慢，则水分分布均匀，产生的应力较小，一般不会产生裂缝。冬天气温低、干燥，比较容易产生裂缝，尤其是含糖量低的产品，如硬性、韧性产品更易产生。冬天气温特别低和干燥地区的工厂，生产大量韧性饼干时，往往要在冷却输送带上加罩，以降低水分挥发速度来防止裂缝。

　　产生裂缝的产品一般在当天生产时不会发现，到第二天方可检出。如果出现饼干中心部位碎裂，而且每块裂缝的部位大同小异，即可判断为自然裂缝现象。此种现象的发生当然不只是因为冷却方法不当，还与面筋形成量、加水量、烘烤温度等多方面因素有关，然而冷却是其中比较重要的一环。

　　2. 饼干的包装

　　饼干冷却到一定程度以后，就要及时包装入箱，一般温度控制在40℃以下为宜。饼干从工厂出厂后，转入流通领域，历经各种流通环节的考验，主要包括运输、搬运、贮存和销售等环节。在流通的各个环节中，饼干会受到人为的和大气环境因素的影响，导致其质量的恶化。例如紫外线会促进油脂的氧化酸败，大气中的湿度会影响饼干的含水量，外界的各种气味会影响到饼干本身固有的香味等等。因此，对饼干进行妥善的包装，将会给生产者、贮运者、销售经营者和消费者带来很大的方便和利益。

第二节　饼干加工设备与常用工具

　　根据饼干的生产工艺流程可知，在饼干的生产过程中要用到原料计量与调和搅拌设备，辊轧设备，成型设备，烘烤设备，冷却与包装机械及撒糖、盐机，刷蛋、乳机，喷油机等加工设备，此外也要用到醒发器、饼干模具、吹泡仪等辅助工具。本章将分别介绍这些常用的饼干加工机械设备，并将简要介绍饼干加工成套设备。

一、饼干加工常用设备

　　1. 原料计量与调和搅拌设备

　　计量是食品生产工艺过程中非常重要的方面。计量的准确与否直接影响到其他生产工序的顺利进行和成品的质量及商品价值。因此，对各种原辅料进行精确计量是必要的。在实际生产中，大多数工厂采用自动计量（散装的大量原料）和手工计量（小量配料）相结合的方法。由于饼干生产原辅料的计量装置与其他食品生产的原辅料计量装置无太大的特异性，此处不予赘述。

调和搅拌设备是焙烤食品加工过程中必不可少的设备之一，常用的为调和机（又称捏和机或揉和机）。调和机混合的对象大都属于黏性极高的非牛顿流体，如高黏度糊状物料及黏滞性固体物料。调和机的搅拌除满足物料的混合需要外，还要根据所调制物料的性质及工艺要求，完成某些特定的操作。

（1）混合机理　由于调和机混合的物料多属黏性极高的非牛顿流体，在某些特定条件下，物料的黏度会变得很大，可达 2000P（200Pa·s）以上，其流动极为困难，由局部区域激发而起的物料运动终不能遍及整个容器，类似液体的那种由大范围湍流所造成的对流扩散混合作用很小，混合效果主要依赖于搅拌器与物料的真实接触。这种搅拌要求物料必须被引向搅拌器或是搅拌器必须经过容器内的各个部位。在调和过程中，局部区域的一部分物料受搅拌器推挤而被压向邻近的物料或容器内壁，造成折叠，从而使新的或未经调制的物料被已经调制的物料所包裹；另外，由于搅拌器对物料的剪切作用，上述物料又被拉延和撕裂，使得物料的新鲜部分再次剥露；同时，这一部分物料又被带往产生主体移动动作的区域；如此反复进行，即达到了均匀混合的目的。调和机的混合机理为折叠作用、剪切作用及对流扩散作用并存的一种混合。

在搅拌过程中，由于搅拌器的结构型式和物料的黏滞性作用，也可使物料产生径向、切向和轴向运动及宏观运动，与液体的对流主体相对应。这样物料在剪切、折叠、对流效应的作用下，周而复始地重复上述操作，经过一定时间的混合后，物料即被调和成均匀一致的物料。

典型的调和机按操作的主要用途可分为调粉机和打蛋机两类。

（2）调粉机　调粉机也称和面机，其操作目的是获得均匀的面粉及配料混合物。加工对象主要是高黏度的非牛顿性糊状物或黏滞性固体物料，在食品加工中用来调制黏度极高的浆体或弹塑性固体，主要用于揉制各种不同性质的面团，包括酥性面团、韧性面团等。

调粉机调制面团的基本过程在于搅拌桨的运动，桨叶转动使干面粉颗粒均匀地与水结合，首先形成胶体状态的不规则小团粒，进而小团粒结合逐渐形成一些零散的大团块，随着搅拌桨的继续旋转，搅拌桨对团块产生剪切力，将物料拉延撕裂，同时这部分物料受搅拌桨叶推挤而被压向邻近物料，经过千百次折叠、包裹，如此反复，经过一段时间强制混合，即可得到满足要求的面团。它广泛应用于面包、饼干、糕点及一些饮食行业的面食生产中。转速较低，一般在 20～80r/min 范围以内。在搅拌机械中，调粉机属于较重型的机械设备。

调粉机主要由电机、搅拌器、搅拌容器、传动装置、机架、容器翻转机构等组成。根据加工工艺，物料调制的质量常与操作温度有关。为适应这种要求，需采用换热式调粉机，换热式调粉机采用带有夹套的搅拌槽或在槽内设置蛇管。夹套搅拌槽用得较普遍。夹套内通蒸汽加热或通冷却剂冷却，以适应物料的温度要求。在饼干的面团调制过程中，控制面团的温度具有重要的意义，所以，有些国家设计的调粉机的桨叶上装有温度联控装置，利用温度传感器和执行机构，在达到所选择的标准温度时，作为调粉的终点来控制质量。

调粉机按搅拌容器轴线与搅拌器回转轴线的位置分为卧式和立式两种结构；按搅拌轴数目可分为单轴、多轴；按物料的供给与卸料装置可分为间歇式、连续式。单轴卧式调粉机对面团的拉伸作用小，一般适用于调制酥性面团；立式调粉机的搅拌器垂直或倾斜安装，有些设备搅拌容器作回转运动，对面团的压捏程度和拉伸作用较强，适于调制韧性面团和水面团。卧式调粉机由于结构简单，卸料、清洗、维修方便而被广泛应用。立式调粉机结构简单，制造成本一般不高，与卧式结构相比，其占地空间较大，卸料、清洗不够方便图（可翻转或可卸下容器设备除外），搅拌器倾斜安装则可避免润滑剂污染食品。国产立式搅拌机的调和容量多为 25kg、50kg 两种规格，因此适用于小规模的各种面食制品加工部门使用。

调粉机最重要的工作部件是搅拌器，其形状有多种类型，不同形状的桨、搅拌器效果不同，适用调和面团的性质不同，机械的功率消耗、调和时间也有所不同，常见搅拌器工艺性能及特点参见表 3-6。

表 3-6　常见搅拌器的工艺性能及特点

搅拌器类型	工艺性能及特点
Z 型与 Σ 型搅拌器	①母线与轴线倾斜一定角度,物料受到径向力、轴向力、切向力;②整体锻造成型,结构强度大;③适用范围广,适合高黏度物料的调制,有利于面筋生成;④可用于水面团、韧性面团调制
滚笼式和面机的搅拌器	①结构简单、作用力缓和,有利于面筋形成,适合调和面筋含量高的面团;②功耗较低,调粉时间略长,一般 7～8;③加空套后,可减少直辊对面团的撕裂作用;④适用于调和水面团、韧性面团等经过发酵或不发酵的面团
双轴和面机的搅拌器	①切分式能快速调和物料;②重叠式对物料的拉伸、折叠、揉捏作用充分;③适合调制韧性面团
叶片式搅拌器	①叶片对面团有较强的剪切作用,拉伸作用弱,可撕碎面筋,不利面筋生成,适用于酥性面团;②由于搅拌轴安置于容器中心,该处物料流动速度低,因此易产生抱轴现象
扭环式立式和面机搅拌器	立式和面机的搅拌器,适用于调制韧性面团
其他形式搅拌桨:花环式、叶片式、椭圆式等	①无中心轴,克服抱轴现象;②整体结构,强度高;③适合和面筋含量较高的面团,调粉时间一般 4～5min

（3）打蛋机　打蛋机也称搅拌机，在食品生产中常被用来搅打各种蛋白液、糖浆、乳酪及蛋糕、杏元饼干、威化饼干等黏稠性浆体。由于这些物料的黏度一般低于调粉机搅拌的物料，故打蛋机的转速比调粉机高，通常在 70～270r/min，所以也常被称为高速调和机。

打蛋机一般由电机、传动系统、搅拌器、搅拌容器、容器升降机构和机座组成。工作时，由电机经齿轮传动系统带动搅拌器高速旋转，从而使搅拌桨随之高速旋转，使得接触物料间充分接触剧烈摩擦，以实现对物料的混合、乳化、充气及排除水分作用。

打蛋机的搅拌器由搅拌桨和搅拌头组成，搅拌桨的形状对混合效果影响很大，目前有很多种形式，它主要是由被调合物料的性质和工艺要求决定的，应用较广的有三种典型结构（图 3-9）。

①筐形搅拌桨　它由不锈钢丝组成筐形结构，此类桨的强度较低，但易于造成液体湍动，故而主要适用于工作阻力小的低黏度物料

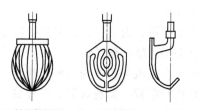

(a) 筐形搅拌桨　　(b) 拍形搅拌桨　　(c) 钩形搅拌桨

图 3-9　打蛋机典型搅拌桨

的搅拌（如稀蛋白液）。

② 拍形搅拌桨　它是由整体铸锻成球拍形的。此类桨有一定的结构强度，而且作用面积较大，主要适用于中等黏度物料的调和（如糖浆、蛋白浆等）。

③ 钩形搅拌桨　它多为整体锻造成与容器侧壁相同的钩形。此类桨的结构强度较高，借助于搅拌头或回转容器的运动，钩形桨的各点也能够在容器内形成复杂的运动轨迹，所以它主要用于高黏度物料的调和（如面团等）。

一台打蛋机可带多种搅拌桨，以扩大机械的使用范围，调和不同黏度的物料，为满足此要求，桨的更换与安装必须方便、快速。

2. 辊轧机械与设备

完成面团辊轧操作的机械设备通常叫辊轧机，也称压面机或辊压机。根据物料通过压辊时的运动位置不同，辊轧机大致可分为卧式辊轧机与立式辊轧机两种。卧式辊轧机的特点是两只轧辊的轴线在垂直平面内互相平行，而面带在辊轧过程中呈水平直线运动状态。立式辊轧机的轧辊轴线在水平平面内互相平行，而面带在辊轧过程中呈竖直直线运动状态。根据压辊的形式不同辊压机可分为对辊式与辊-平面式。对辊式是指辊与辊间的辊压；辊-平面式是指辊与平面之间的辊压。按压辊的运动方式辊压机又可分为固定辊式与运动辊式。固定辊式是指压辊轴线在辊压过程中的位置不变；运动辊式是指压辊的轴线在辊压过程中作平动。根据其工作性质又分为间歇式与连续式辊轧机两种。间歇式一般需由人工送料，辊压操作在一对压辊间反复辊压完成。而连续式则无需人工送料，辊压机常由几对（又称几道）压辊组成，面带经几道辊连续辊压，自动进入下一工序。一般来说，小型食品厂采用间歇式辊轧机即可，大、中型食品厂，特别是生产苏打饼干进行辊轧夹酥时，宜采用连续式辊轧机。

（1）卧式辊轧机　卧式辊轧机多为间歇式操作，它的主要结构由上下轧辊、轧辊间隙调节装置、撒粉装置、工作台、机架及传动系统等组成。基本原理：由电动机驱动，经一级带轮及一级齿轮减速后，传至下轧辊，再经齿轮带动上轧辊旋转，从而实现了上、下轧辊的转动压片操作。上、下压辊安装在机架上，工作转速一般在 0.8～30r/min。上压辊的一侧设有刮刀，以清除粘在辊筒上面的少量面屑；较先进的辊压机上设置有自动撒粉装置，它可以避免面团与压辊粘连。压辊之间的间隙通过调节手轮可随时任意调整，以适应辊压过程中压制不同厚度面片的工艺需要。转动手轮经一对锥齿轮啮合传动，使升降螺杆旋转，从而带动上压辊轴承座螺母作升降直线运动，以完成轧辊间距调节的操作。通常间距调节范围为 0～20mm。由于两压辊接触线处的线速度应相等，实际中常常是两压辊直径相等，转速相等，齿轮的传动比为 1。间歇式辊压机工作时，面片的前后移动、折叠及转向均需人工操作。如果只用以单向辊压，则需多台间歇式辊压机组合在一起，中间由输送装置连接，这样即可与成型机联合组成自动生产线。

（2）立式辊轧机　立式辊轧机与卧式辊轧机相比，具有占地面积小、轧制面带厚度较均匀、工艺范围较宽、机器构造较复杂的特点。立式辊轧机主要由料斗、轧辊、计量辊、折叠器等组成（图 3-10）。

面团放入料斗内，首先由轧辊进行辊轧，然后，面带被引入计量辊。计量辊是由间距可随面带厚度而自动改变的相同直径的轧辊组成的，通常立式辊轧机设有 2～3 对计量辊，它的作用是控制辊轧成型后的面带厚度均匀一致。另外，立式辊轧机配合生产苏打饼干的要求，还设有折叠器，用以折叠辊轧后的面带，以便在折叠过程中完成在面带层间撒入油酥的操作；此时还应配有油酥料斗。

（3）连续卧式辊压夹酥机　连续卧式辊压夹酥机是一种新型的高效能辊压设备。生产饼干、西式糕点和起酥类食品的生产线中均采用这种多辊压延夹酥机。它的工作机理是模拟人手擀面的动作。面带经

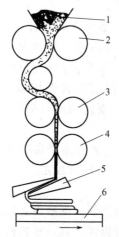

图 3-10 立式辊轧机结构简图

1—料斗；2—轧辊；3,4—计量辊；5—折叠器；6—操作台

过该辊压机的连续辊压后，面层即可达 120 层以上，且层次分明、酥脆可口，外观及口感良好。该机工作过程主要包括两部分：一是夹酥，二是辊轧。

① 夹酥 如图 3-11 所示，首先将调好的面团 1 送入水平送面绞

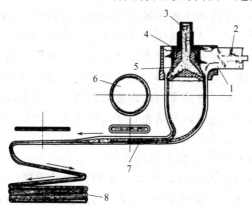

图 3-11 灌肠式夹酥示意图

1—面团；2—水平送面绞龙；3—奶油酥；4—垂直送面绞龙；5—复合嘴；
6—夹酥中空面管；7—压延中的夹酥面带；8—饼干坯雏形

龙 2 中，接着，面团经旋转的水平送面绞龙 2 垂直送面绞龙 4 输送，由复合嘴 5 外腔挤出而成型为空心面管。同时，奶油酥 3 经叶片泵（该图中未表示）输送，沿垂直送面绞龙 4 内孔从复合嘴 5 内腔挤出并黏附在面管内壁上，形成夹酥中空面管 6，然后，面管经过初级压延、折叠成为多层叠起的饼干坯雏形 8。这种成型方式称为"灌肠成型"，它的优点主要是面皮与奶油酥的环面连续，厚度均匀一致。

② 辊轧　辊轧过程包括前述对夹酥中空面管的初级压延成带、饼干坯折叠预成型及最终的压延成型。下面着重论述最终压延成型操作。

最终压延成型是将经初级压延后折叠成的中间产品，在连续卧式辊压机上再一次进行压延操作。其压延机构主要由速度不同的三条输送带及不断运动的上压辊组组成。上压辊组由 8～12 个直径为 60mm 的做行星旋转的压辊组成，辊子由尼龙 66 制成。辊子的自转靠它与面带间的摩擦力带动，没有专门的动力驱动，而辊子的循环运动由专门的链子带动。输送带的速度沿面带运动方向逐渐加快。压辊组中的各运动辊既有沿面带流向的公转运动，又有逆于此方向的自转。工作时，经过初级压延的饼干坯进入由输送带及压辊组构成的楔形通道，随着输送带和压延辊的运动而被挤压延伸，逐渐收缩变形，其间输送带的速度不断增加，从而减缓了中间产品与输送件之间的摩擦压力。同时压延辊逆向自转并对面带产生持续的局部碾压作用，使得面带在变形过程中平稳、均匀、可靠。显然分别与三条输送带接触的辊子的转速是不同的。辊子与面带间的摩擦系数越小，对制品质量的提高越好。因此，实际作业时，为防止辊子与面带表面的粘连，应供给它们间的接触面以足够的干面粉。

③ 连续卧式辊压夹酥机的特点

a. 传统的辊压方法为对辊式，这种方法效率低、质量较差，在减小面带厚度时，两辊对面带产生的压力较大，工作时产生的力线在面团进入两辊间隙之前，形成很大的旋涡，面带表层至中心层各处纤维的长度相差较大。从而产生面团的堆积。因此，在辊压多层夹酥面团时，面层易被破坏，制品的层次不清，面带口感差，有时还会引起面带被拉断的现象。为了得到理想的制品，克服面团在进入两辊间隙之前产生的堆积，一是要求进料厚度薄，二是要多次的折叠、辊压。连续卧式辊压机克服了这个不足，经过 1～2 次辊压即可做到防止面带层次的破坏，使面层达到最佳状态。此外，多辊压延机可将较大厚度的面带一次辊压成薄的厚度，并且入口处不会产生严重的"堆积"现象。是因为入口处面带各层纤维的长度相差甚小，这种压延机出口面带厚度的误差只有 0.01mm 左右。

b. 传统辊轧机的压延效果是通过辊子表面加在面带上的正压力剪切力实现的，由面带本身来抵抗损坏。在减少面带厚度时，两辊对面带产生的压力大于 2MPa。而 SM 压延机的压力保持在 0.007MPa 的最低水平，由于构件运动速度的增加，对面带的摩擦力很小，因而对面带毫无损坏，几乎是纯粹的拉伸应力作用使面层达到较佳的变形状态。这样，有利于保持物料原有的品质。

c. SM 压延机的压延过程为直线流变状态，这种压延过程不会引起油、面层次混淆不清。

d. SM 压延机适应性较强，能够生产多种食品。

e. SM 压延机结构复杂，设备成本高，操作维修技术要求高。

（4）叠层机　叠层机是与饼干成型机配套使用的设备。该机是将面团压皮经往复运行，反复叠层，层数不限，配置撒酥装置，将叠层后的面皮送至成型机进行饼干生产。叠层机生产效率高，可和饼干生产线中的成型机同步，可对面团进行辊轧、面皮纵横换向、夹酥、复合辊轧、叠层等一系列的工艺操作。经该机生产出来的饼干层次分明，口感酥化、松脆，是提高饼干质量档次的主要设备，是生产苏打饼干的必要设备。主要性能特点如下：轧延效果好，压制的面带厚度均匀；控制系统化，操作方便，压片厚度（调节厚度由数字显示）及叠层的次数可任意调节。

叠层机根据轧辊排列位置的不同可分为立式叠层机和卧式叠层机两种类型。

① 立式叠层机　立式叠层机的工作原理参见图 3-12。

面团由料斗 2 经三辊制皮辊 3 压延成有一定厚度的面皮，再经过轧皮辊 4 的进一步压延达到规定厚度，接着进入叠层机构 5 被叠成成

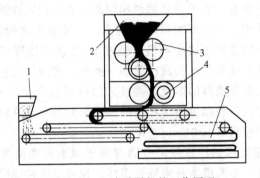

图 3-12　立式叠层机的工作原理

1—干粉撒布装置；2—料斗；3—三辊制皮辊；4—轧皮辊；5—叠层机构

一定层数的饼干坯，其间由专门的酥油撒布装置对面皮表面撒布酥油。

② 卧式叠层机　卧式叠层机是使用较多的一种机型。其工作原理图如 3-13 所示。两道三辊轧皮装置同时将面团辊轧成具有一定厚度的面皮，在两道三辊轧皮装置之间叠层机设有撒油酥装置，保证经两道三辊轧皮装置轧制成的面片在上、下对位复合之前，中间夹入油酥层。然后面皮经输送带进入复合辊轧装置，经两道辊轧后的面皮即送入叠层机构，通过叠层机构内的往复平推车的作用达到叠层的目的。经叠层后的面皮就可直接送往饼干成型机。

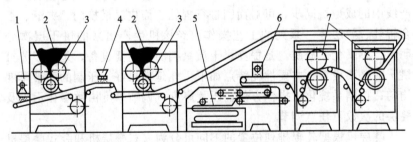

图 3-13　三辊轧皮卧式叠层机Ⅰ

1—干粉斗；2—料斗；3—三辊轧皮辊；4,6—油酥斗；

5—复合叠层机；7—二道轧皮辊

还有一种卧式叠层机的形式与上述的形式略有不同。它是将三辊轧皮机构由两组简化为一组，见图 3-14。通过这组辊轧机构制成的面皮被一把辊刀从纵向一分为二，经两组输送带分别输送，通过 45°环形带，整面皮成 90°换向，并使两路面皮呈上、下输送形式，在上、下两层间配置了撒油酥机构，使两层面皮间夹酥后再被合二为一送往复合轧辊轧制、压延。这种机型的特点是简化了机构，避免了因两组辊轧机构同时工作而造成的速度同步的困难，多了一道面皮换向，使面皮在纵、横两方向的受力更趋一致。这种机型是一种值得推广的机型。

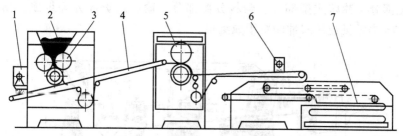

图 3-14　三辊轧皮卧式叠层机 II
1—干粉斗；2—料斗；3—三辊轧皮辊；4—输送带；
5—轧皮辊；6—油酥斗；7—叠层机构

（b）三色机　三色机是由三台单机连动组成的一个机组，因每台单机生产面皮颜色不同而得名。因其能分别制出三种不同颜色的面片，经输送、重叠成片，再进入辊轧机轧制出带有夹层的面片，所以用于夹层饼干的生产。

3. 成型设备

饼干成型机是将配制好的饼干面团或面皮加工成具有一定形状规格的饼干生坯的机械设备。根据饼干品种不同及其工艺要求的差别，饼干的成型加工，按其成型方式，可分为冲压（亦称冲印）成型、辊压成型（亦称辊印成型）、辊切成型、挤出成型等。饼干的成型设备随着配方和品种的不同，可分为摆动式冲印饼干成型机、辊压饼干成型机、辊切饼干成型机、挤条成型机、钢丝切割机、挤浆成型机（或称注射成型机）、标花成型机等多种形式。这里介绍主要的三种形式。

（1）主要结构和工作原理 冲印式饼干成型机（简称冲印饼干机）主要用来加工韧性饼干、苏打饼十及油脂含量较低的酥性饼干。这种机型的缺点是冲击载荷较大，不适宜放在楼层高的厂房内使用，噪声大，产量不及辊印式和辊切式成型机高。

① 工作原理 冲印式饼干成型机分为间歇式和连续式（摆动式）两种。间歇式机型目前已经基本淘汰。

连续式（摆动式）冲印饼干成型机由于规格及性能的不同，其结构型式也有所不同。但配合完成成型操作的要求，基本都设有面皮辊轧部分、冲印成型部分、余料分离部分、输送入炉部分等组成。图3-15 为常见连续式冲印饼干成型机。

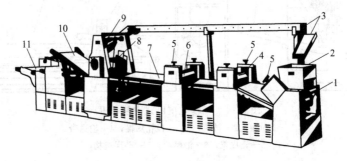

图 3-15 连续式冲印饼干成型机
1—第一对辊；2—面斗；3—回头机；4—第二对辊；5—辊轧间隙调整机构；
6—第三对辊；7—长帆布带；8—冲模滑枕；9—冲模横梁；
10—提头帆布带；11—入炉传送带

首先将调制好的面团由输送带引入饼干机的压片部分，由此经过三道压辊 1，4，6 的连续辊压，使面料形成厚薄均匀致密的面带；然后由帆布输送带送入机器的成型部分，通过模型的冲印，把面带制成带有花纹形状的饼干生坯和余料（俗称头子）；此后面带继续前进，经过拣分部分将生坯与余料分离，饼坯由输送带排列整齐地送到烤盘或烤炉的钢带、网带上进行烘烤；余料则由专设的输送带（也称回头机）3 送回饼干机前端的料斗内，与新投入的面团一起再次进行辊压制片操作。由于头子面筋相对较多，应使之铺于面带的底部。

② 主要结构 冲压成型方式依靠冲模相对连续运行的物料产生

冲压运动而成型，冲印饼干成型机主要结构由压片、冲压成型、拣分（或称提头）、摆盘等四大部分组成。

a. 压片部分

压片是饼干生产中冲印成型的准备阶段。工艺上要求压出的面带致密连续，厚度均匀，表面光滑，并无多余的内应力。此部分一般由三对轧辊及两段可调速的帆布输送带组成。轧辊通常分别称为第一对辊、第二对辊和第三对辊。卧式布置的轧辊之间要靠输送带来连接，操作简便，易于控制压辊间面带的质量；立式布置的压辊之间不需设置输送带，而且占地面积小，结构紧凑，机器成本低，布置较为合理。

面团进入辊压时的摩擦角必须大于导入角，因此头道辊的直径必须足够大。随着压延的进行，面带厚度越来越薄，变化越来越小，所需压延力也逐渐减小，因此，可使面带咬入由大渐小，逐步减缓预压变形，以利于面团由厚变薄的逐级压轧，从而轧辊的直径依次减少，轧辊间的间隙依次减小。为保证面带各处流量相等，速度匹配，压辊转速应依次增加。否则面带可能被拉长或皱起。若拉长，会使面带断裂或内部应力增强，成型后易于收缩变形，表面易出现微小裂纹；若皱起，则会使面带堆积变厚，压力加大，容易粘辊，且定量不准。各轧辊参数见表3-7。

表3-7　常用冲印饼干机轧辊参数

压辊名称	直径/mm	转速变化范围/(r/min)	间隙变化范围/mm
第一对辊	160～300	0.8～8	20～30
第二对辊	120～220	2～15	5～15
第三对辊	120～220	4～30	2～5

为确保面带运动的速度匹配，轧辊的转速及连接各轧辊间输送带的线速度都可通过无级变速器及时做微量调节。此外，在各轧辊上还装有刮刀，以清除粘在轧辊上的面屑。有些饼干机生产厂家对其压片部分的结构作了一些改进，即把第一对辊和第二对辊由卧式布置改为立式布置，而且缩小了轧辊直径，这样，既简化了压片部分的结构，缩短了整机尺寸，同时又提高了压轧面带的均匀性，从而提高了饼干

生坯的成型质量。

b. 冲印成型部分　冲印成型机构是提高饼干机生产效率，保证饼干外观质量的关键环节。冲印成型机构主要由动作执行装置及印模等组成。

（a）动作执行装置　冲印饼干机的冲印成型动作可分为间歇式与连续式。

ⓐ 间歇式　即在冲印饼干生坯时，只有印模做直线冲印动作，而印模下面的帆布带的运动处在间歇状态。印模的动作通过一套曲柄连杆机构实现，帆布带则依靠一组棘轮棘爪完成间歇动作。采用这种机构辊压出来的面带常发生厚薄不匀、面带边缘破裂的现象，而且，机器的生产效率不高，振动、噪声较大，不宜于与连续式网带或钢带烤炉匹配，而只能与烤盘链条炉配套使用。这对饼干生产的连续自动化不利。常用的为连续式执行机构。

ⓑ 连续式　即在冲印饼干时，印模随面坯输送带的连续运动而作摇摆冲印动作，故也称摇摆冲印式（见图 3-16）。此装置的整套动作均通过一个曲柄滑块机构（由 1、7、9、10、11 组成）、一个曲柄

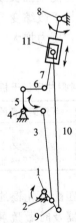

图 3-16　摇摆冲印机构简图

1—主轴；2—印模摇摆曲柄；3,6,10—连杆曲柄；4—支点轴；

5—摆杆；7—印模摇杆；8—印模支点轴；

9—印模冲印曲柄；11—印模滑枕

128

摆杆机构（由1、2、3、4、5组成）及一个双摇杆机构（由4、5、6、7、8组成）实现，在动力经传动机构输入主轴1，并使其转动后，轴1上的印模摇摆曲柄（偏心轮）2旋转，通过连杆曲柄3带动摆杆5随之摆动。摆杆5又经连杆曲柄6带动固定在印模支点轴8上的印模摇杆7摇摆。与此同时，印模冲印曲柄9与曲柄2同步转动，并通过连杆曲柄10带动印模摇杆7上的印模滑枕11沿摇杆轴线方向作直线往复运动，从而实现印模与输送面带同步的摇摆冲印连续动作。摇摆行程位置、滑枕行程位置由连杆曲柄3及10调节，此装置与其他机构的速度匹配由无级变速器调节。采用这种装置冲印成型的饼干坯质量较好，机器运动平缓，生产效率较高，并且由可连续式烤炉配套组成饼干自动生产线，所以，摇摆冲印式饼干机是比较理想的冲印成型设备。

（b）印模　冲印饼干坯的印花和分切是靠印模进行的。根据饼干品种的不同，有两种印模，即轻型印模与重型印模。

ⓐ 轻型印模　主要用于生产凹花有针孔的韧性饼干。因为此种面团有一定的弹性，烘烤时易在表面出现气泡，背面洼底。即使采用网带或镂空铁板带也只能减少饼坯洼底，而不能杜绝起泡。为此印模冲头上设有排气针柱，以减少饼坯气泡的形成。苏打饼干面团弹性较大，冲印后的花纹保持能力差，所以苏打饼干印模属于轻型印模，但通常只有针柱及简单的文字图案或无花纹。

轻型印模冲头上的凸起图案较低，弹簧压力较弱，印制饼坯的花纹较浅，冲印阻力也较小，操作时比较平稳。

ⓑ 重型印模　主要用于生产凸花无针孔的低油酥性饼干。此种面团可塑性较好，花纹保持能力较强。它的印模冲头即使无针柱也不会使成型后的生坯起泡。

重型印模冲头上的凹下图案较深，弹簧压力较强，印制饼坯的花纹清晰，冲印阻力也较大。

除了针孔和花纹不同，两种印模的结构基本相同，都是由若干组冲头、切刀、套筒、针柱、弹簧及推板等组成的。冲头是与饼坯表面形状相近、花纹相反，冲头是稍小一点的一块模板，又称为芯子，其作用是冲印时赋予饼坯花纹图案。切刀是紧贴冲头外边套筒的锋利下端，其作用是将印有花纹的面片与面带切断而得到饼坯。针柱固定在套筒的底板上，随切刀上下运动，其作用是将饼坯穿孔。推板也称压板，在切刀外边，其作用是在切刀上升时，压板向下将头子推出，防止头子粘在刀口上带上去。

冲印时芯子向下先接触面带，将面带冲印出花纹，然后切刀和针柱向下，将冲印有花纹的面带穿孔并切断分成饼坯和头子，随即切刀和针柱上升，冲头上升，冲头依靠弹簧把饼坯弹出，待冲头上升至一定高度，推板将头子推出，即完成一次冲印过程。如果装印模时推板吊得过高，头子仍然可能被吊起，这是应当注意的。芯子脚上装有弹簧，在冲下时芯子被压入切刀，当芯子脚上的套筒顶住切刀底板时，芯子便不能继续向里缩，而是随着偏心轮（印模曲柄）的转动，深深压在面带上，使花纹获得深度。印模上升时，芯子中弹簧将饼坯推出。这种结构使印出的花纹十分清晰。

c. 拣分部分

冲印饼干机的拣分是指将冲印成型后的饼干生坯与余料在面坯输送带尾端分离开来的操作。拣分操作主要由余料输送带完成（见图3-17）。在面带通过冲印成型部分以后，头子与饼坯分离，并被引上倾斜帆布带4，而后经回头机，重新回到第一道轧辊再行辊轧。倾斜帆布带的倾斜角度受饼干面带的特性限制；长帆布带1与倾斜帆布带4下端的距离在不损坏饼坯的条件下要尽可能压低。此外长帆布带下面设有支承托辊2，使中断的头子能向上微翘，倾斜帆布带下端的鸭嘴形扁铁3在不损坏帆布的条件下要尽量薄些，这样有利于头子与饼坯的分离。

由于各种冲印饼干机结构型式的差异，其余料输送带的位置也各

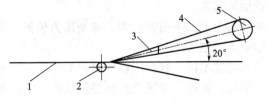

图 3-17　拣分部分示意图

1—长帆布带；2—支撑托辊；3—鸭嘴形扁铁；4—倾斜帆布带；5—木辊筒

有不同，但大都是由几段输送头子的倾斜帆布带组成，而这个倾角受饼干面带的特性限制。韧性与苏打饼干面带结合力强，拣分操作容易完成，其倾角可在 40°以内。酥性饼干面带结合力很弱，而且余料较窄极易断裂，输送此类余料时，倾角不能过大，通常为 20°左右。此外面坯输送带末端的张紧，一般由楔形扁铁支承，这是由于该机构的曲率很大，不会使生坯在脱离成型机时变形损坏。

③ 使用注意事项

a. 冲印饼干机机身较长，常采用分段结构，安装时，各连接面要保证相对位置正确，连接可靠。机器各段的纵向及横向中心线应一致，偏差控制在 2mm 以内。

b. 饼干机各段输送带应按机器使用说明书中的规定缝合帆布带，张紧后分段启动试车，并进行调整，以免输送带跑偏。注意跑偏过大时，要重新修整缝接帆布带。运转中需要调整跑偏量时，要通过对头尾轮进行逐步调整来实现。

c. 饼干机摆杆及滑枕的运动必须保证左右同步，印模和底板的接触要保证均匀一致，这样才能保证印花清晰完整，调整时务必左右同时进行。

d. 操作时，若发现面带有堆积或拉伸现象，除调节输送带速度外，还要调节压延比（轧辊间隙）。若发现面带粘辊，可在轧辊上涂少量食用油或均匀撒少许干面粉。若发现帆布带跑偏，要逐步微调，注意一次调整量不宜过大。

e. 冲印饼干机生产时，约需 6 名操作人员，其中 1 人负责监护整机运转；1～2 人负责轧辊部分；1 人负责冲印成型及头子分离部分；1 人负责饼坯进炉；1 人负责操作控制箱。

f. 饼干机要保持清洁卫生，定期润滑，及时检修和保养。

④ 主要技术规格　现以山东省掖县食品机械厂生产的摇摆冲印式饼干机为例，列出冲印饼干机的主要技术规格：

机器型号	BC-C560
生产厂家	山东省掖县食品机械厂
生产能力	380～750kg/h
冲印次数	50～160 次/min

输送速度	5~12.8m/min		
轧辊宽度	580mm		
配用电动机			
喂面机压片机用	JZT₂-32-4	3KW	1台
冲印机用	JZT₂-32-4	3KW	1台
回头机用	JZT₂-22-4	1.5KW	1台
外形尺寸	7810mm×1410mm×2000mm		
机器净重	4600kg		

（2）辊印成型机　辊印式饼干成型机（简称辊印饼干机），主要适用于加工高油脂酥性饼干，更换该机印模辊后，通常还可以加工桃酥类糕点，所以也称为饼干桃酥两用机。

① 辊印饼干机的特点

a. 冲印饼干机生产高油脂饼干时，常因酥性面团韧性差、结合力少，而在面带辊轧和头子分离时产生断裂及粘辊现象。辊印饼干机则解决了饼干生产中的这一关键问题，且制出产品花纹清晰、美观。

b. 机器结构简单紧凑，占地面积小。由于生产过程中不产生边头，所以，无需边料回头机，从而减少了机械制造、维修费用及操作人员。

c. 机器成型机构连续运转，工作平稳，无冲击、振动，噪声小。印花模辊易更换，便于增加花色品种，有利于带有果仁等颗粒添加物的食品生产。

d. 对进料面带的厚度、硬度有较为严格的要求，并要求印模的材质具有抗黏着能力，否则易粘辊。

e. 辊印饼干机是生产高油脂饼干、桃酥的专用设备，它不适用于韧性饼干和苏打饼干的生产，对于低油脂酥性品种的生产也很勉强。

② 主要结构与工作原理　辊印式饼干成型机有两种类型，第一种是直接进入网带（钢带）式的（见图 3-18）；另一种是落烤盘式的（见图 3-19），这种类型的成形机只需更换成型模就可生产桃酥，所以又称饼干、桃酥两用机。前一种成型机的产量大，配合网带（钢带）炉直接进入烘烤阶段，热损失小。后一种成型机必须经烤盘，配

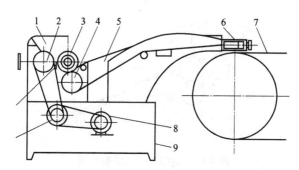

图 3-18 直接进入网带（钢带）式辊印饼干机结构简图

1—料斗；2—喂料辊；3—花纹成型辊；4—橡胶脱模辊；5—帆布传送带；
6—帆布刀口分离器；7—烘烤炉网（钢）带；8—电动机；9—机架

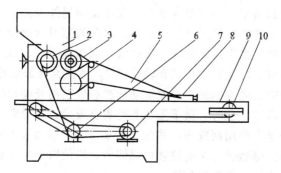

图 3-19 落烤盘式辊印饼干机结构简图

1—料斗；2—喂料辊；3—花纹成型辊；4—橡胶脱模辊；5—帆布传送带；
6—减速器；7—电动机；8—帆布刀口分离器；9—烤盘输送链条；10—张紧装置

合链条炉使用，热损失大，但使用、组合较为灵活。

无论哪种辊印饼干机，其主要组成部分相同，都是由成型脱模机构、余料处理机构、生坯输送机构、传动系统及机架等组成的。其成型原理是完全相同的。图 3-20 为辊印饼干机的成型原理图。

成型脱模机构是辊印饼干机的核心部件，它由喂料槽辊 15、印花模辊 3、帆布输送带 6 及橡胶脱模辊 12 等组成。面团在和面机中调制完毕后送至料斗 1 中。在喂料槽辊 15 及印花模辊 3 的相对运动中，面团首先在喂料槽辊 15 表面形成一层致密的薄层，然后被压入

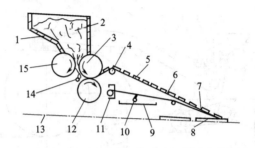

图 3-20　辊印饼干机成型原理

1—料斗；2—面团；3—印花模辊；4—帆布带辊；5—生坯；6—帆布输送带；
7—落盘铲刀；8—烤盘；9—残料盘；10—残料铲刀；11—张紧装置；
12—橡胶脱模辊；13—送盘链条；14—印花模辊铲刀；15—喂料槽辊

印花模辊的凹槽中，初步形成饼坯。在印花模辊外表面，沿切线方向上装有一把印花模辊铲刀（刮刀）14，多余的面屑由此刮刀刮掉，并落至下面的残料盘中待回收使用。通常，面屑量很少，每班清一次即可，印花模辊下部隔着一层帆布输送带 6，紧压在橡胶脱模辊 12 上。通过印花模辊、底辊的旋转，使运动的帆布带在离开模辊的局部位置处造成瞬时真空，这时，饼干生坯受此真空吸力、自身重力及与帆布带之间的摩擦力作用而脱模，并落在帆布带上，然后被送到烤炉载体上入炉烘烤。落盘铲刀 7 的位置可以调节，以使饼干坯平稳地落在烤盘上，避免折边、卷曲等欠缺。

喂料槽辊 15 与印花模辊 3 尺寸相同，材质多为聚碳酸酯工程塑料或铜镍合金。橡胶脱模辊（又称底辊）外层为耐油橡胶，它应具有足够的硬度和弹性，以使饼干坯顺利脱落至帆布带上。

③ 影响辊印成型的因素

a. 喂料槽辊与印花模辊的间隙　喂料槽辊与印花模辊之间的间隙随被加工物料及饼干品种而改变，加工饼干的间隙约在 3～4mm 间，加工桃酥类糕点时需作适当的放大，否则会出现反料现象。

b. 分离刮刀的位置　由实践得知，印花模辊铲刀 14 的位置直接影响着饼干生坯的重量。当铲刀刃口位置较高时，凹模内切除面屑后的饼坯面略高于印花模辊表面，从而使得单块饼干重量增加；当铲刀刃口位置较低时，又会出现饼干重量减少的现象。这样势必影响饼干的商品价值。据有关资料介绍，铲刀刃口合适的位置应在印花模辊中心线以下 2～5mm 处。

c. 橡胶脱模辊的压力　橡胶脱模辊与印花模辊之间的压力也对饼干生坯的成型质量有一定影响。若该压力过小，则可出现坯料粘模现象；若压力过大，又会使成型后的饼坯造成后薄前厚的楔形，严重时还可能在生坯后侧边缘产生薄片状面尾。因此，对橡胶脱模辊的调整要以在顺利脱模的前提下，尽量减小压力为原则。

④ 使用注意事项

a. 工作前准备

（a）调整橡胶脱模辊与印花模辊的间隙，待印花模辊被带动后方可停止。

（b）根据产品特点及工艺要求调节上帆布带的位置。生产桃酥时，应将上帆布带辊筒调得高一些，生产饼干时，应调得低一些。

（c）调节下帆布带辊筒或调节架的位置，以防止帆布带跑偏。

（d）拌料要求：拌料过程中，通过减少面团水分、降低温度及缩短搅拌时间来控制面料中面筋的形成，从而调制成疏松、均匀、具有一定结合力的可塑性强的面坯料。

（e）调换印花模辊时，先松开左右螺栓，然后由俩人从箱体中取下压板及印花模辊，而后装上所需辊及压板，旋紧螺栓至模辊复位为止。

b. 工作间调节　所有准备工作完成后，先开慢车运转，待压在帆布带上的饼干坯合格地脱出印模后，方可认为机器运转正常。辊印饼干机常遇问题的调节方法如下。

（a）饼干坯脱不出印模或部分脱不出印模时，应加大橡胶脱模辊对印花模辊的压力。

（b）饼干坯周围压出边皮太多，致使厚薄不均时，应减小橡胶脱模辊对印花模辊的压力，至饼干坯周围留有小半圆薄边时为止。

（c）若饼干坯后半部断裂缺角，而缺角部分留在印模内脱不出来时，则应提高上帆布辊筒，使饼干坯脱模位置相应提高，从而避免缺角。

（d）饼干坯落盘/网（钢）带位置可通过扳手调整，使饼干坯落在适宜的位置。

（e）调节机器工作速度，可通过调节无级变速器至需要的速度，以满足与饼干生产线上其他设备配套的要求。如变速范围不够时，还可通过调换带轮来进一步实现。

c. 机器维护

（a）停车后，应放松手柄，使橡胶脱模辊离开印花模辊，同时放松帆布带。

（b）机器的润滑应按使用说明书要求及时检查，加注润滑油脂。

（c）机器使用一段时间后，需要张紧松弛了的无级变速器传动带。

（3）辊切成型机

辊切式饼干成型机（简称辊切饼干机）是综合了冲印饼干机与辊印饼干机的优点发展起来的一种饼干成型机，广泛适用于加工苏打饼干、韧性饼干、酥性饼干等不同的产品。是一种高效的饼干生产机械。辊切饼干机操作时，速度快、效率高、振动噪声低，是一种较有前途的高效能饼干生产机型，广泛使用于大型饼干厂。

① 辊切饼干机的主要结构　它主要由压片机构、辊切成型机构、余料提头机构（拣分机构）、传动系统及机架等组成。其中压片机构、拣分机构与冲印饼干机的对应机构大致相同，只是在压片机构末道辊与辊切成型机构间设有一段中间缓冲输送带。辊切成型机构与辊印饼干机的成型机构类似。它基本有两种型式：一种是将印花和切块制成类似冲印饼干机印模型式的复合模具嵌在一个压辊上；另一种则是将印花模与切块模分别安在两个压辊上。下面以后者为例简单介绍一下辊切成型原理。

② 成型原理　辊切饼干机的成型原理示意图如图 3-21 所示。面团经定量辊（压片部分）辊轧后，形成光滑、平整、均匀一致的面带。为消除面带的残余应力，避免成型后的饼干生坯收缩变形，通常在成型机构前设置一段缓冲输送带，适当的过量输送可使此处的面带形成一些均匀的波纹，这样可在面带恢复变形过程中，使其松弛的张力得到吸收。这种在短时的滞流中使面带内应力得到部分恢复的作用称为张弛作用。面带经张弛作用后进入辊切成型机构。面带首先经印

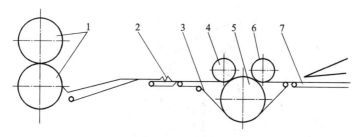

图 3-21 辊切饼干机的成型原理示意图

1—定量辊；2—波纹状面带；3—帆布脱模带；4—印花辊；
5—切块辊；6—脱模辊；7—进炉帆布带

花辊 4 辊印出饼坯花纹，然后在前进中经与印花辊 4 同步运转的切块辊 5 切出带花纹的饼干坯来。在印花辊与切块辊下方设有直径较大的橡胶切块辊 5，在印花切块过程中，它起着弹性垫板和脱模的作用。成型的饼干坯由进炉帆布带 7 送上烘烤炉网带（钢带）。余料由余料分离装置分离，经回头机回收，送回压片机料斗，供重新辊轧用。

辊切成型与辊印成型的区别在于辊切成型的印花和切断是分两个步骤完成的，即面带首先经印花辊压印出花纹，随后再经同步转动的切块辊切出带花纹的饼干生坯。

这种辊切成型的技术关键在于应严格保证印花辊与切块辊的转动相位相同，速度同步，且两辊同时驱动，否则切出的生坯的外形与图案分布不能吻合。

（4）挤压成型机 这种成型方式通常用于各种糕点的加工，如图 3-22 所示。面料经过一对相对转动的喂料辊 4 和 7 受到挤压，再经过成型嘴 8 而成型。喂料辊一般制成槽形辊，以增加对面料的挤压力，每次挤料的多少决定于喂料辊正向旋转的时间，一旦达到预定计量，喂料辊应迅速反转，致使排料口产生瞬间负压，面料上返，避免滴落。槽形喂料辊的正转、反转以及停歇时间只有与烤盘保持同步，方能保证产品的外观质量以及重量的稳定。

（5）杏元饼干成型机 杏元饼干成型机采用"挤出滴注成型"方式，利用杏元饼干面浆易于流动的特性，通过挤浆柱塞将定量的面浆挤出滴注在烤盘或钢带上。目前生产杏元饼干所采用的设备有两种：

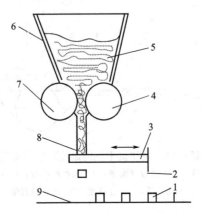

图 3-22 挤压成型机结构示意图

1—生坯；2—钢丝架；3—钢丝；4,7—喂料辊；5—面团；
6—料斗；8—成型嘴；9—输送带（或烤盘）

一种是以烤盘为载体的间歇挤出式成型机；另一种是以烘烤炉的钢带为载体的连续挤出式成型机。前一种机型适用于中、低产量的生产；后一种机型适用于大批量的生产。

间歇挤出式杏元饼干成型机（如图 3-23 所示）以烤盘为烘烤载体，一只烤盘只需滴注一次即可完成成型操作。工作时橡皮活塞 3 由偏心轮带动作上下运动，向上时吸料，向下时将面浆料挤出滴注在烤盘 14 上。通过调节偏心距，改变活塞的运动行程，即可变化挤出浆料的多少。浆料斗 1 和活塞嘴是固定不动的，当活塞开始向下运动时，烤盘向上运动，这时浆料被挤出滴注在烤盘上。当活塞向下到最低点时，烤盘快速下降，将活塞嘴与烤盘上成型的杏元饼坯之间的浆料拉断。烤盘的水平输送是由曲柄摆杆机构来进行的。

连续挤出式杏元饼干成型机是以烘烤炉的钢带为直接载体的，杏元饼干浆料被挤出滴注在同步运动着的钢带上，进入炉内烘烤。

4. 烘烤设备

饼干生坯在烤炉中经过高温的作用，在食品坯内部发生一系列的物理、化学和生物学的变化，从而使饼干坯由生变熟，产生特有的色、香、味，并使其具有优良的保藏和便于携带的特性。焙烤制品生产过程中使用的焙烤机械通常称为烤炉。烤炉的种类很多，分类的方

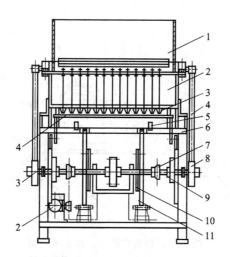

图 3-23 间歇挤出式杏元饼干成型机

1—浆料斗；2—成型斗；3—橡皮活塞；4—偏心连杆；5—烘盘拨块；6—导板；

7—传动链轮；8—活塞上下驱动；9—烤盘升降凸轮；10—双曲柄轮；

11—顶板；12—传动齿轮；13—连杆；14—烤盘

式也较多。根据热源的不同，烤炉可分为煤炉、煤气炉、燃油炉和电炉等；按结构形式的不同，可分为箱式炉和隧道炉两大类；按加热器的热源位置的不同又可分为热源在烤炉炉膛内部和热源在烤炉炉膛外部两类等。食品烤炉的结构主要由炉体、加热器、传送装置、载体、通风排潮系统、电控系统及其他辅助装置等部分组成。

5. 其他设备

（1）撒糖、盐机　该设备是在入炉前把糖粒、盐粒、芝麻等均匀地撒布在饼坯表面上，使饼干更具有特色和风味，是厂家增加饼干品种不可缺少的设备。由于撒布的糖、盐、芝麻等不可能完全落到饼坯上，总会有部分浪费，该机一般都设有回收余料的装置。常用的有带式撒布机、辊筒式撒布机等形式。

图 3-24 为辊筒式撒糖、盐机示意图。该机有料斗、撒布滚筒、传送带驱动辊筒、从动辊筒及传送带等组成。工作时，撒布辊筒 3 通过辊筒驱动链条 4 由电动机 5 带动旋转，撒布辊筒 3 的外表面沿轴向均匀地刻有细长槽，糖、盐等物料落进沟槽被连续均匀地撒在由饼坯

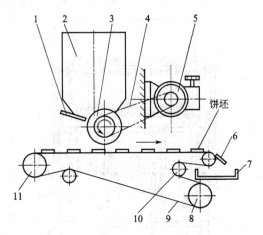

图 3-24 辊筒式撒糖、盐机示意图

1—落料闸门；2—料斗；3—撒布辊筒；4—辊筒驱动链条；5—电动机；

6—回料刮刀；7—回收料斗；8—传送带驱动辊筒；9—饼坯传送带；

10—张紧装置；11—从动辊筒

传送带 9 所传送的饼坯上，被撒布了糖与盐的饼坯即可送入烤炉烘烤。料斗闸门与撒布辊筒之间的间隙可调整，从而实现对撒布量的控制；饼坯传送带 9 上的剩余物料则通过传送带的折回行走和刮刀的铲刮落入回收料斗 7 中，以便收集复用。

在工业化生产中，撒糖、盐机与饼坯成型机和烘烤设备相连，多为连续作业，为了适应不同饼干品种的要求，其撒布速度可调，撒布量可调。

（2）刷蛋、乳机 如图 3-25 所示，该机的主要用途是向饼坯上涂刷蛋液和乳液。主要由液料供给系统（液料盘、液料斗、液量控制阀等）、涂刷系统（上料辊、刷料辊、过度辊等）及传动系统组成。所选用的电动机和调速器应能方便调速，以适应不同的涂刷要求，而采用不同的涂刷速度。

工作时由上料辊 7 将液料盘 2 内的液料不断传给过渡辊 8，最后液料被均匀地传到刷料辊 9 表面，与传送带送进来的饼坯相接触，从而达到涂刷蛋、乳的目的。

（3）喷油机 该设备主要用来给烘烤出炉后的饼干表面喷涂上一

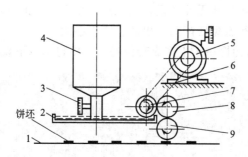

图 3-25 刷蛋、乳机示意图

1—饼坯传送带；2—液料盘；3—流量控制阀；4—液料斗；5—电动机；
6—滚筒传动链条；7—上料辊；8—过渡辊；9—刷料辊

层薄油雾以提高饼干的色、香、味。

一般由油箱、油泵、油压调节装置、离心喷油轮及输送网带等组成。工作时经传动装置带动饼干输送网带回转，在输送网带的上、下各并排安装有 2 台高速电动机以实现高速喷油。

在离心力的作用下，薄膜状的油雾达到饼干的上表面、底表面。喷油层饼干蒸发的油雾通过回收装置中的离心式风机吸回，再喷到刚进机的饼干上，这样循环利用，可减少油耗。

（4）理饼机 理饼机的主要作用是将经冷却输送带送来的饼干进行自动整理，使杂乱无章的饼干整行侧立堆放输送，使之有规律地排列，以便包装。在理饼机的饼干输入端装有一只旋转毛刷，毛刷与帆布输送带反方向旋转，二者之间距离可调，使得只能有 1 片饼干通过。然后饼干平铺在输送带上被送入整理帆布带而被整齐地排列起来。此外还有平面转弯机、金属探测仪、饼干颜色测量装置等设备。平面转弯机是充分利用厂方的辅助设备，用以将烘烤后的饼干输送作 90°或 180°的平面转弯。金属探测仪用以检测饼干中是否混有金属杂质，并加以剔除。饼干颜色测量装置常被安装于烤炉中以检测烘烤过程中饼干颜色的变化情况，以防烘烤过度或不足。

二、饼干生产成套设备简介

饼干生产成套设备也可称为饼干生产线，是根据饼干生产的工艺流程将每个工序中所需要的设备及工序间用以连接的设备根据生产量和其他指标进行选型匹配而得出的生产设备组。

图 3-26 为韧性饼干生产成套设备。其中包括以下设备。

图 3-26 韧性饼干生产成套设备

（1）立式叠层夹酥机。最小折叠层数为四层，具有独立的电气操作控制箱。

（2）新鲜面团和碎屑送入叠层机的输送带。

（3）辊切式饼干成型机组。具有三对轧辊段，第一、二对轧辊和输送带的速度可同时调节，第三道轧辊和输送带的速度可单独调节；三对辊筒的辊筒间隙可调节。采用双辊式转动压花，可调节花纹深度，而且具有自动输送过桥装置。

（4）碎屑收取、回收装置。

（5）刷蛋、奶机。可均匀地涂刷蛋液、奶液。

（6）糖、盐撒布机。可均匀地撒糖、盐、芝麻或椰丝等。

（7）进炉缓冲段。将饼坯整齐地、均匀地输送到烤炉的进料金属网带上。

（8）隧道式远红外电炉。具有独立的电气操作控制箱、网带跑偏报警和纠偏机构，以及紧急停电手动摇出机构。

（9）饼干出炉输送架。采用金属丝编结的输送网带。

（10）离心式饼干上油机。采用雾状喷油。

（11）网带输送。采用金属丝编结的输送网带，可单独调节速度，已喷油的饼干经过此道装置，能沥干多余的油，以免沾污输送帆布带。

（12）冷却输送机。采用纯棉帆布作输送带，具有自动张紧装置和独立操作电器箱，标准长度为24m，可根据用户要求和厂房面积加长或缩短冷却线长度。

（13）饼干整理机。对饼干列行、整理，行程可以根据饼干尺寸进行调整，具有偏心轮竖立机构和电气控制箱。

图3-27为珠海市洪富食品机械制造有限公司推出的HF1000型多功能饼干生产设备。其中包括：搅拌机、叠层机、辊轧机、滚切成型机、辊印成型机、热风循环烘烤炉或燃气饼干烘烤炉、喷油机、撒盐糖机及各种辅机。

图3-27　HF1000型多功能饼干生产设备
（珠海市洪富食品机械制造有限公司）

该套设备从进料、三道压面、成型、筛糖、输送、废料、回收至烘烤、喷油、冷却等全部机电一体化自动完成。饼干厚薄可调，机械运转可快可慢，无级调速。并具有全自动控温等一系列先进装置。

三、辅助工具

这里主要介绍面粉吹泡稠度粉质仪。

在饼干生产中，调制面团是最关键的一道工序。面团调制得恰当与否直接关系到成品的花纹、形态、酥松度、表面光滑程度及内部结构，并对成型操作能否顺利进行起决定性作用。面粉吹泡稠度粉质仪可用来精确测定面团的物理性状。

（1）吹泡稠度粉质仪的发展历史　吹泡稠度粉质仪从诞生到现在已有 70 多年历史，并随着时代的发展多次更新换代。20 世纪 80 年代以来有 MA82 型、MA87 型、MA95 型，1997 年又出现了 NG 型吹泡仪，在此基础上，又诞生了一种新型检测仪器，即肖邦吹泡-稠度粉质测定仪。该测定仪由吹泡仪和稠度仪两台仪器组成，这两台仪器既可以分别独立工作，又可以同时工作。吹泡仪有两种型号，即带电子触摸屏和打印机的电子 NG 型吹泡仪和用液压记录仪的机械 NG 型吹泡仪。这两种型号的吹泡仪性能是一样的，但记录方式有区别，其中电子型吹泡仪能自动计算、储存、比较各次测量的图形和数据，并可以通过彩色打印机将其打印出来。因此肖邦吹泡稠度粉质仪有四种不同的组合，用户可以根据自己的需要选择购买。这四种组合如下。

① 稠度仪：用以测面粉的吸水率和面团的揉和性能。

② 液压记录 NG 型吹泡仪：用来测面团的韧性、延伸性、弹性和烘焙能力。

③ 带触摸屏电脑的 NG 型吹泡仪：可用来测面团的韧性、延伸性、弹性和烘焙能力，但记录系统电子化。

④ 吹泡稠度仪：既可测吹泡仪的数据又可测稠度仪的数据。

（2）肖邦吹泡稠度粉质仪（参见图 3-28）的使用情况　从 21 世纪初至今先后出现过 50 多种综合评价小麦及其面粉价值的方法和仪器，但至今只有 5 种方法及其仪器存在下来，吹泡仪就是其中的佼佼者。因此可以说吹泡稠度粉质仪是在优胜劣汰的竞争中逐渐发展、逐渐完善、逐渐被认可的。现在肖邦吹泡稠度粉质仪已经是在全世界普遍应用的、成熟的、标准化的检测仪器。吹泡仪已被国际标准化组织（ISO5530/4）、国际谷物科技学会（ICC121）、美国谷物化学协会（AACC 54-30/A）、法国标准化协会（AFNOR03-710）等国际组织定为标准的检测仪器。

吹泡仪虽然在我国的使用只有十来年的时间，但由于该仪器检测

图 3-28　肖邦吹泡稠度粉质仪

快捷，准确，对于面粉微小的变化反应灵敏，因此深受制粉企业和食品企业的质量检测管理人员的欢迎。如今全国已有五十余家单位拥有此种仪器。

　　肖邦吹泡稠度粉质仪既可以在恒量水合情况下进行稠度实验，以测量面粉的吸水率；也可以在适量水合的情况下进行稠度实验，以测量面团的揉和性能；它也可以在恒量水合的情况下进行吹泡实验，以测量面团的韧性、延伸性和烘烤能力；如果必要的话，它还可在适量水合情况下进行吹泡实验。这样，有可能仅用一台仪器就可以更全面地测定和研究面粉面团流变特性。

　　① 肖邦吹泡稠度粉质仪作为稠度仪　肖邦吹泡稠度仪中稠度粉质仪由和面机、电子触摸屏和打印机三个部分组成。和面机内装有面钵凸型侧壁和双臂搅拌头以及压力传感器；触摸显示屏有用于记录和计算的系统，以及用于处理数据和绘图的软件；彩色打印机可以输出各种数据和绘制图形。稠度仪主要根据压力传感器测得的和面过程中的阻力，然后根据面团最大阻力与面粉的吸水率之间存在的很好的相关性来计算并打印出面粉的吸水率。此外稠度仪还可测定和面过程中面团的揉和性能。

　　总之，肖邦吹泡稠度粉质仪是一台操作方便、测量快速、自动化程度很高的稠度检测仪器。它可以用于面粉质量的控制，也可以用于面粉加工程序的控制，可以测定面粉的吸水率，可以测定工业和面机中面团的稠度。如果用于测定面团的揉和性能，仅用时 9min。

　　稠度仪测量系统还可以用于保证食品厂获得适应机械化生产工艺

的面团。避免加水过多致使面团过软，或加水过少使面团过硬。

②稠度仪和粉质仪的区别

a.稠度仪和粉质仪测量原理不同　稠度仪和粉质仪的和面钵及搅拌装置不同。稠度仪和面操作由一个高速度旋转的双臂搅拌头来完成。和面钵臂上装有压力传感器以测定和面过程中面团对和面钵臂的压力，对有内聚力的面团才能产生压力。面团内聚力越强，记录的压力越大。松散的混合物不产生压力。所以稠度仪测量的数据受面团蛋白网络的影响很大。

而粉质仪是两个转速不同的搅拌臂，测量和面过程中两个搅拌臂之间的力偶。面团越硬记录的数值越高。由于粉质仪的搅拌臂总是插在检测产品之中，所以有时尽管检测面粉没有内聚于一起形成面团，粉质仪还是会记录下力偶数据。

此外稠度仪拥有触摸屏计算机和打印机，有计算机储存、比较、彩色打印等功能。而粉质仪是机械杠杆式记录。

b.稠度仪和粉质仪操作程序不同　稠度仪实验温度为 24°，用冷水循环控制温度，用 2.5％盐水和面，检测时间约为 8min。粉质仪实验温度为 30°，用水浴保证温度，用蒸馏水和面，检测时间约 20min。

c.稠度仪和粉质仪实验结果不尽相同　用稠度仪和粉质仪对弱筋粉、中筋粉、强筋粉、淀粉、黑麦粉和分别添加淀粉或面筋粉的混合面粉和添加各种添加剂的面粉做对比实验发现二者得出的结果有如下差异。

在测定一般面粉的吸水率时，粉质仪和稠度仪有很好的相关性。但对高面筋含量的面粉或高损伤淀粉的面粉，稠度仪测定结果更准确。

测定和面过程中面团的揉和性能时二者在大的趋势上有相关性。但当粉质仪和稠度仪做特殊面粉或组合面粉检测时，它们之间虽有可比性，但稠度仪更敏感（特别是筋力较强或较弱的面粉），记录的数据解释起来更令人信服。

通过实验表明稠度实验对损伤淀粉的增加比粉质实验反应的更明了。对各种添加剂的使用也有同样的结论。

③ 肖邦吹泡稠度粉质仪用作吹泡仪　吹泡仪由和面机，吹泡器，触摸屏和打印机四部单机组成。和稠度仪相比除了增加吹泡器之外，其他设备都和稠度仪是共用的。但和面机的搅拌臂和和面钵的侧壁有所不同，稠度仪搅拌臂是双臂，侧壁是凸壁，而吹泡仪的搅拌臂是单臂，侧壁是平壁。

（3）肖邦吹泡稠度粉质仪的应用场合　此种仪器是一种可靠、快速、实用的仪器。它可以全面测量面粉的流变特性，可广泛用于面粉生产厂、小麦研究与育种单位、饼干生产厂和面包生产厂及其他面粉使用单位的质量控制。随着市场经济的深入发展，专用粉市场需求的扩大，面粉和食品市场竞争的加剧，和人们对这种先进的吹泡稠度仪认识的提高，对此种仪器的需求量会大量增加。

此外，还有醒发器、饼干模具等辅助工具。此处不予赘述。

第四章 各种饼干加工工艺与配方

第一节 酥性饼干生产工艺与配方

酥性饼干外观花纹明显，结构细密，孔洞较为显著，呈多孔性组织，口感酥松，属于中档配料的甜饼干。糖与油脂的用量要比韧性饼干多一些，一般要添加适量的辅料，如乳制品、蛋品、蜂蜜或椰蓉等营养物质或赋香剂。生产这种饼干的面团是半软性面团，面团弹性小，可塑性较大，饼干块形厚实而表面无针孔，口味比韧性饼干酥松香甜。

一、酥性饼干生产工艺流程

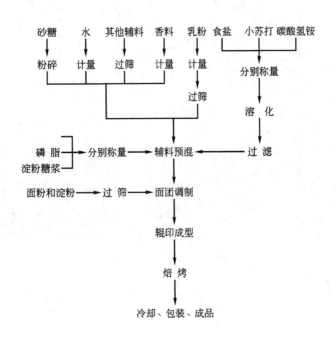

二、酥性饼干生产操作技术要点

1. 投料顺序

从工艺流程图上可以看出，酥性面团调粉操作之前应先将油、糖、水（或糖浆）、乳、蛋、疏松剂等辅料投入调粉机中预混均匀，并使混合液充分乳化形成乳浊液。在形成乳浊液的后期再加入香精、香料，这样可以防止香味过量挥发。辅料预混结束后，再加入面粉进行面团调制操作。这样的配料顺序不仅可以缩短面团的调制时间，而且还能使面粉在一定浓度的糖浆及油脂存在的状况下吸水胀润，从而限制面筋性蛋白质的吸水，控制面团的起筋。

使用酥性饼干专用粉生产酥性饼干时，应根据酥性饼干专用粉的使用说明进行调粉操作。

2. 面团调制

除了投料顺序外，酥性面团在调制时，还应严格控制加水量、面团温度、调粉时间、头子和淀粉的添加量等。

（1）油脂用量　糖和油脂都具有反水化作用，是控制面筋胀润度的主要物质，所以它们在酥性饼干面团调制中的用量都比较高。一般糖的用量可达面粉的 $32\%\sim50\%$，油脂用量更可达 $40\%\sim50\%$ 或更高一些。

（2）加水量与软硬度　在酥性面团调制时，加水量的多少与湿面筋的形成量有密切的关系。加水太多，面筋蛋白质就会大量吸水，为湿面筋的充分形成提供条件，甚至可以使调好的面团因在输送、静置及成型操作中蛋白质继续吸水胀润，形成较大的弹性而使生产困难。调粉中也不能随便加水，更不能一边搅拌一边加水。加水量一般控制在 $3\%\sim5\%$，最终面团的含水量在 $16\%\sim20\%$。在生产实际中，较软的面团容易起筋，调粉的时间要短些。较硬的面团要适当增加调粉时间，以防止形成散砂状。一般冲印成型所需的面团要稍软些，油、糖含量少的面团要稍硬些。用控制加水量来限制面筋的胀润度，可防止面团弹性增大而使饼坯变形。

（3）加淀粉和头子量　对于用面筋含量较高的面粉调制酥性面团时需加入淀粉，可使面团的黏性、弹性和结合力适当降低。但淀粉的添加量不宜过多，一般只能使用面粉量的 $5\%\sim8\%$，过多使用就会影响饼干的胀发力和成品率。另外，生产过程中头子的使用量应适度。一般掺入量以新鲜面团的 1/8～1/10 为宜。但若在面筋筋力十分弱，面筋形成十分慢的情况下，可加入头子以弥补面团结合力不足而便于操作。

(4) 调粉温度　酥性面团属冷粉，调好的面团要有较低的温度。温度升高会提高面筋蛋白质的吸水率，增加面团的筋力，同时温度过高还会使高油脂面团中的油脂外溢，给以后的操作带来很大的困难。面团温度太低，面带内部结合力较弱，会使面片表面黏性增大而易粘辊筒，不利于操作。面团的温度应控制在 20～26℃，冬季面团的温度可以比此温度稍高 2～3℃。在实际操作中，冬季可用水或糖水的温度来调节面团的温度，夏季气温高，要使用冰水和经过冷藏的面粉、油脂来调制面团。

(5) 调粉时间和静置时间　调粉时间的长短是影响面筋形成程度和限制面团弹性的直接因素。适当掌握调粉时间，可得到理想的调粉结果。酥性面团调粉时间一旦过长，就会使面团的筋力增大，造成面片韧缩、花纹不清、表面不平、起泡、凹底、体积收缩变形、饼干不酥松等问题。另一方面，调粉时间不足会使面团结合力不够而无法形成面片，同时会因黏性太大而粘辊、粘帆布、粘印模，而且会使饼干胀发力不够、饼干易摊散等。

3. 辊印成型

在辊印成型过程中，分离刮刀的位置直接影响饼坯的质量。

橡皮脱模辊的压力大小也对饼坯成型质量有一定影响。

辊印成型要求面团稍硬一些，弹性小一些。面团过软会形成坚实的团块，造成喂料不足，脱模困难，有时会因刮刀铲不清饼坯底板上的多余面屑，使脱出的饼坯外缘形成多余的尾边，影响饼干的外观。若面团调得过硬及弹性过小，同样会使压模不结实，造成脱模困难或残缺，烘出的饼干表面有裂纹，破碎率增大。

一些饼干如千层酥类，在面带中要求裹入大量油脂（奶油或起酥油），为防止油脂的走油，多利用包馅机的原理，用螺旋挤出成型机将面团挤成圆筒状，再在挤出时，从中间向中空的圆筒状面带里挤出油脂，然后再用履带式压片机压延成面带，并折叠、旋转、辊轧、送入成型机。有些不需要填充油脂的饼干也可以用这样的方法辊轧。

立式压面机常用于酥性面团的辊轧，所以称作 SoftSheeter，这样辊轧的面带，要用冲印成型的方法成型。

4. 酥性饼干的烘烤

酥性饼干的配料使用范围广、块形各异、厚薄相差悬殊，在烘烤过程中要确定一个统一的烘烤参数是困难的。对配料中油、糖含量高的高档酥性饼干而言，可以采用高温短时间的烘烤方法。

由于酥性饼干配料中油、糖多，疏松剂用量少，在面团调制时面筋形成量低，入炉后易发生饼坯不规则膨大的"油摊"现象，并可能产生破碎，所以一入炉就要使用高温，迫使其凝固定型。另外，为了防止成品破碎，加工多采用厚饼坯的加工工艺，饼坯厚度比一般饼坯厚 50%～100%，宜采用低温烘烤。在口味方面，这种饼干即使胀发率小、结构紧密一些也不失其疏松的特点，其较高的油脂含量足以保证制品有较高的疏松性。

5. 酥性饼干的冷却

一般冷却带的长度宜为烤炉长度的 1.5 倍以上，但冷却带过长，既不经济，又占空间。冷却适宜的条件是温度为 30～40℃，室内相对湿度为 70%～80%。如果在室温 25℃，相对湿度约为 80% 的条件下，进行饼干自然冷却，经过约 5min，其温度可降至 45℃ 以下，水分含量也达到要求，基本上符合包装要求。

三、酥性饼干生产操作注意事项

（1）酥性面团调制完毕后是否需要静置，以及静置多长时间，要视面团各种性能而定。倘若面团的弹性、结合力和塑性等均已达到要求，这样的面团就无需静置。若面团按预定的规程和要求调制完毕后黏性过大，膨润度不足及筋力差时，可适当静置几分钟至十几分钟，以使面筋性蛋白质的水化作用继续进行，降低面团的黏性，增加结合力和弹性，以补偿调粉不足。

酥性面团的调制质量除了与上述几种工艺因素有关外，还与小麦面粉的粗细度、筋力、温度、面筋数量等有关。

（2）油、糖含量高的高档酥性饼干，在烘烤中容易出现摊得过大的现象。解决这个问题除在调粉时适当提高面筋的胀润度之外，还应对烤炉中间区（饼坯的定型阶段）实施湿度控制。

（3）辊印成型还适用于面团中加入芝麻、花生、桃仁、杏仁及粗砂糖等小型块状物的品种。

（4）对于配料一般的普通酥性饼干来说，需要依靠烘烤来胀发体积。因此，饼坯入炉后宜采用较高的下火、较低而具逐渐上升梯度的上火的烘烤工艺，使其能保证在体积膨胀的同时，又不致在表面迅速形成坚实的硬壳。此类饼干由于辅料较少，参与美拉德反应的基质不多，即使上火稍高也不至于上色太快。这种产品如果一进炉就遇到高温，极易起泡。因为饼坯表面迅速结成的硬壳能阻止二氧化碳等气体的排除，当气体滞留形成的膨胀力逐渐增高时就会鼓泡。另一方面，如果饼坯一进炉就遇到高温下火，就会造成饼坯底部迅速受热而焦煳，在使用无气孔的钢带或铁盘作载体时，会因尚柔软的饼坯因底部受形成气体的急剧膨胀而造成饼干凹底。这种情况更易发生在辅料少、面筋量形成较多的产品中。因此，下火温度也要逐渐上升。

（5）酥性饼干冷却时，除了要考虑到韧性饼干冷却中所涉及的有关因素外，还要注意输送带的线速度应比烘烤炉钢带的线速度大些，也就是饼干在炉外冷却时，前进的速度应大于在炉内的前进速度，这样既有较好的降温效果，还可防止饼干在冷却运输带上的积压。因为酥性饼干出炉时形体很软，一旦产生积压，饼干就要受外力作用而变形。

四、各种酥性饼干生产配方

1. 草莓饼干

（1）配方 草莓饼干配方见表 4-1。

表 4-1 草莓饼干配方

原料名称	用量	原料名称	用量
面粉	500g	碳酸氢铵	少许
奶油	300g	草莓香精	少许
草莓糖酱	300g	红食色	少许
牛奶	100g		

（2）操作要点

① 制面团　面粉放在木案操作台上，过筛后围成圈。将草莓糖酱、牛奶、碳酸氢铵、红食色、草莓香精都放在圈里边。使手搅拌均匀，再把奶油放入里边，搅拌均匀，再把面粉拌和在一起，制成面团，放入冰箱冷却。

② 成型、烘烤　从冰箱里将冷却好的面团取出，放在操作台上，用擀面棍擀成 3mm 厚的面片，使花边圆戳子戳下来，摆放在烤盘上，上边刷蛋液，送入 180℃ 烤炉大约 10min 烤熟。

（3）注意事项　面团和均匀即可，不可多揉，以防面团出筋；要求形状为花边圆形，色粉红，口感松酥香甜、有草莓香味。

2．草莓奶油饼干

（1）配方　草莓奶油饼干配方见表 4-2。

表 4-2　草莓奶油饼干配方

原料名称	用量	原料名称	用量
面粉	1500 g	草莓糖酱	200g
奶油	1050g	鸡蛋	100g
绵白糖	400 g	草莓香精	少许
牛奶	350g	红食色	少许

（2）操作要点

① 和白面团　先用 500g 面粉放在操作台上，过筛以后，在中间扒开一个坑，放入绵白糖 200g、奶油 350g、牛奶 150g，先将坑里的原料混合均匀，然后将面粉拌入，调拌均匀，即制成奶油白面团。

② 和草莓面团　先用 1000g 面粉过筛后，放在操作台上，围成圈，中间放入 700g 奶油、200g 绵白糖、200g 草莓糖酱、200g 牛奶、草莓香精少许、红食色少许，先将坑里的用料，混合搅拌均匀，再将面粉拌入，调和均匀，即制成红色的草莓面团。

③ 成型烘烤　先把两种面团放入冰箱，冷却后取出放在操作台上，各用擀面棍擀成 4mm 厚的面片，码三层，每一层的中间都刷上一层鸡蛋液，使蛋液黏住面片（底层用红色，即草莓饼干面团，中间用白色，即奶油饼干面团，上面用红色即草莓饼干面团）。三层码好

以后，送入冰箱冷却，冻硬后取出，用刀切成 3cm 宽的长条，再横切 5mm 厚的小片，刀口向上码在铁烤盘上，找好距离，码满盘，送入 180℃ 烤炉，大约 10min 烤熟，每 500g 大约出 120 块。

（3）注意事项　所用面团不可大揉，以防面团出筋，影响饼干酥松；成品要求形状为红白色条块，刀口整齐，大小一致，口感酥松可口，香甜味美。

3. 奶油饼干（配方一）

（1）配方　奶油饼干（配方一）配方见表 4-3。

表 4-3　奶油饼干（配方一）配方

原料名称	用量	原料名称	用量
富强粉	500g	苹果糖酱	50g
奶油	250g	香草粉	少许
白砂糖	200g	红食色	少许
牛奶	150g		

（2）操作要点

① 搅饼干糊　奶油化软和白砂糖置于容器里，放入香草粉，用木搅板搅拌，搅成膨松体，且呈乳白色，先后把奶油、牛奶陆续倒入，每倒入一次牛奶，就需要搅一会儿，把牛奶搅入奶油内，奶油糊搅至细腻以后，再倒入一次牛奶（大约分四五次倒入），把全部牛奶倒入奶油内，将奶油糊搅至细腻膨松。再把面粉过筛，也倒入奶油内，搅拌均匀，即成奶油饼干糊，装入带有花嘴子的布口袋里，右手攥住布口袋的上口，左手捏住下口的花嘴子，两手互相配合，用力挤出。

② 挤形、烘烤　把铁烤盘擦干净，将奶油饼干糊向烤盘上摆开距离地挤，再把苹果糖酱稍对入一点红食色，装入小纸卷里，在挤好的小饼干中间挤上一点。送入 180℃ 烤炉，大约 10min，上面呈乳黄色，即烤熟，出炉，晾凉装箱，每 500g 成品大约 120 块。

（3）注意事项

① 加入面粉后。搅拌均匀即可，不能过分搅拌，防止饼干糊

出筋。

② 往铁烤盘上挤饼干，注意摆开距离，防止距离太近，造成粘连，使制品变形。

③ 要求形状为梅花形，中间有红点，大小均匀一致，口感酥香可口，有奶油香味。

4. 奶油饼干（配方二）

（1）配方　奶油饼干（配方二）配方见表 4-4。

表 4-4　奶油饼干（配方二）配方

原料名称	用量	原料名称	用量
富强粉	500g	鸡蛋	250g
白砂糖	200g	香草粉	少许
奶油（黄油）	250g		

（2）操作要点

① 搅饼干糊　奶油化软和白砂糖、香草粉都置于容器里，用木搅板搅拌，搅成膨松体，且呈乳白色。鸡蛋洗净去皮，把蛋液分次陆续倒入容器里，边搅奶油边倒蛋液，每次倒入 1~2 个蛋液后。再继续把奶油糊搅至膨松细腻，然后再继续倒入鸡蛋液，再搅奶油，直到将蛋液全部倒完，奶油糊膨松细腻。再把面粉过筛，倒入奶油混合物中，搅拌均匀，即成奶油饼干糊，装入带花嘴子的布口袋里。右手攥住布口袋的上口，左手捏住下口的花嘴子，两手互相配合，用力挤在烤盘上。

② 挤形、烘烤　把铁烤盘擦干净，将饼干糊挤在铁烤盘上，送入 200℃ 烤炉。大约 10min，上面呈金黄色，即熟透，出炉，晾凉后装箱，每 500g 成品大约 120 块。

（3）注意事项

① 加入面粉后，搅拌均匀即可，不能过分搅拌，防止饼干糊出筋。

② 向铁烤盘上挤饼干，注意摆开距离，防止距离太近，造成粘连，使制品变形。

③ 要求色泽金黄色，大小均匀一致，小长条，波浪纹形，口感酥香。

5. 五花饼干

（1）配方　五花饼干配方见表 4-5。

表 4-5　五花饼干配方

原料名称	用量	原料名称	用量
富强粉	1500g	杏仁	250g
奶油	1200g	牛奶	500g
绵白糖	600g	鸡蛋	100g
可可粉	50g	香草粉	少许

（2）操作要点

① 和白面团　先用 1000g 面粉放在操作台上，过筛后，在中间扒开一个坑，放入奶油 800g、绵白糖 400g、香草粉少许、牛奶 325g，用手先将牛奶、奶油、绵白糖等原料，充分搅拌均匀，再拌入面粉，迅速拌和均匀即可，不能多揉，以防面团出筋。和好以后，成为奶白色的白面团，放在铁盘上，送入冰箱冷却。

② 和黑面团　将 500g 面粉放在操作台上过筛，从中间扒开一个坑，放入奶油 400g、绵白糖 200g、过筛的可可粉 50g、牛奶 175g，用手将奶油、绵白糖、牛奶、可可粉等充分搅拌均匀以后，再拌入面粉，迅速拌和均匀即可，不能多揉，以防面团出筋。和均匀后，成为可可色的黑面团，放在盘上，送入冰箱冷却。

③ 加工杏仁　杏仁用沸腾水冲泡 5min，剥去皮，用刀切成碎末，用温炉烤干。

④ 操作成型　将两种冷却的面团，从冰箱取出，放在操作台上，把两种面团都用擀面棍擀成 8mm 厚的面片，用刀切成 1cm 宽的面条。再用白色面团，擀成 2mm 厚的面片，在面片的一端，用刀切齐，在上边刷鸡蛋液，把切好 8mm 厚，1cm 宽的两种颜色的面条，依白、黑、白的次序，交错地码在面片上边 3 根，刷上蛋液；第二层依黑、白、黑的次序，再码上 3 根，刷上蛋液；第三层再依白、黑、白的次序码上 3 根，再刷上一层蛋液。用 2mm 厚的面片，将码好的 3 层面条裹上裹严，使之成为 28mm×34mm 的长方形面棍，再在外边刷一层蛋液，沾上一层碎杏仁，送入冰箱。冻硬后取出，用刀切成 5mm 厚的小片，有距离地摆在铁烤盘上，送入 180℃ 烤炉，大约

10min 烤熟出炉。

（3）注意事项　切片、码盘时，保持生坯的长方形状，棱角整齐。生坯相隔距离要均匀，防止烘烤时粘连变形；成品要求形状长方形，黑白颜色相间，口感酥、脆、香、甜，有杏仁香味、巧克力香味。

6. 糖粉饼干

（1）配方　糖粉饼干配方见表 4-6。

表 4-6　糖粉饼干配方

原料名称	用量	原料名称	用量
面粉	500g	糖粉	100g
奶油	300g	鸡蛋清	25g
绵白糖	200g	杏仁	50g
鸡蛋	200g	香草粉	少许

（2）操作要点

① 备料　面粉过筛置于操作台上，围成圆形，在中间扒个坑，奶油化软，绵白糖、香草粉、鸡蛋液都放入面粉中间的坑里。

② 和面　杏仁用沸水浸泡 5min，剥去皮，晾干后用刀切成碎末，也放入面粉中间的坑里用手拌和均匀，制成面团，送入冰箱冷却。

③ 擀面　从冰箱中取出已被冷却的面团，放在操作台上，用擀面棍擀成 3mm 厚的面片。

④ 抹糖粉　将糖粉放入一个饭碗里，对入鸡蛋清，用尺子板搅拌，搅成乳白色，在擀好的面片上抹上一层，用刀切成 2cm 宽，4cm 长的小块，摆在铁烤盘上，送入 180℃烤炉，大约 10min，烤熟后出炉，晾凉装箱。

（3）注意事项

① 摆盘距离要均匀，防止制品粘连、变形。

② 和面团时，先将其他原料放在一起，用手搅拌均匀以后，再把面粉拌入，和匀就行，不能多揉，以防面团出筋，影响饼干口感。

③ 要求形状长方形，光面，乳白色，大小均匀，口感酥脆甜香，有杏仁香味。

7. 杏仁饼干

（1）配方　杏仁饼干配方见表4-7。

表4-7　杏仁饼干配方

原料名称	用量	原料名称	用量
面粉	500g	植物油	50g
白砂糖	750g	杏仁	50g
鸡蛋清	300g		

（2）操作要点

① 制饼干糊　杏仁洗干净去除杂物，和白砂糖、鸡蛋清混合在一起，置于不锈钢锅里，拌和均匀，再用搅馅机搅碎，然后上火加温，用木搅板搅拌，加温至50℃左右，撒火继续搅拌。晾凉后即成杏仁饼干糊。

② 烘烤　把铁烤盘擦干净，抹一层植物油。再撒上一层面粉，撒均匀，将杏仁饼干糊装入带圆嘴子的布口袋里，右手攥住布口袋的上口，左手捏住布口袋下口的圆嘴子，按行列的顺序和一定的距离，挤在烤盘上，送入160℃烤炉，大约烤10min，出炉，出炉后晾凉装箱，每500g大约120块。

（3）注意事项

① 饼干糊挤在盘上，距离要摆均匀，防止不均匀造成粘连。

② 用火加温时，注意勤贴锅底搅拌，防止锅底火大，蛋清烫熟。

③ 入烤炉烘烤之前，必须要把饼干的生坯凉透，以防成品的表皮不亮。

④ 使用的蛋清大约300g，操作过程中以糊的软硬合适为准，蛋清可适量地略有增减。

⑤ 要求形状圆形，表面亮皮，有小裂纹，底光亮，大小一致，口感酥脆香甜，有杏仁香味。

8. 花生仁饼干

（1）配方　花生仁饼干配方见表4-8。

表 4-8 花生仁饼干配方

原料名称	用量	原料名称	用量
面粉	500g	植物油	50g
白砂糖	750g	花生	50g
鸡蛋清	300g		

（2）操作要点

① 制饼干糊 花生仁洗干净，去除杂物，带内层薄皮和白砂糖、鸡蛋清混合在一起，置于不锈钢锅里，拌和均匀，用搅馅机搅碎，上火加温，用木搅板搅拌，加温至 50℃ 左右，撤火继续搅拌，晾凉后即成花生仁饼干糊。

② 烘烤 把铁烤盘擦干净，抹一层植物油，再撒上一层面粉，撒均匀，将花生仁饼干糊装入带圆嘴子的布口袋里，右手攥住布口袋的上口，左手捏住布口袋的下口的圆嘴子，按行列的顺序和一定的距离，挤在烤盘上，送入 160℃ 烤炉，大约烤 10min，出炉。出炉后晾凉装箱，每 500g 大约 120 块。

（3）注意事项

① 饼干糊挤在盘上，距离要摆均匀，防止不均匀造成粘连。

② 用火加温时，注意勤贴锅底搅拌，防止锅底火大，蛋清烫熟。

③ 入烤炉烘烤之前，必须要把饼干的生坯凉透，以防成品的表皮不亮。

④ 使用的蛋清大约 300g，操作过程中以糊的软硬合适为准，蛋清可适量地略有增减。

⑤ 要求形状圆形，表面亮皮，有小裂纹，底光亮，大小一致，口感酥脆香甜，有花生仁香味。

9. 蘑菇饼干

（1）配方 蘑菇饼干配方见表 4-9。

（2）操作要点

① 打饼干糊 鸡蛋洗净去皮，把蛋液、香草粉和 500g 白砂糖，置于不锈钢圆底锅里，上火加温，用甩子打成膨松体，加温到 50℃ 左右撤火继续打至冷时，打稠，用 500g 面粉过筛倒在蛋液锅里，边

表 4-9　蘑菇饼干配方

原料名称	用量	原料名称	用量
面粉	550g	植物油	50g
白砂糖	600g	香草粉	少许
鸡蛋	550g		

倒面粉边搅拌，搅拌均匀即成饼干糊。

② 成型、烘烤　把铁烤盘擦干净，抹上一层植物油，再撒一层面粉（即用 50g 面粉撒在烤盘上），将饼干糊装入带圆嘴的布口袋里，右手攥住布口袋的上口，左手捏住布口袋的下口的圆嘴子，按行列顺序，摆开距离，挤在撒好面粉的铁烤盘上，挤完以后，把其余的 100g 砂糖，撒在挤好的饼干上一层，把烤盘置于干燥处，使饼干晾干皮。送入 180℃ 烤炉，大约 10min，饼干上面呈浅黄色，拔起一层，像小蘑菇，即熟，出炉。出炉后晾凉，每 500g 成品大约 120 块。

（3）注意事项

① 饼干糊挤在铁烤盘上，距离要均匀，防止密度过近，造成粘连，影响饼干形状的美观。

② 烤盘要擦干净，抹油要均匀，防止饼干粘盘，造成饼干破底。

③ 要求形状为类似小蘑菇形，个头均匀，大小一致，上面有一层砂糖，底平整，光亮，口感酥脆香甜。

10. 字头饼干

（1）配方　字头饼干配方见表 4-10。

表 4-10　字头饼干配方

原料名称	用量	原料名称	用量
面粉	550g	可可粉	25g
白砂糖	600g	植物油	适量
鸡蛋	250g	橘子香精	少许

（2）操作要点

① 打蛋清　鸡蛋清加入白砂糖放在不锈钢锅里，上火加温，用甩子抽打，加温到大约 45℃，撤火继续打，打成膨松体，放入橘子

香精、可可粉和面粉过筛，倒入膨松体蛋清内，拌和均匀。

② 擦烤盘 铁烤盘擦干净，抹一层植物油，上边再撒一层面粉，撒均匀。

③ 挤形、烘烤 把打好的膨松体蛋清，装入带有小圆嘴子（小圆嘴子的小口直径 3mm）的布口袋里，右手攥紧布口袋上口，左手用食指和拇指捏住布口袋下口的圆嘴子，挤在准备好的铁烤盘上，挤成 ABC 等字头形，找好距离，挤满烤盘，放在干燥处，使其干皮，送入 160℃烤炉，大约 30min，烤透出炉，晾凉。

(3) 注意事项

① 放入面粉拌和均匀即可，不要多搅拌，以防蛋清塌陷。

② 烤盘上，擦油、撒面都要均匀，以防粘盘破碎。

③ 要求形状为可可色字母形，底、面光滑，口感酥脆香甜。

11. 玉米粉饼干

(1) 配方 玉米粉饼干配方见表 4-11。

表 4-11 玉米粉饼干配方

原料名称	用量	原料名称	用量
玉米粉	1000g	人造奶油	500g
白砂糖	500g	红色果酱	50g
鸡蛋	400g	泡打粉	适量

(2) 操作要点 把人造奶油放入盆里化软，加入白砂糖，用木搅板搅拌，搅至膨松，放入香草粉。鸡蛋洗净去皮，把蛋液陆续分次放入，边放蛋液边搅拌，每次放入 2～3 个鸡蛋液，每放一次鸡蛋液以后，都应该再把奶油糊搅至膨松、细腻，然后再进行下一次放鸡蛋液，全部鸡蛋液都放完后，将玉米粉、泡打粉过筛倒在里边拌和均匀，装入带有花嘴子的布口袋里，右手攥紧布口袋的上口，左手用食指和拇指捏住布口袋下口的花嘴子，挤在擦干净的铁烤盘上，成梅花形状，在表面的中间挤一点对入红色的果酱，找好距离，挤满盘，送入 180℃烤炉，大约 10min 烤熟，每 500g 大约出 120 块。

(3) 注意事项 放入玉米粉拌和均匀即可；成品要求形状梅花形，个头均匀，口感酥甜可口。

12. 成味花生饼干

（1）配方 成味花生饼干配方见表 4-12。

表 4-12 成味花生饼干配方

原料名称	用量	原料名称	用量
富强粉	5000g	凉水	2500g
白砂糖	200g	花生仁	500g
酒花液	150g	猪油	500g
精盐	75g	味精	少许

（2）操作要点

① 发面肥 第一次发酵。先将面粉 2000g 过筛，加入凉水（25℃）1250g、酒花液 150g 放在盆里混合均匀，和好的面温度约为 25℃，搁在 30℃左右室温的房间里，饧发，大约 10h 左右，比原体积大约发起 2 倍，见表面有塌陷现象即好，成为第一次发酵好的面肥。

② 和面 第二次发酵。将以上发好的面肥，放在和面机器里，再把其他原料〔面粉 3000g、白砂糖 200g、精盐 75g、凉水 1250g、猪油 500g、味精少许、花生仁 500g（烤熟剥去皮，切成碎末）〕全部对在一起，用机器搅和均匀，和成面团，送入温室饧发 30min。

③ 成型 将饧发好的面团取出来，用轧面机轧成片，往返轧 3～4 遍，每轧一遍都叠三折，最后一遍轧成 3mm 厚的片，用刀切成 5cm 宽、6cm 长的长方块（或者用机器切块），在面片上扎 9～12 个小孔，放在铁烤盘上，找好距离，摆满烤盘，送入 220℃烤炉，大约烤 10min，烤至黄白色，烤熟出炉，晾凉包装。

（3）注意事项 成品要求形状为长方形，薄片，上有小孔，乳白色；口感酥松咸香，容易消化。

13. 爱司（S）饼干

（1）配方 爱司 S 饼干配方见表 4-13。

（2）操作要点

① 面粉过筛置于操作台上，围成圈，留出 100g 白砂糖，撒在上边用，将其余的 200g 白砂糖放在中间，碳酸氢铵放入和白砂糖一起

表 4-13　爱司 S 饼干配方

原料名称	用量	原料名称	用量
面粉	500g	香草粉	少许
白砂糖	300g	碳酸氢铵	少许
奶油	300g	桂皮粉	少许
鸡蛋	200g		

用手搓均匀，再加入奶油、香草粉。鸡蛋洗净去皮，把蛋液投入，用手搅拌，使糖溶化，搅拌呈乳黄色液体时，拌入面粉，调制成面团，送入冰箱冷却。

②　把冷却的面团从冰箱取出，放在操作台上，用手搓成许多根 1cm 粗的长面棍，把面棍的一端比齐码成排，在上边刷一层鸡蛋液。用 100g 白砂糖加入少许桂皮粉，拌匀撒在刷蛋液的面棍上，用刀把面棍切成 5cm 长的小棍，用手捏成 S 形，放在烤盘上，找好距离，码满烤盘，送入 200℃ 烤炉，大约 10min 烤熟，每 500g 大约出 120 个。

（3）注意事项　和好的面团不要多揉，以防面团出筋，影响饼干酥松的口感；成品要求形状 S 字形，大小均匀，上粘一层砂糖，口感酥脆香甜，有桂皮粉味。

14. 可可饼干

（1）配方　可可饼干配方见表 4-14。

表 4-14　可可饼干配方

原料名称	用量	原料名称	用量
面粉	800g	可可粉	50g
白砂糖	500g	香草粉	少许
奶油	500g	碳酸氢铵	少许
鸡蛋	400g		

（2）操作要点　奶油化软后加入白砂糖，放入盆里，用木搅板搅拌，搅至膨松放入香草粉。鸡蛋洗净去皮，把鸡蛋液陆续投入，边放，边搅拌，每次放入 2～3 个鸡蛋液，每放一次鸡蛋液以后，都应

该再把奶油糊搅至膨松、细腻，然后再进行下次放鸡蛋液，全部鸡蛋液都放完后，将泡打粉、可可粉、面粉搀在一起拌匀，过筛后倒在里边拌和均匀，装入带有花嘴子的布口袋里，右手攥紧布口袋上口，左手用食指和拇指捏住布口袋下口的花嘴子，挤在擦干净的铁烤盘上，找好距离，把盘挤满，送入180℃烤炉，10min左右烤熟，出炉后晾凉，每500g大约出120块。

（3）注意事项　加入面粉拌均匀即可，不可搅拌时间过长，以防面糊出筋，影响质量；成品要求形状有水浪纹，长条形，可可色，口感酥脆香甜，有可可香味。

15. 西凡尼饼干

（1）配方　西凡尼饼干配方见表4-15。

表4-15　西凡尼饼干配方

原料名称	用量	原料名称	用量
面粉	500g	果酱	2000g
白砂糖	500g	碎杏仁	400g
奶油	500g	香草粉	少许
鸡蛋	1000g		

（2）操作要点

① 将鸡蛋打开，蛋清、蛋黄分开放在碗里。将碎杏仁烤成黄色。

② 将奶油、砂糖450g放入锅内，上火，边化边搅拌，至砂糖、奶油成白色时，再将蛋黄陆续对入搅匀，加入香草粉；将蛋清放入铜锅用蛋抽子抽打成泡沫，放入砂糖50g拌匀，一并倒入盛砂糖奶油的铜锅，加入面粉和匀，即成西凡尼饼干料。

③ 将烤盘里铺上油纸，将搅拌好的饼干料分别放入烤盘，推抹均匀，入炉烤熟成片。

④ 将果酱放入铜锅，上火熬浓。用果酱将烤好的奶油饼干片，一片一片地粘好，每块粘成4层，然后在上下两面抹一层薄薄的果酱，粘上烤黄的碎杏仁，晾凉后切成小长方块即成。

（3）注意事项　要求成品具有味甜酸的果酱香味，且不腻口。

16. 匈牙利奶油饼干

（1）配方 匈牙利奶油饼干配方见表 4-16。

表 4-16 匈牙利奶油饼干配方

原料名称	用量	原料名称	用量
面粉	750g	鸡蛋	100g
白砂糖	600g	碱粉	0.5g
奶油	500g		

（2）操作要点

① 将奶油熔化后，加入面粉、白糖、鸡蛋、碱粉，搅匀，再搓成大面团，就成为奶油饼干原料。

② 根据需要可制成各种花样饼干，用花龙头裱成，或用模具压成均可。然后。摆在烤盘里，推入炉温在 100℃ 左右的烤炉里，烤熟即可。

（3）注意事项 成品要求金黄色，香松脆甜。

17. 白脱小饼干

（1）配方 白脱小饼干配方见表 4-17。

表 4-17 白脱小饼干配方

原料名称	用量	原料名称	用量
面粉	750g	鸡蛋	100g
白砂糖	600g	碱粉	0.5g
奶油	500g		

（2）操作要点

① 先将奶油放在紫铜锅内，待软化后，随即加入面粉、糖粉、鸡蛋、碱粉，全部拌和均匀，然后搓成一个大面团，便成奶油饼干生坯原料。

② 根据需要可制成各种各样的小饼干。或用花龙头裱成，或用小印子刻出都行。

③ 然后将生坯排列在揭盘里，进入 90℃ 左右的焗炉里，变为橘

黄色便成。

（3）注意事项　成品要求金黄色，香松脆甜。

18. 白脱拉花

（1）配方　白脱拉花配方见表4-18。

表4-18　白脱拉花配方

原料名称	用量	原料名称	用量
低筋粉	750g	鸡蛋	200g
白砂糖	375g	香草香料	少许
人造奶油	500g	细盐	少许

（2）操作要点

① 将人造奶油和糖粉一起搅打至泛白并蓬松，逐步加入鸡蛋拌和均匀，然后加入其余原料，全部混合成厚的面糊。

② 将面糊装入带有齿形裱花嘴的裱花袋内，在涂有薄薄一层油并撒有微量面粉的烤盘上，将其裱制成一块块带有花纹的小饼干。

③ 送入185℃的烤箱内，烤至底面呈淡褐黄色时取出，冷透后即成。

（3）注意事项　加入面粉后不要多加搅拌，以免起筋而裱制费力。面糊制好后应尽快制作，以免时间一长，面粉膨胀而不易裱制。

19. 加州小饼

（1）配方　加州小饼配方见表4-19。

表4-19　加州小饼配方

原料名称	用量	原料名称	用量
低筋粉	175g	巧克力碎屑	80g
细白砂糖	150g	香草香料	微量
油脂	100g	小苏打	微量
鸡蛋	50g(1个)	细盐	微量
加州葡萄干	100g		

（2）操作要点

① 将油脂和细白砂糖一起搅打至泛白并蓬松，加入鸡蛋拌和均匀，然后加入其余原料，全部混合均匀即成面团。

② 将面团搓成一个个小球形，放在涂有薄薄一层油并撒有微量面粉的烤盘上，轻轻压扁。

③ 送入170℃的烤箱内，烤至褐黄色取出，冷透后即成。

（3）注意事项　此小饼在制作面团时，切忌反复揉和，使油脂渗出而影响松酥的口感。至于油脂，不论奶油或猪油，均可使用。

20. 起酥饼干

（1）配方　起酥饼干配方见表4-20。

表4-20　起酥饼干配方

原料名称	用量	原料名称	用量
蛋糕粉	908g	牛奶	454g
起酥油或奶油	340g	食盐	14g
鸡蛋	200g	糖粉	85g
烘烤粉	56g	草莓或桃子	适量

（2）操作要点　将干原料一起过筛和拌和。揉入起酥油。将鸡蛋和牛奶一起搅打并搅拌。将烘烤后的饼干一分为二，将半块放在碟子中，上面放草莓或桃子。盖上另一半饼干，上面放搅打过的奶油后供餐。

（3）注意事项　应生产出3打6cm的饼干。烘烤温度：204℃。

21. 香草小饼

（1）配方　香草小饼配方见表4-21。

表4-21　香草小饼配方

原料名称	用量	原料名称	用量
低筋粉	1000g	蛋白	200g
白砂糖	250g	香草香料	微量
奶油	750g	装饰用细白砂糖	适量

（2）操作要点

① 将奶油和糖粉一起搅打成奶油状，加入蛋白搅拌均匀，然后加入香草香料和低筋粉，拌和成面团。

② 将面团搓成直径约 35mm 的长圆柱形，表面涂上薄薄一层蛋液，滚蘸满细白砂糖，装入平盘，进入冰箱冰至稍硬。

③ 取出用刀切成厚约 5mm 的片状，装进烤盘，送入 185℃ 的烤箱内，烤至呈淡淡的黄色时取出，冷透后即成。

（3）注意事项　此小饼不能冷得太硬，不然刀切下去时会断裂。

22. 紫色奶油饼干

（1）配方　紫色奶油饼干配方见表 4-22。

表 4-22　紫色奶油饼干配方

原料名称	用量	原料名称	用量
面粉	1000g	香兰素	1g
白砂糖	400g	点缀果酱	50g
奶油	500g	食用紫色	适量

（2）操作要点

① 制饼干糊　先把奶油化软放入盆里，加入白砂糖和香兰素，用木搅板进行搅拌，把奶油和糖搅松呈乳白色，再把奶油和牛奶分 5～6 次倒入，每倒入 1 次需要搅一会儿，将奶油糊搅得细腻以后再倒入下一次，待全部都倒完，糊搅细腻；再把面粉过罗倒在糊里，将面粉和奶油糊，上下拌和均匀，即成奶油饼干糊。

② 挤型、烘烤　将制好的饼干糊，装入带有花嘴子的布口袋里，右手攥紧布口袋的上口，左手捏住下口的嘴子，两手互相配合，用力把饼干糊挤在擦干净的铁烤盘上，呈梅花形状，挤时在烤盘上摆开距离，以防烘烤时互相粘连，在盘上挤均匀、挤满盘以后，再将果酱对入少许食用紫色，调均匀以后，装入小纸卷内，在小饼干的生坯中间挤上一点果酱，挤完以后送入 180℃ 的烤炉内，烤大约 10min 见上面呈乳黄色，烤熟出炉为成品。

（3）注意事项　成品要求香味浓郁，膨松可口，块小体轻，食用方便，每 500g 约 100 块。

23. 椰子松饼

（1）配方　椰子松饼配方见表 4-23。

表 4-23　椰子松饼配方

原料名称	用量	原料名称	用量
椰子粉	400g	蛋白	250g
细砂糖	500g	柠檬汁	微量

（2）操作要点

① 将蛋白放入搅拌盆内，用蛋扦急速不停地搅打至蛋白成乳沫状，然后慢慢地加入细砂糖，并仍不停地搅打至细砂糖加完，加入柠檬汁再搅打均匀，细心地拌入椰子粉，拌和均匀。

② 将椰子混合物装入带有平口裱花嘴的裱花袋内，在烤盘上裱成一块块直径约 30mm 的圆形，送入 150℃烤箱内，烘烤至松酥时取出，冷透后即成。

（3）注意事项　蛋白和砂糖在搅拌时，可将搅拌盆放在一只装有温水的水盆内，这样加温搅拌可以省很多力气，而且糖也容易溶化，使产品质量更佳。

24. 清酥饼干

（1）配方　清酥饼干配方见表 4-24。

表 4-24　清酥饼干配方

原料名称	用量	原料名称	用量
清酥面粉	1000g	面粉	适量
膨松体奶油	1000g	糖粉	适量

（2）操作要点

① 制大饼坯　先在操作台上撒一层扑面，然后将冷却的清酥面取来放在操作台上；分成两块，用擀面棍擀成大约 3mm 厚、25cm

宽、40cm 长的两张大饼坯；把 2 张大饼坯分别放在 2 个烤盘上（为了大饼在烘烤时防止回缩，先在烤盘上淋一层冰水，再把大饼坯放在上边，为了烘烤时防止大饼的层次全部分离，应在大饼生坯上扎透若干小孔），送入 200℃ 的烤炉内，大约 10min 烤至黄色，烤熟烤透，出炉晾凉后使用。

② 成型、加工　将晾凉的大饼坯，放在木板上，将两张大饼坯摞在一起摆好，用刀把四边切齐，切下的碎渣留用，再将上片挪开，用 800g 膨松体奶油放在底片上，用刀抹平抹均匀，再将上片摞上（平面朝上）对齐，再把剩余的 200g 膨松体奶油放上，用刀抹平，抹均匀，然后将齐边时切下来的碎渣撒在上边一层，撒均匀后，用刀把粘好的大饼切成长方型的小块（每块 4cm×5cm），最后用箩在上边筛上一层糖粉，即为成品。

附膨松体奶油制法　用 800g 鲜奶油放在锅内，加入 200g 砂糖和 0.5g 香兰素，稍加冷却后用甩子抽打，以先慢后快的速度将奶油打至成膨松体即可。

（3）注意事项　成品 50 块。要求刀工讲究，棱角整齐，上边挂一层糖霜，口感酥松香甜，营养丰富。

25. 果皮小饼

（1）配方　果皮小饼配方见表 4-25。

表 4-25　果皮小饼配方

原料名称	用量	原料名称	用量
面粉	675g	杏仁片	200g
奶油	400g	混合果皮蜜饯	250g
糖粉	350g	香草香料	微量
鸡蛋	100g	细盐	微量

（2）操作要点

① 将奶油和糖粉及香草香料、细盐一起搅打至泛白，逐个加入鸡蛋拌和均匀，然后加入其余原料，混合均匀，装入垫有防油纸的平盘内，揿压结实并平整，放入冰箱冰至稍硬。

② 取出用刀切成长方形的条，再切成薄片，装在烤盘内，送入185℃的烤箱，烤至底面呈淡褐黄色时取出，冷透后即成。

（3）注意事项　此类小饼制作时，揿压必须结实，使切出来的片没有空洞，不然既影响美观，切片时又容易断碎。

26. 奶油小白片

（1）配方　奶油小白片配方见表 4-26。

表 4-26　奶油小白片配方

原料名称	用量	原料名称	用量
富强粉	2050g	蛋白	1025g
奶油	1725g	香兰素	3g
白糖粉	1725g		

（2）操作要点

① 调制面糊　奶油置于容器内，用木搅板搅拌至无凝块（冬季奶油凝固性大，可稍加温，或砸搓使其变软），投入香兰素陆续加入白糖粉搅到起发，呈乳白色后分次加入蛋白，搅打混合均匀投入面粉，拌匀即成面糊。

② 成型　将面糊装入带有圆嘴（口径约 1.3cm）的挤糊袋内，在干净并已擦油的烤盘上挤成圆饼形，挤时要找好距离，以防入炉摊片时粘连。挤满盘后入炉烘烤。按成品每千克 160 块取量。

③ 烘烤　用慢火烤（底火应高于上火），待表面呈现乳白色，周边出现金色圆圈，底面呈现金黄色，熟后即可出炉。冷却后码装于小盒内，层层垫纸（防止破碎）即为成品。

（3）成品要求

① 形态　呈摊片的薄圆片饼形，划均匀，表面不起皱，无大气孔。

② 色泽　表面圆边为金黄色，中部为乳白色，底面为金黄色，火色一致，无焦煳。

③ 组织　组织细密，起发均匀。

④ 口味　松酥香甜，奶油味浓。

27. 美式杏仁

(1) 配方　美式杏仁配方见表 4-27。

表 4-27　美式杏仁配方

原料名称	用量	原料名称	用量
富强粉	1350g	碎杏仁或杏仁片	1500g
油脂	690g	香草香料	微量
细白糖粉	600g	柠檬汁	微量
红糖	450g	苏打粉	适量
鸡蛋	350g	细盐	微量
巧克力片	650g	肉桂粉	微量
燕麦片	230g		

(2) 操作要点

① 将油脂和细白砂糖、红糖一起搅打至泛白并蓬松，逐个加入鸡蛋并拌和均匀，然后依次加入其余原料，全部混合均匀即成面团。

② 将面团分成一个个小团，排列在涂有薄薄一层油并撒有微量面粉的烤盘上，稍稍压扁。

③ 送入 170℃ 的烤箱内，烤至褐黄色取出，冷透后即成。

(3) 注意事项　此小饼可根据需要制成松软或硬脆的饼干，方法很简单，只需在制作时，增加部分糖量和减少部分糖量。但如果生产的是硬脆的，则出炉冷却后，必须加以密封保存。

28. 巧屑小饼

(1) 配方　巧屑小饼配方见表 4-28。

(2) 操作要点

① 将奶油和红糖、白砂糖、细盐一起放入搅拌盆内，用蛋扞或搅拌机搅打至泛白之后，逐个加入鸡蛋，并继续搅拌均匀，然后依次加入其余原料并搅拌均匀。

② 将搅拌均匀的混合物装入垫有玻璃纸或防油纸的平盘内，压实

表 4-28　巧屑小饼配方

原料名称	用量	原料名称	用量
中筋粉	525g	巧克力片	500g
奶油	300g	碎果仁	150g
白砂糖	115g	鸡蛋	250g
红糖	110g	发酵粉	微量
牛奶	40g	细盐	微量

并刮平，放入冰箱冰硬。

③ 冰硬后取出，用刀切成约 30mm 见方的长条；然后再切成片，装入烤盘，送入 185℃ 的烤箱内，烤至熟透、底面呈淡褐黄色时取出，冷透后即成。

（3）注意事项　巧克力碎屑应选用硬质巧克力，或直接购买耐烘烤的巧克力粒。

29. 咖啡小饼

（1）配方　咖啡小饼配方见表 4-29。

表 4-29　咖啡小饼配方

原料名称	用量	原料名称	用量
中筋粉	950g	细盐	微量
糖粉	315g	鸡蛋	250g
速溶咖啡	75g	酥油	500g

（2）操作要点

① 将咖啡加少量清水溶化后，再和其他原料一起混合搅拌，揉成柔软的面团。

② 将面团用手搓成细长条，用刀分割成一小段一小段，然后再用手稍加搓长，弯曲盘成眼镜形，装在烤盘内，送入 185℃ 的烤箱内，烤至表面呈浅褐色时取出，冷却后即成。

（3）注意事项　制作时大小粗细必须均匀，不然将会导致形状不良，影响美观。

30．福罗莎饼

（1）配方　福罗莎饼配方见表 4-30。

表 4-30　福罗莎饼配方

原料名称	用量	原料名称	用量
奶油	450g	混合果皮	150g
白砂糖	480g	糖渍菠萝	300g
鲜奶油	75g	杏仁片	650g
糖渍樱桃	150g	香草巧克力	1000g

（2）操作要点

① 将奶油、白砂糖和鲜奶油一起放在锅内，置火上加温至溶化，离火冷却后，加入切碎的糖渍樱桃和糖渍菠萝及混合果皮，再加入杏仁片拌和均匀。

② 将混合物用汤匙一匙匙地舀在涂过微量油并撒有薄薄一层面粉的烤盘上，每匙之间的距离应留得大一点，以防烘烤时粘连在一起。

③ 送入 180℃的烤箱内，烘烤至表面呈深褐色时取出，立即用圆形刻模修去多余的不规则边缘，放一边待冷。

④ 冷透后，将饼的底面蘸上溶化的香草巧克力，并用梳形刀或叉拖拉出花纹，至巧克力完全凝固后即成。

（3）注意事项　此饼一出炉就需马上整形。否则，冷后糖就会变硬脆，再要整形就不可能了。

第二节　曲奇饼干生产工艺与配方

曲奇饼干是一种近似于点心类食品的饼干，亦称甜酥饼干。是饼干中配料最好、档次最高的产品，其标准配比是油：糖＝1：1.35，（油＋糖）：面粉＝1：1.35。面团弹性极小，光滑而柔软，可塑性极好。饼干结构虽然比较紧密，疏松度小，但由于油脂用量高，故产品质地极为疏松，食用时有入口即化的感觉。它的花纹深，立体感强，图案似浮雕，块形一般不很大，但片子较厚，可防止饼干破碎。

一、曲奇饼干生产的工艺流程

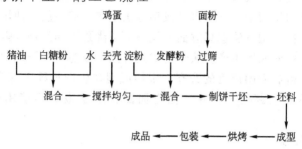

二、曲奇饼干生产操作技术要点

1. 调粉

曲奇面团由于辅料用量很大，调粉时加水量甚少，因此一般不使用或使用极少量的糖浆，而以糖为主。且因油脂量较大，不能使用液态油脂，以防止面团中油脂因流散度过大而造成"走油"。如发生"走油"现象，将会使面团在成型时变得完全无结合力，导致生产无法顺利进行。要避免"走油"，不仅要求使用固态油脂，还要求面团温度保持在 19～20℃，以保证面团中油脂呈凝固状态。在夏天生产时，对所使用的原料、辅料要采取降温措施。例如，面粉要进冷藏库，投料时温度不得超过 18℃；油脂、糖粉亦应放置于冷藏库中；调粉时所加的水可以采用部分冰水或轧碎的冰屑（块），以调节和控制面团温度。曲奇饼干面团在调粉时的配料次序与酥性饼干相同，调粉时间也大体相仿。调粉操作时，虽然采用了降温措施和大量使用油、糖等辅料，但调粉操作中不会使面筋胀润度偏低。这是因为在调粉过程中它不使用糖浆，所加的清水虽然在物料配备齐后能溶化部分糖粉，但终究不如糖浆浓度高，仍可使面筋性蛋白质迅速吸水胀润，因而能保证面筋获得一定的胀润度。如面团温度掌握适当，曲奇面团不大会形成面筋的过量胀润，因而这种面团的调粉操作仍然须遵循控制有限胀润的原则。

2. 成型

这种面团为了尽量避免它在夏季操作过程中温度升高，同时也因面团黏性不太大，因而，在加工过程中一般不需静置和压面，调粉完毕后可直接进入成型工序。曲奇面团可采用辊印成型、挤压成型、挤条成型及钢丝切割成型等多种成型方法生产，但一般不使用冲印成型的方法。在成型方法选择方面不仅是为了满足不同品种的需要，同时是为了尽可能采用不产生头子的成型方法，以防止头子返回掺入新鲜面团中，造成面团温度的升高。辊切成型在生产过程中有头子产生，因而在不具空调的车间中，曲奇面团在夏季最好不使用这种成型方法。

3. 烘烤

从曲奇饼干的配方看，由于糖、油数量多，按理可以采用高温短时的烘烤工艺，在通常情况下，其饼坯中心层在 3min 左右即能升到 100～110℃。但这种饼干的块形要比酥性饼干厚 50％～100％，这就使得它在同等表面积的情况下饼坯水分含量较酥性饼干高，所以不能采用高速烘烤的办法。通常烘烤的工艺条件是在 250℃温度下，烘烤 5～6min。

曲奇饼干烘熟之后常易产生表面积摊得过大的变形现象，除调粉时应适当提高面筋胀润度进行调节之外，还应注意在饼干定型阶段烤炉中区的温度控制。通常采用的办法是将中区湿热空气直接排出。

4. 冷却

曲奇饼干糖、油含量高，故在高温情况下即使水分含量很低制品也很软。刚出炉时，制品表面温度可达 180℃左右，所以特别要防止弯曲变形。烘烤完毕时饼干水分含量尚达 8％。在冷却过程中，随着温度逐渐下降，水分继续挥发，在接近室温时，水分达到最低值。稳定一段时间后，又逐渐吸收空气中的水分。当室温为 25℃，相对湿度为 85％时，从出炉至水分达到最低值的冷却时间大约为 6min，水分相对稳定时间为 6～10min，因此饼干的包装，最好选择在稳定阶段进行。

三、各种曲奇饼干生产配方

1. 核桃曲奇饼干（或核桃菱饼）

（1）配方　核桃曲奇饼干配方见表 4-31。

表 4-31　核桃曲奇饼干配方

原料名称	用量	原料名称	用量
糖面团	1600g	蜂蜜	340g
红糖	454g	厚奶油	113g
奶油	454g	白砂糖	113g
核桃块	908g		

（2）操作要点　核桃曲奇饼干制作时，先将糖面团放在 45cm×60cm 的涂油烘烤板的底上和四周。穿孔后，在 218℃下烘烤 15min（面团烘烤到半熟）。将切片的奶油，蜂蜜或红糖放在深沙司锅中，将所有这些原料煮沸 3min。撤火，拌入核桃和厚奶油，再用一只木勺或刮板直接将热的混合物均匀地涂在半熟的糖面团上，在 204℃下烤 35～40min，冷却后切成 3.8cm 见方的菱形。约产 300块曲奇饼干。

2.冰箱曲奇黄色饼干

（1）配方　冰箱曲奇黄色饼干配方见表 4-32。

表 4-32　冰箱曲奇黄色饼干配方

原料名称	用量	原料名称	用量
蛋糕粉	1360g	奶油和起酥油	908g
特细精糖粉	908g	鸡蛋	227g
香草精	适量	盐	14g

（2）操作要点　冰箱曲奇黄色饼干制作时，面团采用乳化法。搓成约 45cm 长的条，每条上包一张蜡纸。将它们放在平板盘上。放入冰箱中过夜。然后从冰箱取出，可用切片机切成 0.6cm 均匀的薄片。放在未涂油的盘中用 190℃微烤，每条 680g。

3.冰箱曲奇红色饼干

（1）配方　冰箱曲奇红色饼干配方见表 4-33。

表 4-33　冰箱曲奇红色饼干配方

原料名称	用量	原料名称	用量
蛋糕粉	1360g	奶油	680g
红糖	454g	烘烤粉	7g
整鸡蛋	283g	盐	14g
特细精糖粉	454g		

（2）操作要点

① 面团制作采用乳化法。擀成约45cm长的条。每一条上包一张蜡纸。将它们放在平板盘上。放入冰箱中过夜。然后从冰箱取出，切成0.6cm的薄片。可用切片机使切出的片均匀。放在未涂油的盘中。微烤，底火不要太大。

② 烘烤温度为190℃。每条680g。

（3）注意事项　可加入水果或坚果类，也可用此红色混合物做成心形饼干。

4. 冰箱曲奇白色饼干

（1）配方　冰箱曲奇白色饼干配方见表4-34。

表 4-34　冰箱曲奇白色饼干配方

原料名称	用量	原料名称	用量
蛋糕粉	1240g	奶油	908g
特细精糖粉	908g	蛋白	227g
杏仁精	适量	盐	14g

（2）操作要点

① 面团制作采用乳化法。擀成约45cm长的条。每一条上包一张蜡纸。将它们放在平板盘上。放入冰箱中过夜。然后从冰箱取出，切成0.6cm的薄片。可用切片机使切出的片均匀。放在未涂油的盘中。微烤，底火不要太大。

② 烘烤温度为190℃。

5. 冰箱曲奇巧克力饼干

（1）配方　冰箱曲奇巧克力饼干配方见表4-35。

表 4-35　冰箱曲奇巧克力饼干配方

原料名称	用量	原料名称	用量
蛋糕粉	1360g	盐	14g
特细精糖粉	794g	香草精	适量
牛奶	113g	可可粉	227g
奶油和起酥油	680g	鸡蛋	340g
小苏打	3.5g		

（2）操作要点

① 面团制作采用乳化法。擀成约 45cm 长的条。每一条上包一张蜡纸。将它们放在平板盘上。放入冰箱中过夜。然后从冰箱取出，切成 0.6cm 的薄片。可用切片机使切出的片均匀。放在未涂油的盘中。微烤，底火不要太大。

② 烘烤温度：190℃。

（3）注意事项　要有巧克力的香味，色棕黑。

6. 巧克力棕色曲奇饼干

（1）配方　巧克力棕色曲奇饼干配方见表 4-36。

表 4-36　巧克力棕色曲奇饼干配方

原料名称	用量	原料名称	用量
蛋糕粉	454g	鸡蛋	567g
苦味巧克力	454g	核桃	680g
白砂糖	1360g	香草精	适量
奶油	680g		

（2）操作要点

① 溶化巧克力和奶油。将鸡蛋、糖和香草精放在一起搅打成柠檬色（约 10min）。加入苦味巧克力和奶油。过筛蛋糕粉并加到混合物中，加入的量只要能使混合物结合起来就可。在混合物中加入 454g 核桃。将混合物放在平板盘上，将剩余的核桃撒在上面。

② 烘烤温度：177℃。

（3）注意事项　要求 45cm×60cm 的平板盘上放 4.2kg。这将得到 9 打 5cm×5cm 的棕色曲奇饼干，即每盘切成 9×12 块。

7. 棕色白脱司各其曲奇饼干

（1）配方 棕色白脱司各其曲奇饼干配方见表 4-37。

表 4-37 棕色白脱司各其曲奇饼干配方

原料名称	用量	原料名称	用量
蛋糕粉	908g	水	113g
红糖	908g	烘烤粉	14g
面粉	454g	核桃	680g
鸡蛋	454g	香草精	适量
人造奶油	454g		

（2）操作要点

① 加热溶解红糖、人造奶油和水，做成白脱司各其混合物。将鸡蛋、红糖和香草精放在一起搅打成柠檬色（约 10min），加到白脱司各其中。蛋糕粉和烘烤粉并加入混合物中，再加入核桃并搅拌。将混合物放在 45cm×60cm 的平板盘上。在上面撒上切细的核桃。

② 烘烤温度：163℃。

8. 棕色曲奇饼干（一步法）

（1）配方 棕色曲奇饼干（一步法）配方见表 4-38。

表 4-38 棕色曲奇饼干（一步法）配方

原料名称	用量	原料名称	用量
蛋糕粉	1400g	起酥油	454g
鸡蛋	737g	奶油	680g
葡萄糖	737g	食盐	14g
白砂糖	2000g	可可粉	454g
冷水	227g	切细的核桃	1360g

（2）操作要点

① 将所有的原料称出后放入搅拌容器中，在中速下搅拌成均匀的面团。摊在涂上奶油和蛋糕粉的盘上。

② 烘烤温度：204℃。

（3）注意事项 在 3 只 45cm×60cm 平板盘上做出 324 块棕色曲奇饼干。

9. 花色奶油曲奇饼干

（1）配方 花色奶油曲奇饼干配方见表 4-39。

表 4-39 花色奶油曲奇饼干配方

原料名称	用量	原料名称	用量
蛋糕粉	1360g	杏仁酱	227g
起酥油和奶油	908g	鸡蛋	454g
糖粉	680g		

（2）操作要点

① 将杏仁酱和糖粉放在一起搓揉。渐渐地加入鸡蛋，以得到均匀的糊状物。加入起酥油和奶油搅打到光亮。加入蛋糕粉并搅匀，不要过分。然后用糕点管做成各种形状。

② 烘烤温度：190℃。

（3）注意事项 鸡蛋要逐渐加入，否则得不到预期的效果。

10. 香草薄脆饼

（1）配方 香草薄脆饼配方见表 4-40。

表 4-40 香草薄脆饼配方

原料名称	用量	原料名称	用量
糕点粉	624g	鸡蛋	340g
起酥油和奶油	454g	食盐	7g
糖粉	454g	香草精	适量

（2）操作要点

① 采用乳化法。用带平口管的糕点袋将乳化物挤到稍微涂一点油的盘上。在各团间留下足够的空间，使它可摊开。烘烤到边缘呈棕色，从炉中取出。不要过分烘烤。

② 烘烤温度：190℃。

（3）注意事项　要求口感酥脆。

11. 撒糖屑曲奇饼干

（1）配方　撒糖屑曲奇饼干配方见表 4-41。

表 4-41　撒糖屑曲奇饼干配方

原料名称	用量	原料名称	用量
标准粉	1250g	白砂糖	625g
奶粉	1250g	鸡蛋	125g
奶油	300g	精盐	10g
起酥油	200g	柠檬香油	2.5g

（2）操作要点

① 标准粉过筛。鸡蛋去壳后抽打成蛋液。白砂糖、奶油加热混合搅拌成乳化液，备用（注意留少许蛋液和白砂糖作刷面及撒屑用）。

② 将糖液冷却到 30℃时，置于和面机内，加入蛋液、标准粉、奶粉、精盐及柠檬香油，开动和面机调粉，调粉时间为 6～10min。

③ 将调制好的面团，送入成型机内制成饼干生坯。在饼干生坯表面刷上蛋液并撒上粗白砂糖。

④ 将制好的生坯饼干送入烤炉内烤制。炉温应在 190～210℃，烤 6～10min 即可出炉。注意防止焦煳。

⑤ 出炉饼干冷却后，即可整理包装。整理包装时，注意防止饼干表面的白砂糖脱落。

（3）注意事项　要求香甜可口，营养丰富，有蛋奶香味。

12. 圣诞小屋饼干

（1）配方

① 圣诞小屋饼干配方见表 4-42。

② 圣诞小屋装饰面料配方见表 4-43。

（2）操作要点

① 将富强粉和肉桂粉、丁香粉、生姜粉混合过筛；碳酸氢铵加水溶化。

② 将蜂蜜、白砂糖放入大碗中，隔火加热，同时用木勺搅拌使之溶化。离火，在糖浆中依次加入碳酸氢铵溶液、牛奶溶液拌匀，最

表 4-42 圣诞小屋饼干配方

原料名称	用量	原料名称	用量
富强粉	340g	碳酸氢铵	40g
白砂糖	80g	肉桂粉	40g
蜂蜜	300g	丁香粉	40g
起酥油	200g	生姜粉	4g
牛奶	50g		

表 4-43 圣诞小屋饼干装饰面料配方

原料名称	用量	原料名称	用量
鸡蛋	70g	熟杏仁(去皮)	50 粒
白糖粉	200g	醋精	少许

后倒入混合面粉，用木勺搅匀后，再揉制成面团。加盖在凉爽处放置 24h。

③ 在台上撒些干面粉，放上面团，用擀面杖擀成厚 3mm 的薄片。

④ 用厚纸板剪出小屋顶、墙、门、烟囱、屋基等纸型。放在面片上，用刀沿边取型。

⑤ 将饼干坯放在涂过油的烤盘中，分离蛋黄和蛋清，蛋黄加适量水调匀。用笔蘸取蛋黄水涂刷在饼干坯表面。

⑥ 烘烤：炉温 160℃，烘烤 7min 左右，出炉后置网架上冷却。

⑦ 制白马糖：将白糖粉和蛋清放在容器中，用木勺搅拌至雪白有光，加少许醋精混合。

⑧ 将屋基放在板上，墙壁四周涂上作为黏结剂的白马糖，先立在屋基上，再装上屋顶、烟囱。屋顶表面涂白马糖，再以杏仁作屋脊。

（3）注意事项 要求造型逼真，既有观赏性，又有可食性。

13. 巧克力片曲奇饼干

（1）配方 巧克力片曲奇饼干配方见表 4-44。

表 4-44　巧克力片曲奇饼干配方

原料名称	用量	原料名称	用量
糕点粉	1000g	食盐	14g
红糖和白砂糖	680g	巧克力片	454g
奶油和起酥油	680g	水	28g
鸡蛋	227g	碎核桃	227g
小苏打	14g	香草粉	适量

（2）操作要点　采用乳化法。用带平口管的糕点袋挤到涂油的盘上。烘烤温度为 190℃。

（3）注意事项　核桃一定要切成细丝，否则影响口感。

14. 重油酥曲奇饼干（黑色）

（1）配方　重油酥黑色曲奇饼干配方见表 4-45。

表 4-45　重油酥黑色曲奇饼干配方

原料名称	用量	原料名称	用量
蛋糕粉	908g	蛋黄	227g
白砂糖	397g	食盐	14g
奶油	680g	柠檬皮	适量

（2）操作要点　采用乳化法。冷藏几小时。擀成 0.6cm 厚并切成各种形状。烘烤温度为 177℃。

（3）注意事项　表面可涂撒硬壳果或砂糖，或用硬壳果或樱桃装饰。

15. 起酥油曲奇饼干

（1）配方　起酥油曲奇饼干配方见表 4-46。

（2）操作要点　采用乳化法。擀成 0.3cm 厚并用曲奇刀切成各种形状。烘烤温度为 190℃。

（3）注意事项　表面需涂油，可适当进行装饰。

16. 彩虹片曲奇

（1）配方　彩虹片曲奇配方见表 4-47。

表 4-46　起酥油曲奇饼干配方

原料名称	用量	原料名称	用量
蛋糕粉	1130g	鸡蛋	113g
白砂糖	454g	食盐	14g
奶油	680g	柠檬皮	适量
奶	113g		

表 4-47　彩虹片曲奇配方

原料名称	用量	原料名称	用量
蛋糕粉	1800g	柠檬香精	适量
白砂糖	1360g	香草	适量
人造奶油	1360g	杏仁糖	适量
鸡蛋	1800g	巧克力、果酱	适量
食盐	28g	红、黄食用色素	适量
烘烤粉	28g	粉红、橘黄食用色素	适量

（2）操作要点　采用乳化法。将混合物分成 4 等份。每部分分别着上绿、黄、粉红和橘黄色。分别摊在排有纸的平板盘上。微烤一下。冷却后，涂一点果酱在饼干上，将 4 层夹在一起，用平板盘压一下，使之成为均匀而坚实的夹层。将杏仁糖擀至 0.15cm 厚，放在饼干的上面。将甜巧克力熔化，涂在杏仁糖上，使其凝固。将曲奇翻过来，在另一面放上杏仁糖片，涂上熔化的巧克力。干燥后切成 3.8cm×3.8cm 的薄片。烘烤温度为 190℃。

（3）注意事项　应用人工色素上色，保证食品安全。

17. 姜饼

（1）配方　姜饼配方见表 4-48。

（2）操作要点　将红糖、盐和起酥油一起乳化。将苏打粉溶解在水中并加入上面的混合物中。拌入糖蜜。过筛糕点粉和姜粉并和上面的混合物一起搅匀，冷藏几小时，擀成 0.3cm 厚的片，然后用切割器切成块。烘烤温度为 190℃。

表 4-48 姜饼配方

原料名称	用量	原料名称	用量
蛋糕粉	908g	食盐	14g
红糖	340g	水	113g
起酥油	454g	姜粉	14g
糖蜜	510g	苏打粉	14g

（3）注意事项　上述混合物也可用于制作姜汁饼房屋和姜汁饼人。

18.燕麦面曲奇饼干

（1）配方　燕麦面曲奇饼干配方见表 4-49。

表 4-49 燕麦面曲奇饼干配方

原料名称	用量	原料名称	用量
蛋糕粉	567g	食盐	14g
白砂糖	454g	烘烤粉	21g
苏打粉	14g	麦芽糖和糖蜜	227g
起酥油	227g	燕麦粉	340g
鸡蛋	113g	葡萄干	454g
牛奶	227g		

（2）操作要点　将盐、糖、起酥油、麦芽糖和糖蜜一起乳化。加入鸡蛋。苏打粉在牛奶中溶化后混入。加入糕点粉、燕麦粉和葡萄干，然后彻底搅拌。用带有平口管的糕点袋将混合物挤到涂一点油和撒烘烤粉的盘上。烘烤温度为 190℃。

（3）注意事项　燕麦粉也可用燕麦片替代。

19.薄荷曲奇饼干

（1）配方　薄荷曲奇饼干配方见表 4-50。

（2）操作要点　在 114～115℃下将糖和水煮成软糖球。加入薄荷精和特细精糖粉，然后搅拌均匀。用管子挤到纸、硬板或橡皮垫上。

表 4-50 薄荷曲奇饼干配方

原料名称	用量	原料名称	用量
糖	1360g	薄荷香精	适量
特细精糖粉	680g	杏仁酱	适量
鸡蛋	500g	人造奶油	适量
水	454g		

将人造奶油和糖一起乳化。用鸡蛋软化杏仁酱，加到人造奶油和糖的乳化物中。继续乳化此混合物。加入其余的鸡蛋，完成乳化。加入面粉搅拌均匀，然后按要求装盘。烘烤温度为190℃。

（3）注意事项 薄荷精可先在水中溶解，再与其他原料混合。

20. 中国杏仁曲奇饼干

（1）配方 中国杏仁曲奇饼干配方见表 4-51。

表 4-51 中国杏仁曲奇饼干配方

原料名称	用量	原料名称	用量
蛋糕粉	454g	鸡蛋	113g
起酥油	227g	苏打粉	7g
白砂糖	227g	烘烤粉	7g
牛奶	150g	杏仁	适量

（2）操作要点 过筛所有的干原料并混合。加入起酥油后搅拌。加入其余的原料再搅拌。用牛奶刷饼干，并在上面放一颗掰开的杏仁。烘烤温度为190℃。

（3）注意事项 每块曲奇饼干28g。

21. 花生奶油曲奇

（1）配方 花生奶油曲奇配方见表 4-52。

（2）操作要点 将糖、起酥油、花生奶油和盐放在一起乳化，加入鸡蛋，将苏打粉溶解在牛奶中并加入乳化物中。将蛋糕粉和烘烤粉过筛后加入混合物中，搅匀。搓成长条，压平，再涂油。烘烤后趁温切成曲奇饼干。烘烤温度为177℃

（3）注意事项 切成96个曲奇饼干。

原料名称	用量	原料名称	用量
蛋糕粉	908g	苏打粉	7g
起酥油	454g	花生奶油	680g
白砂糖	908g	食盐	14g
牛奶	113g	烘烤粉	7g
鸡蛋	454g		

22. 糖曲奇饼干

（1）配方　糖曲奇饼干配方见表 4-53。

表 4-53　糖曲奇饼干配方

原料名称	用量	原料名称	用量
蛋糕粉	908g	食盐	14g
起酥油	340g	鸡蛋	170g
白砂糖	454g	烘烤粉	7g
牛奶	170g	香草粉	适量
奶油	150g		

（2）操作要点　将砂糖、起酥油和盐放在一起乳化。加入鸡蛋和奶油。混入牛奶和香草粉。将糕点粉和烘烤粉过筛后加入混合物中，搅匀。擀至 0.6cm 厚，在面上撒上砂糖。切成曲奇饼干，在涂一点油的盘中烘烤。烘烤温度为 190℃。

（3）注意事项　除用砂糖外，还可在表面涂一层蜂蜜。

23. 奶油曲奇饼干

（1）配方　奶油曲奇饼干配方见表 4-54。

表 4-54　奶油曲奇饼干配方

原料名称	用量	原料名称	用量
蛋糕粉	908g	鸡蛋	227g
奶油	454g	食盐	7g
白砂糖	454g		

（2）操作要点　采用乳化法。擀成 0.3cm 厚的片，用各种形状的曲奇切割器切成星形、铃形、兔形、动物造型等等。涂上油，加装饰后烘烤。烘烤温度为 190℃。

（3）注意事项　奶油的品质一定要好。

24. 美式巧克力曲奇

（1）配方　美式巧克力曲奇配方见表 4-55。

表 4-55　美式巧克力曲奇配方

原料名称	用量	原料名称	用量
低筋面粉	200g	可可粉	15g
无盐奶油	100g	小苏打	20g
白砂糖	75g	食盐	5g
精制砂糖	55g	速溶咖啡	25g
鸡蛋	70g	巧克力粒	120g

（2）操作要点

① 使无盐奶油在室温下变软。将砂糖混合后筛好。混合、筛好粉状原料后加入速溶咖啡。将鸡蛋搅成鸡蛋液。将烤箱的温度调至 180℃。在烤板上铺上烤箱用垫。将巧克力粒倒进盘子里。

② 将无盐奶油放入钵中，用手动搅拌器拌至膏状，加入砂糖搅拌至发白。加入蛋液，边加边搅拌。

③ 加入粉类，用木铲拌至粉状消失。

④ 放上巧克力粒烤。舀近 100g 面料放入手中捏圆，镶上巧克力粒放上烤板。在 180℃的烤箱中烤 10～12min。

（3）注意事项　面料在烘烤时会膨胀，所以要多放些巧克力粒。每块曲奇之间要隔着一定距离摆放。

25. 曲奇角

（1）配方　曲奇角配方见表 4-56。

（2）操作要点

① 将低筋面粉、白砂糖、发酵粉混合筛选。将烤箱的温度调至 18℃。将无盐奶油切成 2cm 见方的小块。在烤板上铺上烤箱用的垫子。

表 4-56　曲奇角配方

原料名称	用量	原料名称	用量
低筋面粉	120g	鸡蛋液	50g
无盐奶油	55g	扑粉用的面粉	适量
白砂糖	25g	草莓果酱	60g
发酵粉	20g	粘浆用蛋液	适量

② 做曲奇面料。在筛好的粉类中加入奶油，用指尖一边摁碎奶油一边搅拌。拌到像面包粉的粗细程度时加入鸡蛋液，用于揉成一团。

③ 擀开面料，脱模。用稍大些的保鲜膜 2 张夹住面料，用面棒在保鲜膜上将面料擀成厚度为 5mm 的饼，撕下保鲜膜。在直径为 5cm 的圆形模具上蘸取少许扑面粉，将面料脱模成型，放在撒有扑面粉的面板上展开成椭圆形。

④ 包上果酱烘烤。在面料饼上放上您喜欢的果酱，在边缘涂上鸡蛋液对折，用叉尖将边缘压紧。按一定间隔摆在烤板上，放入 180℃ 的烤箱中烤 12～15min。

(3) 注意事项　为 20 份的量。在脱模后的圆形材料中间放上果酱，周围涂上蛋液，对折，边缘用叉尖压紧。

26. 花生曲奇

(1) 配方　花生曲奇配方见表 4-57。

表 4-57　花生曲奇配方

原料名称	用量	原料名称	用量
低筋面粉	1600g	糖粉	540g
奶油	1080g	花生酱和碎花生	适量

(2) 操作要点

① 将奶油和糖粉放在一起进行搅打，至泛白时加入花生酱和碎花生继续搅拌均匀，然后拌入面粉混合均匀，装在垫有防油纸的平盘内，撖压结实并平整，放入冰箱冰至稍硬。

② 取出用刀切成长方形的条，再切成薄片，装在烤盘内，进入

185℃的烤箱，烤至底面呈淡褐黄色时取出，冷透后即成。

（3）注意事项 制作此类曲奇时，厚薄必须均匀，才能使烘烤出来的产品色泽一致，不然，烘烤时薄的已焦，中间的刚好，而厚的还生，影响品质。

27．丹麦曲奇

（1）配方 丹麦曲奇配方见表4-58。

表 4-58 丹麦曲奇配方

原料名称	用量	原料名称	用量
低筋面粉	400g	蛋白	200g
人造奶油	300g	柠檬香料	适量
糖粉	160g	细盐	适量

（2）操作要点

① 将人造奶油和糖粉一起搅打至泛白并膨松，逐步加入蛋白拌和均匀，然后加入其余原料，全部混合成厚的面糊。

② 将面糊装入带有齿形裱花嘴的裱花袋内，在涂上薄薄一层人造奶油并撒上微量面粉的烤盘上，裱制成一块块带有花纹的小饼干。

③ 送入185℃的烤箱内，烘烤至底面呈淡黄色时取出，冷透后即成。

（3）注意事项 曲奇因为体积小，故烘烤时需注意不要烤焦，一般的标准是表面不要求上色，而底面则要求为淡的金黄色。

28．荷兰曲奇

（1）配方 荷兰曲奇配方见表4-59。

表 4-59 荷兰曲奇配方

原料名称	用量	原料名称	用量
低筋面粉	600g	蛋黄	200g
人造奶油	360g	细盐	微量
糖粉	180g	可可粉	适量

（2）操作要点

① 将人造奶油和糖粉一起搅打至泛白并膨松，加入蛋黄和细盐继续拌匀，然后加入低筋粉揉成面团，分成 2 份，将其中的 1 份加入可可粉调制成深褐色。

② 将深褐色面团用擀面杖擀压成 8mm 厚的面皮，用刀切成 4 根 8mm 见方的长条，将本色面团参照深褐色面团的制法，制成 5 根同等粗细的长条。

③ 将所有长条分别刷上薄薄一层蛋液，然后排列成 3 层，每层 3 根，黑白相间呈井字形。再将切割留下的边角料揉和，擀成薄皮，刷上蛋液，包裹在井字形的长条外面，送入冰箱冰至稍硬。

④ 取出，用刀切成薄片，排放在烤盘内，送入 185℃的烤箱，烘烤至呈淡褐黄色时取出，冷透后即成。

（3）注意事项　荷兰曲奇有许多种美观的拼花图案，故除上述图案之外，可根据想象，制出其他更多更美观的图案来，但色泽和层次必须清晰。

29. 可可曲奇

（1）配方　可可曲奇配方见表 4-60。

表 4-60　可可曲奇配方

原料名称	用量	原料名称	用量
低筋面粉	1000g	蛋白	150g
油脂	900g	可可粉	100g
糖粉	400g		

（2）操作要点

① 将油脂和糖粉一起搅打至泛白并膨松，逐步加入蛋白拌和均匀，然后加入一起过筛的可可粉和低筋粉，拌和均匀。

② 将混合物装入带有齿形裱花嘴的裱花袋内，在涂过微量油并撒上薄薄一层面粉的烤盘上，裱制出一块块精致的小饼干。

③ 送入 185℃的烤箱内，烤至底面呈淡褐色时取出，冷透后即成。

（3）注意事项　面粉加入后不可多拌，以免起筋。调制好面糊后应尽快制作，以免时间一长，面粉膨胀而制作不易并僵硬。

30. 无黄油的曲奇饼干

（1）配方　无黄油的曲奇饼干配方见表 4-61。

表 4-61　无黄油的曲奇饼干配方

原料名称	用量	原料名称	用量
玉米油	200g	奶粉	50g
面粉	310g	椰蓉	15g
玉米淀粉	90g	白糖	100g
鸡蛋	3 个	食盐	1g

（2）操作要点

① 将玉米油、白糖、鸡蛋、盐一同放入容器中用打蛋器搅拌至颜色变成淡黄色后加入椰蓉并搅拌均匀。

② 将面粉、玉米淀粉、奶粉放入一容器中混合均匀筛入蛋油混合物。

③ 用橡皮刀切拌均匀（千万不要画圆圈，不然会起筋），之后预热烤箱上下火 180℃，烤制约 15min 后出炉（根据烤箱的高矮不同适当调节烤制时间以及烤制温度）。

31. 黑樱桃巧克力软曲奇

（1）配方　黑樱桃巧克力软曲奇配方见表 4-62。

表 4-62　黑樱桃巧克力软曲奇配方

原料名称	用量	原料名称	用量
低筋面粉	100g	盐	1/4 小勺
红糖	40g	泡打粉	2g
植物油	50g	热水	50g
巧克力豆	50g	清水	适量
黑樱桃干	30g		

（2）操作要点

① 做之前，黑樱桃干先用清水泡半小时。泡好后的樱桃干滤去水分，剪成大小合适的块。

② 红糖用热水调匀，冷却备用。盆里一次性的倒入植物油。

③ 放入盐以后一起用刮刀混合均匀。红糖水和油不易融合，尽量混合均匀。

④ 将泡打粉和面粉混合，筛进红糖水里，先不翻拌。

⑤ 加入香草精，用刮刀把面粉、香草精、植物油搅拌均匀成为湿润的面糊。

⑥ 倒入巧克力豆和黑樱桃干，搅拌均匀成曲奇面糊。

⑦ 揉成大小一样的圆球摆在烤盘上，再用勺子背轻轻压平圆球。

⑧ 放入烤箱中层，调温度至180℃，烤12min左右。

32. 软式曲奇饼干

（1）配方　软式曲奇饼干配方见表4-63。

表 4-63　软式曲奇饼干配方

原料名称	用量	原料名称	用量
低筋面粉	100g	糖玫瑰	40g
黄油	70g	葡萄干	35g
细砂糖	40g	朗姆酒	50ML
蛋液	50g	泡打粉	1/4 小勺

（2）操作要点

① 葡萄干洗净后和糖玫瑰放在一起，倒入朗姆酒浸泡2h备用。

② 黄油室温软化后加入细砂糖打至颜色变浅，呈浓稠细滑状。

③ 加入过筛的粉类和泡好的糖玫瑰葡萄干，用刮刀切拌成糊。

④ 将面糊装入裱花袋挤在烤盘上，用沾水的勺子整形后入烤箱烘烤后制作完成。

第三节　韧性饼干生产工艺与配方

韧性饼干在国际上被称为硬质饼干，一般采用中筋小麦粉制作，而面团中油脂与砂糖的比率较低，为使面筋充分形成，需要较长时间调粉，以形成韧性极强的面团。这种饼干表面较光洁，花纹呈平面凹纹型，通常带有针孔。香味淡雅，质地较硬且松脆，饼干的横断面层次比较清晰。

一、韧性饼干生产的工艺流程

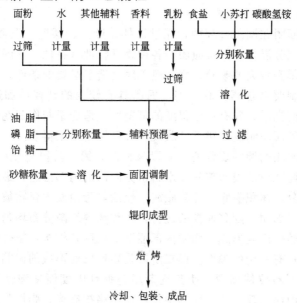

二、韧性饼干生产操作技术要点

1. 投料顺序

我们确定投料顺序时，除根据工艺流程图之外，还要根据需要面团韧性大小来确定。当需要面团有较大韧性时，可在面粉中直接加水捏和均匀。若需面团塑性较大时，就应先将砂糖、油脂、乳粉等与水混合均匀，然后再投入面粉进行搅拌；也可先将小麦粉与油脂拌匀，再加入其余原辅材料及少量水进行调制，以减少面团起筋。

面团的调制就是将预处理过的原辅材料按照要求配合好，然后在

195

调粉机中加入定量的水（或不加水），用搅拌的方式制成适于加工饼干的面团或浆料的过程。

韧性面团俗称热粉，这是由于此种面团在调制完毕时具有比酥性面团更高的温度而得名。韧性面团的特点有糖、油用量少，面筋形成量大；吸水量多，具有较强的结合力和延伸性；靠搅拌和改良剂调节胀润度；胀发率较大，密度较小；成品口感松脆，可做中低档产品。

2. 韧性面团的调制

韧性面团在调制过程中，通过搅拌、撕拉、揉捏、甩掼等处理，原料得以充分混合，并且面团的各种物理特性（弹性、软硬度、可塑性）等都得到较大的改善，为后道工序创造了必要的条件。对于韧性面团的调制要求是调得软一些，面团具有较强的延伸性和适度的弹性，柔韧而光滑，并有一定程度的可塑性，适合于制作凹花有针孔的饼干。这种面团制成的饼干其胀发率较酥性饼干大得多。

韧性面团的调制要分两个阶段来控制。第一阶段是使面粉吸水。开始时面筋颗粒的表面首先吸水，水分向面筋内部渗透，最后内部吸收大量水分，体积膨胀，充分胀润，使面筋蛋白质水化物彼此联结起来，形成了面团。随着搅拌的进行，各种物料逐渐分布均匀，面筋中的各种化学键已经形成，面团内部逐渐形成网状结构，结合紧密，软硬适度，具有一定的弹性。第二阶段是要使已经形成的面筋在搅拌机的搅拌下不断拉伸撕裂，使其逐渐超越弹性限度而使弹性降低。此时，手感面团回软，这是面团中蛋白质网络被破坏，弹性降低而反映出来的面团流变性的变化，面团的弹性显著减弱，这便是调粉完毕的重要标志。

韧性面团所发生的质量问题可以说绝大部分是由于面团未充分调透，调粉操作中未曾很好地完成第二阶段的全过程，被操作者误认为已经成熟而进入辊轧和成型工序所致。当然，也并不排除确有调过"火候"的情形。

面团的调制是饼干生产中非常关键的一道环节。面团调制得是否适当，直接关系到产品的外形、花纹、疏松度以及内部的结构等性能，不仅对产品质量有重要影响，而且对成型操作是否能顺利进行起着决定性的作用。

（1）面团形成的基本过程

① 蛋白质和淀粉的吸水 面团是由面粉中的两种面筋性蛋白质及面粉本身的淀粉和其他辅助材料组成的。面团调制，不单是各种材料简单的物理混合，而是一系列物理、化学作用的结果。面团调制开始时，部分面粉中的蛋白质和淀粉开始吸水，当面筋性蛋白质遇水时，水分子与蛋白质的亲水基团互相作用形成水化离子。随着搅拌的进行，蛋白质胶粒吸水也继续进行，反应在蛋白质颗粒表面进行，是放热反应，吸水量不大，体积增加不明显。这时尚有部分面粉粒子尚未接触到水分，呈干粉状态，配料中的其他成分也没有被搅拌均匀。这一阶段物料呈分散的非均匀状态混合物。

② 面团的形成 蛋白质胶粒表面吸水后，在机械的继续搅拌下，物料与水分逐渐混合均匀，干粉减少，蛋白质胶粒和淀粉也不断吸收水分，并使水分进入胶粒内部。由于胶粒内部有低分子质量可溶性物质存在，当吸水作用进一步进行时，就形成了足够的渗透压，水分子便以渗透和扩散的方式进入蛋白质胶粒内部，使胶粒吸水量大增。反应不放热。吸水作用的结果，就使蛋白质胶粒之间形成一个连续的膜状基质，并将同时也吸收水分的淀粉颗粒覆盖而结合在面团内。从物理状态上看，面团的体积就会显著膨胀，这就是面筋的胀润，面团也就初步形成。在面团形成过程中，吸收到胶粒内部的水称为水化水或结合水。分布在胶粒表面的水称为附着水，充塞于面筋网络结构中。

③ 面团的成熟 上述初步形成的面团，在搅拌桨叶的继续搅拌下，面团中面筋网络与其他物料的结合程度差异减少，水分分布均匀，整个面团的调制达到成熟阶段，此时面团具有工艺上所要求的软硬适度，有适度的弹性和塑性，光滑而柔润。

（2）影响面团形成的主要因素

① 面粉中蛋白质的质与量 吸水后的小麦蛋白质分子互相结合，形成具有一定的弹性和黏性、不溶于水的胶状物质，它形成焙烤食品的骨架。由于小麦粉中所含蛋白质的种类与比例不同，形成的面筋质数量与性质也各不相同。其中如麦谷蛋白是高分子质量蛋白质，它在决定面团面筋质中起重要作用。高分子质量蛋白质的分子表面积很大，容易产生非共价力的聚合作用，部分剩余蛋白质的碎片起了侧向

黏结的作用，可以抵抗骨架的歪扭并带有一定的弹性。至于分子质量较小的麦胶蛋白只能形成不太牢固的聚合体，但也能促使面团的膨胀。

面筋性蛋白质吸水胀润的程度与面团调制时加水的速度、温度、混合物料的次序、搅拌的时间以及调制的方式都有关系。例如，加水缓慢，就会使面筋蛋白质吸水迅速而充分，反之则吸水慢而不充分，这是小麦粉中蛋白质平均可与 2 倍的水结合，淀粉可与 1/3 的水结合的缘故。在一般情况下，面粉中蛋白质的吸水率约占面团总吸水量的 $60\%\sim80\%$，所以说蛋白质的质与量决定着面团的吸水量。

各种小麦粉因种类性状不同，以化学和物理形式结合的水量也不同。面粉的吸水力随其中蛋白质化学结合形式和蛋白质性质不同而异。面筋质越多，灰分越少的小麦粉吸水量就越大。在制粉工艺中，淀粉粒受伤较多或面粉的原含水量低、粒度细时，都会使面粉在调制面团时吸水量增加。

② 糖油的反水化作用　糖具有强烈的反水化作用，油脂的反水化作用虽不像糖那样强烈，但也是一种重要的反水化物质。面粉中面筋性蛋白质吸水胀润反应是依靠胶粒内部的浓度所造成的渗透压力使水分子以扩散的方式渗透到蛋白质分子中去，使吸水量大增，面筋质大量形成，面团弹性增强，黏度相应降低的。如果面团中含有较多的糖，特别是调制时加入了糖浆，由于糖的吸湿性会吸收蛋白质胶粒之间的游离水分，会使胶粒外部浓度增加，胶粒内部的水分向外转移，从而降低蛋白质胶粒的胀润度，使调粉过程中面筋质形成程度降低，弹性减弱。这就是糖在面团调制过程中的反水化作用。油脂的反水化作用是因为油脂能吸附在蛋白质分子表面，形成一层不透性的薄膜，阻止水分子向胶粒内部渗透和在一定程度上减少表面毛细管的吸水面积，使面筋吸水减弱，得不到充分胀润。另外，油脂的存在也使蛋白质胶粒之间的结合力下降，使面团的弹性降低，韧性减弱，这种作用随着油脂温度的升高而变得更为强烈。

③ 调制面团时的温度　温度是形成面团的主要条件之一。面团的温度越低，面筋的结合力也就越差，起筋就变得迟缓。反之，面筋蛋白质的吸水力会增大，其胀润作用就会增强。当温度达到

30℃时，面筋蛋白质胀润就会达到最大程度。在此温度条件下，如果加水充足，蛋白质吸水量可达到150%～200%。此时，淀粉也可使吸水量达到自身重量的30%。淀粉粒吸的水主要是吸附水，体积增加不大。但温度升高时，吸水量增大，如果温度超过其糊化温度界限（53～64℃）时，淀粉能大量吸收水分，体积大大增加，黏度大幅度增长。面团温度要根据面粉中面筋的含量与特性、水温灵活掌握。

④ 调制时间 若要使面团充分形成面筋，混合时间宜适当加长，并且对某些面团在捏合后还要放置一段时间，以便使面筋继续形成。对需要含面筋量少的面团，调制的时间就应适当减少。

⑤ 调制的方式 调制面团时都使用搅拌机（和面机）进行混合作业。由于各类饼干制品的要求不同，对搅拌机桨叶与搅拌速度的选择也不同。面团搅拌时间稍长时，容易起筋。但时间过长时面筋又会因被拉断而失去弹性。因此，调制韧性面团时可用卧式双桨及立式双桨调粉机。调制酥性面团时，可用作用面较大的桨叶，如肋骨形桨叶的搅拌机，因其剪断力较大，可控制面团的筋力。另外，还可通过调节搅拌机桨叶的旋转速度来改善面团的性能。

3. 面团的辊轧

面团的辊轧过程，简单地讲就是使形状不规则，内部组织比较松散的面团通过相向、等速旋转的一对轧辊（或几对轧辊）的辊轧过程，使之变成厚度均匀一致、横断面为矩形的内部组织密实的面带。辊轧可以排除面团中的部分气泡，防止饼干坯在烘烤后产生较大的孔洞，还可以提高面团的结合力和表面光洁度，可以使制品横断面有明晰的层次结构。

由于在辊轧过程中，面带在其运动方向上的伸长比沿轧辊轴线方向的扩张大得多，因此在面带运动方向上由伸长变形产生的纵向张力要比横向扩张产生的张力大。为使面带内部张力分布均匀，要在辊轧时多次折叠并旋转90°，并在进入成型机辊筒时旋转方向，使面带所受的张力均匀，成型后饼干坯不变形。辊轧时其压延比（辊轧前面带的厚度与辊轧后面带的厚度之比）应不超过3：1，辊轧的次数为9～13次为宜。在辊轧过程中对成型分下来的头子的使用也很有讲究。

199

头子不掺入面团就会造成浪费，头子掺入面团量如果过多，就会给生产带来不利影响，并会影响饼干成品质量。任何面团中加入头子都必须做到头子和新鲜面团之间的搭配比例合适。

当面团连接力较差时，掺入适量的头子可以提高面团的连接力，有利于成型。因为头子在经过多次辊轧后内部形成了较多的面筋，所以弹性明显提高。但若头子量加入过多就会增加面带的硬性。头子的用量最好掌握在新鲜面团的1/3左右，并且头子的温度与新鲜面团的温差也不能太大，否则就可影响整个面团的温度，使其温度升高或降低。加入头子时，要把头子均匀地铺在面带表面，这样经过压面，使面带与头子粘连，然后经过翻折，就把头子夹在了面带中间，再经逐步压薄，使面带结构均匀。如果头子铺得不均，成型时的面带软硬不一致，弹性、结合力、机械硬化现象不均匀，会造成粘辊、粘模、粘帆布、色泽不均匀，形态不整齐，疏松度不均匀等多种弊病。

在辊轧时，如果发生粘辊筒、粘帆布现象，可在面带上撒些面粉，不应将面粉撒得过多或不均匀，否则会降低面带上下层之间的结合力，发生局部起泡现象。

4. 韧性饼干的成型

韧性饼干采用冲印机冲印成型。冲印成型是一种将面团辊轧成连续的面带后，用印模将面带冲切成饼干坯的成型方法。这种方法有广泛的适应性，不仅能用于生产韧性饼干，而且也能用于生产其他饼干，如发酵（苏打）饼干和某些酥些饼干等，其技术也比较容易掌握。冲印成型设备是饼干生产厂家不可缺少的成型设备，在没有其他成型设备的情况下，只要有冲印成型机就可以生产多种大众化的饼干，甚至是较好的酥性饼干。反之，如果只有辊印成型机而无冲印成型机，就不能生产发酵饼干和韧性饼干，生产一般的酥性饼干也要受到限制，只能生产高档的酥性和甜酥性饼干。

冲印成型机操作要求十分高，要求皮子不粘辊筒，不粘帆布，冲印清晰，头子分离顺利，落饼时无卷曲现象。不管面团是否经过辊轧，成型前必须压延成规定厚度。已经经过辊轧的面带仍然较厚，且经过划块折叠的，不能直接冲印成型，也必须在成型机前的

2～3对辊筒上再次辊轧成薄片，方能冲印成型。不需特殊辊轧的面团，可在成型机前的辊筒上辊轧成规定厚度、光滑的面片再进行冲印成型。

由于韧性饼干面团弹性大，烘烤时易于产生表面起泡现象，底部也会出现凹底，即使采用网带或镂空铁板也只能解决凹底而不能杜绝起泡，所以必须在饼坯上冲有针孔。

冲印成型机前的辊筒有1～3对，目前以2～3对辊筒的成型机较多。轧制面带时，先将韧性面团撕裂或轧成小团块状，在成型机的第一对辊筒前的帆布输送带上堆至60～150mm厚，由输送带穿过第一对辊筒，辊轧成30～40mm厚的初轧面带，再进入第二对辊筒，辊轧成10～12mm厚的面带，最后再经第三对辊筒轧成25～3.0mm厚的面皮，即可进入成型工序冲印成型。

对于辊筒直径的配置，应注意：第一对辊筒直径必须大于第二、第三对辊筒的直径，一般为300～350mm，多数情况下为300mm，第二、第三对辊筒的直径为215～270mm，以216mm者居多。这样的变化能使辊筒的剪切力增大，即使是比较硬的面团亦能轧成比较紧密的面带。每对辊筒的下辊位置固定，上辊可以上下调节，通过调节上下辊之间的距离可达到调节面片厚度的目的。

由成型机返回的头子应均匀地半摊在底部。因为头子坚硬，结构比较紧密。此外，面团压成薄片后表面水分蒸发，比新鲜面团来得干硬，头子铺在底部可使面带不易粘帆布。如发现冲印后粘帆布时，可在第一对辊筒前的帆布上刷上薄薄一层面粉，粘辊筒时也可撒少许面粉或涂些液态油。每对辊筒的上下均需装有弹性可调的刮刀，使其在旋转过程中自行刮清表面的粉屑，防止越积越多，造成面带不光洁和粘辊。要想做到在面带通过各对辊筒时既不拉长又不断裂，既不重叠也不皱起，就要调好每对辊筒之间的距离及各对辊筒的运转速度和帆布的运输速度，务使各部分的运转协调一致。为了保证冲印成型的正常操作，防止面带绷得过紧，拉长或拉断，在面带的压延和运输过程中，要使第二对辊筒和第三对辊筒轧出的面带保持一定的下垂度，以消除面带压延后内部产生的张力。面带经毛刷扫清面屑和不均匀的撒粉后即可进入成型阶段。

成型是依靠冲印机上印模的上下运动来完成的。韧性饼干的生产宜采用带有针柱的凹花印模。因为韧性饼干的面团由于面筋水化得充分，面团弹性较大，烘烤时饼坯的胀发率大并容易起泡，底部易出现凹底，因此，宜使用带有针柱的凹花印模。饼坯表面具有均匀分布的针孔，就可以防止饼坯烘烤时表面起泡现象的发生。

冲印成型的特点就是在冲印后必须将饼坯与头子分离。头子用另一条角度约为 20°的斜帆布向上输送，再回到第一对辊筒前面的帆布上重复压延。韧性饼干的头子分离并不困难。头子分开后，长帆布应立即向下倾斜，防止饼干卷在两条帆布之间。

5. 韧性饼干的烘烤

成型机制出饼坯后，要进入烘烤炉烘烤成饼干。烘烤炉的种类很多，小规模工厂多采用固定式烤炉，而大型食品工厂则采用传动式平炉。平炉采用钢带、网带为载体。平炉是隧道式烤炉的发展，炉膛内的加热元件是管状的，燃料可以用煤油、煤气或电热。传动式平炉一般长 40~60m。根据烘烤工艺要求，分为几个温区。前部位为 180~200℃，中间部位为 220~250℃，后部位为 120~150℃。饼干坯在每一部位中有着不同的变化，即膨胀、定型、脱水和上色。烤炉的运行速度要根据饼坯厚薄进行调整，厚者温度低而运行慢，薄者则相反。

饼干坯由载体（钢带或网带）输送入烤炉后为开始阶段，由于饼干坯表面温度低，仅为 30~40℃，这会使炉内最前面部分的水蒸气冷凝成露滴，凝聚在饼干表面，所以刚进炉的瞬间，饼干坯表面不是失水而是增加了水分，直到表面温度达到 100℃左右，表面层开始蒸发失水为止。虽然吸湿作用是短暂的，但是饼坯表面结构中的淀粉在高温高湿情况下迅速膨胀糊化，能使烘烤后的饼干表面产生光泽。利用这一特性，可在炉膛内最前部加喷蒸汽，增大炉膛内湿度，使表面层能吸收更多的水分来加大淀粉的糊化，从而获得更为光润的表面。当冷凝阶段过后，饼干坯很快进入膨胀、定型、脱水和上色阶段。在烘烤过程中，饼坯的水分变化可以分为 3 个阶段。

第一阶段时间约为 1.5min，这是变速阶段，水分蒸发在饼坯表面进行，高温蒸发层的蒸汽压力大于饼坯内部低温处的蒸汽压力，一部分水分又被迫从外层移向饼坯中心。这一阶段，饼坯中心的水分较烤前约增加 2%，所排除的主要是游离水。表层温度约 120℃。

第二阶段为快速烘烤阶段，约需时间 2min。此时，水分蒸发面向饼干内部推进，饼干坯内部的水分层逐层向外扩散。这个阶段水分的蒸发速度基本不变，表层温度在 125℃ 以上，中心温度也达到 100℃ 以上，这一阶段水分下降的速率很快，饼坯中大部分水分在此阶段散逸，主要是游离水，还有部分结合水。

在烘烤的第三阶段，饼坯的温度达到 100℃ 以上。这个阶段属于恒速干燥阶段，水分排出的速度比较慢，排除的是结合水。饼干烘烤的最后阶段，水分的蒸发已经极其微弱，此时的作用是使饼干上色，使制品获得美观的棕黄色。这种反应称为美拉德反应，其反应最适宜的条件是 pH6.3，温度 150℃，水分 13% 左右。在烘烤过程中，影响水分排出的因素有：炉内相对湿度、温度、空气流速及饼干厚度等。炉内相对湿度低有利于水分蒸发，但在烘烤初期相对湿度过低会使饼干表面脱水太快，使表面很快地形成一层外壳，造成内部水分向外扩散的困难，影响饼干的成熟和质量。因此，增加炉内的相对湿度有利于饼干的烘烤。炉内空气流速大，方向与饼干垂直有利于水分蒸发。

饼干的水分含量高，干燥过程较慢，烘烤时间相对比较长。糖、油辅料少、结构坚实的面团比糖、油等辅料多的疏松面团难以烘烤。

饼干厚，内部水分向外扩散慢，需要的烘烤时间较长，且表面易焦煳。因此，厚饼干需要采用低温长时间的烘烤工艺。

饼坯的形状和大小也影响着烘烤速度。在其他条件相同的情况下，饼坯比表面积的值越大，烘烤的速度越快，饼坯最理想的形状是长方形。

饼坯在网带上或烤盘上排列越稀疏，接受热量越多，水分蒸发越快，反之则接受热量越少，水分蒸发越慢。为了提高烘烤速度和保证成品质量，饼坯应排列均匀，最好是满带或满盘烘烤。

韧性饼干的面团因在调制时使用了比其他饼干较多的水，且因搅拌时间长，淀粉和蛋白质吸水比较充分，面筋的形成量较多，面团弹性较大，所以在选择烘烤温度和时间时，原则上应采取较低的温度和较长的时间。在下述温度分布情况下一般烘烤 4~6min。即在烘烤的最初阶段下火升高快一些，待下火上升至 250℃ 以后，上火才开始渐

(header) 第四章　各种饼干加工工艺与配方

渐升到 250℃。在此以后，由于处于定型和上色阶段，下火应比上火低一些。

由于烘烤工艺所需要遵循的因素十分复杂，特别是某些较高档的产品，油、糖含量十分高，比较接近于酥性饼干，故可采用高一些的温度进行烘烤。

6. 韧性饼干的冷却

饼干刚出炉时的表面温度很高，可达 180℃。中心层温度约为 110℃。必须把饼干冷却到 38～40℃时才能包装，如趁热包装，不仅影响饼干内热量的散失和水分的继续蒸发，饼干易变形，而且还会加速油脂氧化酸败，降低贮存中的稳定性。

在冷却过程中，饼干水分发生剧烈的变化。饼干经高温烘烤，水分是不均匀的，中心层水分含量高，为 8%～10%，外部低。冷却时内部水分向外转移，随着饼干热量的散失，转移到饼干表面的水分继续向空气中扩散，5～6min 后，水分挥发到最低限度；随后的 6～10min 属于水分平衡阶段；再后饼干就进入了吸收空气中水分的阶段。但上述数据并不是固定的，它随空气的相对湿度、温度以及饼干的配料等的变化而变化。所以，应根据上述不同因素来确定冷却时间。根据经验，当采用自然冷却时，冷却传送带的长度为炉长的 150% 才能使饼干的温度和水分达到规定的要求。

饼干不宜用强烈的冷风冷却。如果饼干出炉后立刻暴露在 20～30℃ 的温度下进行低温冷却，此时室内相对湿度若在 60% 以下，就会因降温迅速，热量交换过快，水分急剧蒸发，饼干内部就会产生较大的内应力，在内应力的作用下，饼干将会出现变形，甚至出现裂缝。所以，饼干出炉后不能骤然冷却，同时也要避免以强烈通风的方法使饼干快速冷却。

较长的烤炉，在烤炉的后区，在饼干还未出炉时，即应停止加热，这样就不至于使饼干出炉后立即遇冷而产生内应力，造成裂缝或变形。

饼干出现裂缝的情形在当天难以发现，到第二天裂缝才逐渐明显，裂缝大多数出现在饼干中心部位，而且每块裂缝的部位大同小异。在生产中如发现饼干裂缝出现，应立即采取措施防止冷却过快，以免造成大量饼干的损失。

冷却至适宜温度的饼干，应立即进行包装贮藏和上市出售。

三、韧性饼干生产操作注意事项

1. 正确使用淀粉原料

调制韧性面团时，通常需使用一定量的小麦淀粉或玉米淀粉作填充剂，使用淀粉的目的是为了稀释面筋浓度，限制面团的弹性，还可以适当缩短调粉时间，且亦能使面团光滑，黏性降低，可塑性增加，成品形态好，花纹保持能力增强。一般淀粉的使用量为小麦粉的5％～10％。淀粉使用过量，则不仅使面团的黏结力下降，还会使饼干胀发率减弱，破碎率增加，成品率下降。反之，若淀粉使用量不足5％，则冲淡面筋的效果不明显，起不到调节面团胀润度的作用。

2. 控制面团的温度

韧性面团温度较高，一般控制在 38～40℃。这样有利于降低其弹性、韧性、黏性和柔软性，使后续操作顺利，制品质量提高。如果面团温度过高，面团易走油和韧缩、饼干变形、保存期变短；如果温度过低，所加的固体油易凝固，面团变得硬而干燥，面带断裂，成型困难，色泽不匀。另外温度过低，所加的面团改良剂反应缓慢，起不到降低弹性、改变组织的效果，影响质量。为此，冬天使用 85～95℃的糖水直接冲入小麦粉中，这样在调粉过程中就会使部分面筋变性凝固，从而降低湿面筋的形成量，同时也可以使面团温度保持在适当范围内。冬季有时还需采用将面粉预热的办法来确保面团有较高的温度。夏天则需用温水调面。

3. 添加改良剂

添加面团改良剂可以调节面筋的胀润度和控制面团的弹性及缩短面团的调制时间。常用的面团改良剂为含有二氧化硫基团的各种无机化合物。如前述的亚硫酸氢钠和焦亚硫酸钠等。

4. 掌握面团的软硬度

韧性面团通常要求调得较软些，这样可使面团调制时间缩短，延伸性增大，弹性减弱，成品疏松度提高，面片压延时光洁度高，面带不易断裂，操作顺利，质量提高。面团含水量应保持在18％～24％。

205

要保证面团的柔软性除了要用热水调粉外，还要保证调粉第二阶段的正确完成。第二阶段完成的标志是面团的硬度开始降低。采用双桨卧式调粉机，调制时间控制在 20～25min，转速控制在 25r/min 左右。

5. 面团的静置措施

在使用强力粉调制面团或面团弹性过强时，采取调粉完毕后静置 15～20min，有的甚至用静置 30min 以上再生产的办法来降低弹性。面团经长时间的搅拌机桨拉伸、揉捏，产生一定强度的张力，并且面团内部各处张力大小分布很不均匀。面团调制完毕后内部张力还一时降不下来，这就要将面团放置一些时间，使拉伸后的面团恢复其松弛状态，内部的张力得到自然降低，同时也使面团的黏性有所降低。面团的静置作用是调粉过程所不能代替的。但不能千篇一律地采用静置的方法。如果调粉完毕后的面团其各种物理性状都已符合要求，就不必再静置。

6. 面团的终点判断

面团调制好后，面筋的网状结构被破坏，面筋中的部分水分向外渗出，面团明显柔软，弹性显著减弱，面团表面光滑、颜色均匀，有适度的弹性和塑性，撕开面团，其结构如牛肉丝状，用手拉伸则出现较强的结合力，拉而不断，伸而不缩，这便是调粉完毕的标志。

四、各种韧性饼干生产配方

1. 蛋杏元

（1）配方 蛋杏元配方见表 4-64。

表 4-64 蛋杏元配方

原料名称	用量	原料名称	用量
低筋粉	700g	香草香料	微量
鸡蛋	1000g	芝麻	适量
白砂糖	700g		

（2）操作要点

① 将鸡蛋和白砂糖及香草香料一起放入搅拌盆内，用蛋扦或搅

拌机不停地急速搅打，至成浓稠乳沫状为止，然后极其小心地拌入过筛的低筋粉，拌和均匀。

② 将鸡蛋混合物装入带有平口裱花嘴的裱花袋内，在涂上微量油并撒上薄薄一层面粉的烤盘上，裱成一团团如纽扣般大小的饼干，表面撒上少许芝麻作装饰。

③ 送入185℃的烤箱内，烘烤至表面呈淡金黄色时取出，冷透后即成。

（3）注意事项　在拌和面粉时，必须先过筛使其疏松，以利拌匀。另外，此类饼干极易吸潮，故冷透后需马上密封保存。

2. 核桃仁饼干

（1）配方　核桃仁饼干配方见表4-65。

表4-65　核桃仁饼干配方

原料名称	用量	原料名称	用量
面粉	50g	白砂糖	500g
鸡蛋清	200g	核桃仁	500g

（2）操作要点

① 制核桃仁糊：把核桃仁择干净，切成碎块，放在不锈钢锅里，加入白砂糖和鸡蛋清，用木搅板搅拌均匀，上火加温搅拌，大约加温到50℃左右，撤火放入面粉，继续搅拌，调好软硬程度备用。

② 成型：将铁烤盘擦干净，抹上一层油，抹均匀，在上边再撒一层面粉，撒均匀，将搅拌好的核桃仁糊装在布口袋里，挤在准备好的铁烤盘上，找好距离，送入160℃烤炉，大约10min烤熟。

（3）注意事项

① 上火加温时，要不停地搅拌，以防锅底烧煳。

② 在烤盘上擦油或撒面应均匀，以防粘底破底。

③ 放入鸡蛋清时，不能一次都放进去，少留出一点，到核桃仁糊加温搅拌以后，根据糊的软硬程度，看是否合适，如果糊还硬，可以把鸡蛋清再加入。要以糊的软硬程度合适为准，鸡蛋清根据情况，可以适量地略有增减。

④ 烘烤时要使生坯凉透，否则影响上皮光亮。

⑤ 一般情况下，核桃仁切的块整，用鸡蛋清少，核桃仁切的块碎，用鸡蛋清多。

⑥ 要求成品为表层有龟纹，皮光亮，底光滑，个头均匀，每500g 大约 100 个，口感酥脆香甜。

3. 可长期贮藏的高蛋白饼干

（1）配方　可长期贮藏的高蛋白饼干配方见表 4-66。

表 4-66　可长期贮藏的高蛋白饼干配方

原料名称	用量	原料名称	用量
面粉	250～500g	水	适量
酪蛋白	15～60g	糖	适量
油脂	100～150g	无机盐	适量
0.18mm 美国筛网过筛的植物蛋白	50～200g	发酵粉	适量
香料	适量	食盐	适量

（2）操作要点　先将植物蛋白粉、酪蛋白和油脂混合，另将面粉、糖、水分、盐、无机盐、发酵粉和香料置于打粉机中混合。将已混合好的植物蛋白、酪蛋白和油脂的混合物加入打粉机一起捏合成面团，面团需静置片刻使其稳定。然后将面团模制成所要求的形状，置于焙烤炉中焙烤 15～25min。此焙烤炉中的温度分成几段，温度从190℃ 逐渐降到 145℃。将焙烤好的成品置于分几层的箱子中，逐渐冷却到室温。用此法焙烤的饼干，其蛋白质的赖氨酸损失低于 10%。这种高蛋白、高营养价值的饼干不会碎裂，其厚度大于 8mm，体积为 20～60cm^3。总蛋白质含量为 10%～20%（质量）。

（3）注意事项　糖可用白砂糖，部分糖可用甜味剂取代。

4. 消糖饼干

（1）配方　消糖饼干配方见表 4-67。

消糖饼干是根据患者的营养要求设计而成，并采用饼干的制作工艺而生产的。

（2）操作要点

① 首先将经选择后的原料按一定比例配好。

表 4-67　消糖饼干配方

原料名称	用量	原料名称	用量
面粉	适量	麦麸	适量
豆粉	适量	芝麻	适量
香精	适量	葛根	适量
膨松剂	适量	百合	适量
人造奶油	适量	甜菊苷	适量
鸡蛋	适量		

② 将人造奶油加热溶化后倒入打面机内。

③ 加入鸡蛋和豆粉并充分搅拌均匀。

④ 加入面粉、芝麻等原料。

⑤ 边搅拌边加入事先溶解好的甜菊苷溶液。

⑥ 将事先分别溶解好的香料、膨松剂，按先后次序加入打面机中，继续搅拌数分钟。将和好的面团辊轧成薄厚均匀的面片。

⑦ 在成型机中冲压成平整光滑的饼干坯。

⑧ 烘烤、冷却、分拣、包装、入库。

（3）营养成分分析　消糖饼干经测定，每100g消糖饼干其营养成分如下：蛋白质12.4g、脂肪10.8g、淀粉65g、磷222mg、铁45mg。

5. 婴儿乐饼干

（1）配方　婴儿乐饼干配方见表4-68。

表 4-68　婴儿乐饼干配方

原料名称	用量	原料名称	用量
精粉	1000g	香兰素	1g
白砂糖	400g	核黄素	0.05g
食用油脂	180g	乳酸钙	10g
鸡蛋	100g	小苏打	5g
奶粉	60g	亚硫酸氢钠	1g
玉米淀粉	200g	碳酸氢铵	15g

（2）操作要点

① 溶化糖浆　白砂糖、水煮沸熔化后过滤，清除杂质置室温下保存待用（控制其温度在 75～80℃）。

② 油温控制　夏季室温高于 25℃ 时油可不必加热，冬季应将油加热至 40～45℃。

③ 搅拌　将蛋液、奶粉、香兰素、核黄素、乳酸钙、食油、水（10～15kg，根据季节和空气相对湿度确定）、热糖浆、碳酸氢铵和小苏打倒入搅拌机内充分搅拌均匀。然后加入精粉和玉米淀粉，待其即将成团时立即加入亚硫酸氢钠，搅拌 15～30min 即可。面团要求具有可塑性、有拉力而无弹性。

④ 饧发　面团滚压前需静置饧发，以消除面团的内应力，改善并提高制品质量和面片的工艺性能。经验得出，面团温度为 40℃ 时需静置饧发 10～20min。

⑤ 辊轧　面团饧发后辊轧成厚薄均匀、形态平整、表面光滑、质地细腻的面片。

⑥ 成型　饼干坯的成型是采用成型机加工的。

⑦ 烘烤　饼干的烘烤分为两段，初入炉时用中温炉火，然后再用高温持续烘烤，炉温一般为 180～250℃。经烘烤好的饼干膨松香脆，气孔均匀，色泽金黄，表面光滑整洁。

⑧ 冷却和检验　饼干烘烤后通过输送带输送的同时也达到冷却目的。这时应将不合标准的产品剔除，称量入库。

（3）质量标准

① 感官指标

香味：具有蛋、奶的芳香，不得有异味。

色泽：浅金黄色且要一致。

组织：酥松、气孔均匀。

形态：块形完整，无异形、起泡、油摊现象，底部凹陷不得超过 1/3。

杂质：无明显杂质。

② 理化指标：水分 3.5%～5%，碱度 0.4%，蛋白质 8.5%，脂肪 10%，总糖 75%，食品添加剂按国家标准。

6. 儿童营养饼干

（1）配方 儿童营养饼干配方见表4-69。

表4-69 儿童营养饼干配方

原料名称	用量	原料名称	用量
标准粉	100kg	鲜酵母	1kg
白砂糖	20kg	精盐	0.5kg
还原糖	20kg	臭粉	0.5kg
硬化油	10kg	小苏打	适量
豆油	10kg	亚硫酸氢钠	适量
精练油	10kg	黄豆	1kg
液体葡萄糖	5kg	补血药片	500g
奶粉	6kg	维生素 B_2	50g
鲜蛋	2kg	葡萄糖酸钙	1kg

（2）操作要点

① 强化核黄素饼干及宝宝（补血）饼干，都是采用甜饼干工艺生产的。其工艺流程如下：

配料→面团调制→印饼机（辗片及成型）→烘烤→成品冷却→成品整理→装罐→包装→入库。

② 健儿钙饼干采用甜发酵饼干工艺生产。其工艺流程如下：

配料→面团调制→第一次发酵→面团调制→第二次发酵→印饼机（辗片及成型）→烘烤→成品冷却→成品整理装罐→包袋装→入库。

（3）注意事项

① 维生素 B_2、葡萄糖酸钙均为药用规格；鲜蛋要新鲜完整。

② 儿童营养饼干是针对儿童普遍存在的缺乏铁、钙、蛋白质等营养素，结合儿童有喜爱食饼干的习惯等特点，采用小麦面粉制成的饼干，其营养丰富有助于儿童健康发育。广东省岭南饼干厂采用鲜酵母发酵的工艺方法，分别加入补血药片（硫酸亚铁）、维生素 B_2、葡萄糖酸钙等物质，以强化铁、钙、蛋白质、维生素等营养素，制成容易消化、适度糖量、适宜硬度的小儿核黄奶饼、宝宝（补血）饼、健

儿钙饼、佳维他饼和多维饼等 5 种儿童营养饼干。

7. 核桃脆饼

（1）配方　核桃脆饼配方见表 4-70。

表 4-70　核桃脆饼配方

原料名称	用量	原料名称	用量
核桃肉	375g	玉米淀粉	适量
细白砂糖	500g	蛋白	适量
精制油	微量		

（2）操作要点

① 将核桃肉用刀切成碎末，和其他原料一起拌和成糊状。

② 将糊状物用汤匙 1 匙 1 只舀入涂上微量油并撒上薄薄一层面粉的烤盘上，送入 170℃ 的烤箱内，烘烤至呈褐黄色时取出，冷透后即成。

（3）注意事项

此脆饼经烘烤取出时，因糖的特性，可根据要求进行卷压等造型，但动作一定要快，一冷变脆就易碎了。

8. 巧克力叶子

（1）配方　巧克力叶子配方见表 4-71。

表 4-71　巧克力叶子配方

原料名称	用量	原料名称	用量
面粉	113g	牛奶	113g
杏仁酱	454g	蛋白	113g
果糖	340g	巧克力	适量

（2）操作要点

① 将杏仁酱、果糖和面粉在一起搓揉，并彻底地搅拌。加入蛋白，搅拌均匀。加入牛奶并搅拌成适当的稠度。在涂上油和面粉的盘上烘烤。烘烤后盖上熔化的巧克力，并做成叶子的形状。

② 烘烤温度：177℃。

（3）注意事项 可在其表面撒些椰蓉作为装饰。

9. 柠檬蛋黄饼干

（1）配方 柠檬蛋黄饼干配方见表4-72。

表4-72 柠檬蛋黄饼干配方

原料名称	用量	原料名称	用量
富强粉	500g	鸡蛋黄	400g
奶油	280g	柠檬皮	半个
白砂糖	280g	鸡蛋	50g(1个)

（2）操作要点

① 用锋利的小刀批取柠檬表皮，切成细丝。

② 富强粉过筛后摊在台上，放上切成小块的奶油和柠檬皮丝拌和。拌好后中间开塘，塘中放入白糖粉、鸡蛋黄，将两者擦匀后，拌入油粉，揉成面团，用塑料纸包好，进冰箱冷藏30min。

③ 在台上撒些干面粉，放上面团，用擀面杖擀成厚2mm的薄片。

④ 用圆形模扣压成直径约5cm的圆片。

⑤ 烤盘擦净，涂油，撒层干面粉，然后放上饼坯。鸡蛋打匀后，涂在饼坯表面。再用叉子在饼坯上压出花纹。

⑥ 烘烤时炉温210℃，烘烤12min左右，待表面呈金黄色出炉。

（3）注意事项 要求圆形，表面金黄，酥、脆，有奶油柠檬香味。

10. 薏米饼干

（1）配方 薏米饼干配方见表4-73。

表4-73 薏米饼干配方

原料名称	用量	原料名称	用量
精碾薏米	140kg	中力小麦粉	30kg
油脂	14kg	种曲	适量
白砂糖	26kg		

（2）操作要点

① 将精碾薏米水洗后干燥，用粉碎机粉碎成粉末，将薏米粉末放在沙锅中轻度烘烤后，放入蒸锅。

② 将蒸后的薏米粉摊放在铺有麻布的席上，待品温降至 35℃ 左右时，加种曲，并用手或勺子搅拌均匀，使种曲混合到蒸薏米粉中。

③ 将混入种曲的薏米粉分别装入小型容器中，每个容器中装 3L，薏米粉在容器中的形状为中间突起的山丘状，将数个容器置于箱中，放入曲室。曲室内保持 28℃ 左右；这时凸起部分凹陷，再经过 5h 后，品温升至 40℃ 左右；经过 28h 后，品温在 38℃ 左右；再用席子将容器盖住，约 2h 后，容器中的薏米表面变成黄绿色，容器中的薏米粉全部曲化，变得有弹性。这时将容器从曲室中取出，放在室外使之熟化。放置 5h 后，用干燥机在 90℃ 干燥，然后粉碎成粉末。

④ 将薏米粉与中力小麦粉混合，添加砂糖、油脂和适量的水，用混合机在 37℃ 下混合 30min，然后饧发 40min。

⑤ 饧发后压片、造型，然后放在烤炉中，320℃ 烘焙 4min。

⑥ 烘焙后用喷油器在饼干表面喷涂 12%～14% 的油脂，制成薏米饼干。

（3）注意事项　要有富含人体健康必需的脂质、糖、蛋白质和钙等成分，常食能使人体保持旺盛的新陈代谢，对癌症、结核病有医治效果。

11. 冻豆腐饼干

（1）配方　冻豆腐饼干配方见表 4-74。

表 4-74　冻豆腐饼干配方

原料名称	用量	原料名称	用量
冻豆腐	50g	鸡蛋	100g
小麦粉	200g	干酪粉	少许
白砂糖	200g	色拉油	适量
起酥油	225g		

（2）操作要点

① 将冻豆腐放入 50℃ 的温水中浸渍约 5min，水洗除掉杂质，脱

水后切碎；用搅拌机破碎，脱水后得冻豆腐处理物。

② 将起酥油和砂糖放入盆中充分搅拌；把鸡蛋一个一个地打入，搅拌至光滑为止；再加小麦粉和冻豆腐处理物，用木勺搅匀，使其成型为棒状。

③ 最后用包装纸包好放入冷藏库内，饧发 1h 以上。

④ 取出后切成厚 5mm 左右的薄片，排列在涂有色拉油的烤盘上，上撒干酪粉，在 170℃ 的温度下烤 15～20min。得冻豆腐饼干约 50 块。

（3）成品特点 糖分和脂肪用量少，是低热食品，酥脆可口，适合儿童食用。

12. 发芽大豆粉饼干

（1）配方 发芽大豆粉饼干配方见表 4-75。

表 4-75 发芽大豆粉饼干配方

原料名称	用量	原料名称	用量
小麦粉	100kg	食盐	200g
白砂糖	30kg	饴糖	2kg
奶油	4kg	膨松剂	2kg
起酥油	8kg	大豆	4.386kg

（2）操作要点

① 制备发芽大豆粉 在常温下将大豆放在水中浸渍 6h，再在室温中放置 6h，并不断洒水，使其发出 1mm 长的芽；然后，用加工大豆粉的方法，在 200～250℃ 下烘焙 30min；破碎去皮，再粉碎成粉末（大豆粉）。这种大豆粉没有豆腥味。

② 制作饼干 用小麦粉、砂糖、奶油、起酥油、饴糖、食盐、膨松剂和发芽大豆粉为原料，用普通方法混合、成型、烘焙，制成饼干。

（3）成品特点 无炒大豆粉味和油腻味，营养丰富，松软，消化性好。

13. 葵花酥饼干

（1）配方 葵花酥饼干配方见表 4-76。

表 4-76　葵花酥饼干配方

原料名称	用量	原料名称	用量
特制粉	50kg	碳酸氢铵	150g
淀粉	2.2kg	小苏打	250g
白砂糖	18.5kg	香兰素	28g
猪油	11kg	抗氧化剂	2.2g
奶粉	1.5kg	柠檬酸	1.1g
蛋黄粉	400g	橙子香油	9g
精盐	150g		

（2）操作要点

① 将特制粉过筛备用。白砂糖加水熬成糖浆并过滤，加水量一般为糖用量的 30%～40%。

② 将熬好的糖浆冷却到 30℃ 左右时，与猪油、蛋黄粉、奶粉混合乳化成乳液，然后加入特制粉、碳酸氢铵、小苏打、抗氧化剂、香兰素、柠檬酸、橙子香油辅料，用和面机调制 8～12min 即可。调制温度控制在 28℃ 左右。

③ 将调制好的面团送入辊轧机内压片。一般采用单向往复压片，压 3～7 次即可，面片厚为 2cm 为宜。

④ 将压制好的面片送入成型机内制成各种样式的饼干生坯。再送入烤炉内烤制。烤制时炉温控制在 200～280℃，烤 3～5min。为提高产品光洁度，入炉时可用蒸汽在饼干生坯表面喷雾。

⑤ 出炉后的饼干待冷却至常温，即可包装。

（3）注意事项　要求香、甜、酥、脆，营养丰富，有蛋奶香味，为高级饼干之一。

14. 胡萝卜饼干

（1）配方　胡萝卜饼干配方见表 4-77。

（2）操作要点

① 制胡萝卜泥状浆料

表 4-77　胡萝卜饼干配方

原料名称	用量	原料名称	用量
面粉	500g	鸡蛋	250g
白砂糖	500g	新鲜胡萝卜	1000g
奶油	30g	碎陈皮	少许

a. 预处理　将胡萝卜洗净，去皮。为保证成品酱体具有鲜艳的红色或橙红色，应注意切除肉质根顶端的绿色叶簇部分，弃之不用。为便于软化、打浆，可将根基较大的原料，进行适当的切碎处理。

b. 软化　为了便于打浆（也称打泥子），经修整或切碎处理的原料，必须加热软化，方可使用。其软化方法有两种，即沸水软化法和蒸汽软化法。

沸水软化法　原料经称重后，置于夹层锅中，然后加入原料重量的 0.75～1 倍的清水，并用柠檬酸调整 pH 为 5.5 左右，开启蒸汽阀门加热至沸，煮沸时间为 20～30min，软化至便于打浆为止。亦可用浓度为 20% 的蔗糖溶液进行煮沸软化，但蔗糖用量应计算在成品酱的配方中。

蒸汽软化法　将胡萝卜原料置于蒸锅中，利用常压蒸汽或加压蒸汽（工作表压在 98kPa 内调整）的热力蒸煮作用，使原料得以软化。采用蒸汽软化工艺，是果蔬原料高温短时间软化的有效方法，与沸水软化法相比，可减少物料中营养成分的损失。在生产应用中，可将胡萝卜原料置于不锈钢等金属制成的笼或盘内，利用立式或卧式杀菌釜代替蒸锅来完成软化。

c. 打浆　通常采用刮板式打浆机，打浆机的筛板孔径为 0.4～1.5mm，经软化处理的胡萝卜，趁热打浆 2～3 次，最后即得到组织细腻，无明显流散的泥状浆料。

② 制饼干　在制成的泥状浆料中加入配料面粉、砂糖、鸡蛋、奶油、碎陈皮（作香料用），混合均匀轧压成饼，切下成型，在 250℃下烘烤 10～15min 即成。

（3）成品特点　老幼皆宜，老人常吃，有软化血管和降低血压的作用，少年儿童常吃，能促进生长发育、提高智力、预防眼疾和保护视力。

15. 蛋制饼干

(1) 配方

① 蛋杏元配方见表 4-78。

表 4-78　蛋制饼干——蛋杏元配方

原料名称	用量	原料名称	用量
上白粉	11.5～13kg	机制白糖	10kg
鸡蛋	10kg	香兰素	5g

② 芝麻蛋元配方见表 4-79。

表 4-79　蛋制饼干——芝麻蛋元配方

原料名称	用量	原料名称	用量
上白粉	12～14kg	机制白糖	10kg
麻仁	6kg	香兰素	5g

③ 花生蛋元配方见表 4-80。

表 4-80　蛋制饼干——花生蛋元配方

原料名称	用量	原料名称	用量
上白粉	12～14kg	机制白糖	10kg
花生米	6kg	香兰素	5g
鸡蛋	10kg		

④ 金钱、牛猁配方见表 4-81。

表 4-81　蛋制饼干——金钱、牛猁配方

原料名称	用量	原料名称	用量
上白粉	13～15kg	黏面砂糖	9～11kg
鸡蛋	10kg	香兰素	5g
机制白糖	12～16kg		

(2) 操作要点

① 先将机制白糖和蛋放入铜锅内打泡，待打到蛋液变白，有一定泡度时，即可拌入面粉成为蛋浆。随后加入香兰素或麻仁、花生米等料。

② 然后用锥形的布袋装入拌好的蛋浆，在布袋的尖端口套进以白铁或铜片制成的圆口平嘴子，在擦了油的烤盘上挤出要求的形状。此时，如需黏面物可粘上黏面白糖。

③ 然后进炉烘烤，烤熟后出炉，稍冷后倒盘，然后装箱或包装即为成品。

（3）注意事项　烘烤金钱、牛犁时，需先放入低温的烘房内（50℃左右），烘 3～4h，使表面起一层硬皮子，再用较低的温度（约120℃）烘烤，这样可使产品色白美观，不破皮。成品营养丰富，易于消化，适宜于幼儿和老年人食用。

16. 两色饼干

（1）配方

① 和白色面团配方见表 4-82。

表 4-82　两色饼干——和白色面团配方

原料名称	用量	原料名称	用量
面粉	200g	牛奶	50g
人造奶油	120g	香兰素	少许
白砂糖	80g		

② 和红色面团配方见表 4-83。

表 4-83　两色饼干——和红色面团配方

原料名称	用量	原料名称	用量
面粉	400g	牛奶	20g
人造奶油	230g	香兰素	少许
草莓糖酱	100g	草莓香精	少许
白糖	120g	红食色素	少许

③ 成型配方见表 4-84。

表 4-84　两色饼干——成型配方

原料名称	用量	原料名称	用量
面粉	200g	鸡蛋	100g

（2）操作要点

① 和白面团　先将面粉过罗放在操作台上，在中间扒开一个坑，放入人造奶油、白糖、牛奶和香兰素；先把坑内的料用手混合搅拌均匀，然后将面粉拌入，调拌均匀，拢合在一起，和成白色的酥面团。

② 和红色面团　将面粉过罗后放在操作台上，在中间扒开一个坑，中间放入人造奶油、白糖、草莓糖酱、香精、红食色素和牛奶，先将坑内的料用手混合搅拌均匀，再将面粉拌入，调和均匀，拢在一起，制成红色面团，然后把两种面团都放在板上，送入冰箱冷却备用。

③ 成型　将冷却后的面团从冰箱里取出来放在操作台上（先在操作台上撒一层扑面），将两种面团都用擀面棍擀成厚 5mm 的面片；然后用红、白、红的顺序摞在一起，共分 3 层；在每一层的中间刷上一层鸡蛋液，使其上下互相粘住，用刀切齐，放在一块木板上或者是铁烤盘上，送进冰箱内冷冻；将其冻硬再从冰箱里取出，放在操作台上，用刀切成宽 4cm 的长条；然后再将长条横过来，再用刀切成厚 5mm 的小片，按红、白、红的切口向上，码在铁烤盘上；找好距离，码满盘，送入 180℃ 的烤炉内；大约经十几分钟，见上边稍有上色，熟后出炉即为成品，晾凉后食用。

（3）注意事项　要求红、白色彩分明，口感酥香，有草莓香味，块小体轻，食用方便，每 500g 约 100 块。

17．粳米饼干

（1）配方　粳米饼干配方见表 4-85。

表 4-85　粳米饼干配方

原料名称	用量	原料名称	用量
碾白粳米	60kg	调味酱油	适量

（2）操作要点

① 将碾白粳米洗净后，放在水中浸泡一夜，翌日取出，沥水后，放在自动连续式蒸煮机中。在 19.8kPa 的蒸汽压下蒸 20min。得到的蒸米含水分 36%。

② 将蒸米立即投入 180g 水中，搅拌使米粒松散，水洗 5min 后取出，沥水。这时米中含水分 54.1%。

③ 再放入蒸煮机中，在 19.8kPa 的蒸汽压下蒸煮 10min，得到水分含量 55.8% 的蒸煮米。

④ 将蒸米冷却到 40℃，通过间隙为 2cm 的压辊，米粒表面产生黏性，接着通过间隙为 3mm 的压辊，米粒表面相互黏结，成片状，用成型模将片状料坯压制成长 8cm、宽 6cm 的长方形料坯。

⑤ 放在自动连续式热风干燥机内，在 80℃ 的温度中干燥 3h，得到水分含量 18.5% 的料坯。

⑥ 将料坯放在密闭容器中保存，饧发一夜后，取出，进行二次干燥。二次干燥是用 80℃ 的温度干燥 3h，得到水分含量 8% 的料坯。

⑦ 将料坯放在煤气烤箱中烘焙，并用调味的酱油加味。加味后用离心机去掉多余的酱油，使之干燥。即得到制品。

（3）注意事项 保留米粒形状的同时使米粒膨胀，外形美观，而且口感松软。

18. 法式蛋白杏仁饼十

（1）配方 法式蛋白杏仁饼干配方见表 4-86。

表 4-86 法式蛋白杏仁饼干配方

原料名称	用量	原料名称	用量
杏仁和蛋白杏仁酱	908g	蛋白	227g
砂糖	340g	水果或硬壳果	适量
面粉	340g	葡萄糖	适量

（2）操作要点 将杏仁、蛋白杏仁酱和砂糖捣碎。渐渐地加入蛋白，以得到均匀的糊状物。将糊状物用带星状管的糕点袋挤到排有纸的盘上。用水果或硬壳果作装饰后放置一夜。然后每炉烤两盘。趁热涂上 3 份葡萄糖和 1 份水的热混合物。烘烤温度为 204℃。

（3）注意事项 要有杏仁的香味，可适当加些杏仁香精。

19. 韧性可可蛋白杏仁饼干

(1) 配方　韧性可可蛋白杏仁饼干配方见表 4-87。

表 4-87　韧性可可蛋白杏仁饼干配方

原料名称	用量	原料名称	用量
白砂糖	454g	蛋糕粉	28g
蛋白杏仁	454g	人造奶油	56g
葡萄糖	113g	香草粉	适量
蛋白	170g	食盐	适量

(2) 操作要点　将糖、水、葡萄糖、人造奶油、盐和香草一起煮沸。撤火，将其余的原料拌入。用带平口管的糕点袋将它们挤到排好纸的平板盘上。烘烤温度为 163~177℃。

(3) 注意事项　要有嚼劲。

20. 浅糖霜可可蛋白杏仁饼干

(1) 配方　浅糖霜可可蛋白杏仁饼干配方见表 4-88。

表 4-88　浅糖霜可可蛋白杏仁饼干配方

原料名称	用量	原料名称	用量
饴糖	454g	蛋白	227g
食盐	7g	白杏仁	454g
水	113g	砂糖	227g
香草粉	适量	面粉	500g

(2) 操作要点　将饴糖和水一起煮沸做成糖浆。将蛋白和香草粉一起搅拌到发亮，然后加入砂糖搅拌到产生一个湿泡。加入糖浆及其他原料拌和。用带星口管的糕点袋将它们挤到排好纸的平底锅上。烘烤温度为 150℃。

(3) 注意事项　可在表面撒些糖粉作装饰。

21. 杏仁蛋白饼干

(1) 配方　杏仁蛋白饼干配方见表 4-89。

表 4-89　杏仁蛋白饼干配方

原料名称	用量	原料名称	用量
杏仁酱	908g	蛋白	283g
砂糖	908g	蛋糕粉	150g

　　(2) 操作要点　将杏仁酱和糖一起搓揉。渐渐地加入蛋白、蛋糕粉直到均匀，成为中等硬度的糊状物。用带平口管的糕点袋挤到放有纸的盘上。烘烤前用毛巾将蛋白杏仁弄湿，使它们在放进烤炉前不要干烘。烘烤温度为 163℃。

　　(3) 注意事项　可适当加点杏仁香精。

　　22. 坚果薄脆饼（坚果指形饼）

　　(1) 配方　坚果薄脆饼配方见表 4-90。

表 4-90　坚果薄脆饼配方

原料名称	用量	原料名称	用量
蛋白	454g	玉米淀粉	56g
细筛的坚果	454g	黑糖	454g
白砂糖	454g	肉桂	适量

　　(2) 操作要点　搅打蛋白和糖，直到得到一个湿润的糖霜。搅拌其余的原料并放入蛋白中。用带星口管的糕点袋将混合物挤到放有纸的盘中。压成圆形或手指形。烘烤温度为 135℃。

　　(3) 注意事项　要呈指形，酥脆可口。

　　23. 松脆饼

　　(1) 配方　松脆饼配方见表 4-91。

表 4-91　松脆饼配方

原料名称	用量	原料名称	用量
蛋白	454g	糖	454g
蛋黄	454g	面包粉	454g

　　(2) 操作要点　慢慢地将糖加入蛋白中，搅打成一个硬泡。将搅

打的蛋黄加入混合物中。过筛面包粉并加入混合物中。用一只平口管将混合物挤成指形，放在放有纸的平板盘上。撒上糖粉后直接烘烤。烘烤温度为204℃。

（3）注意事项　要酥脆，口感好。

24. 维也纳香草饼干

（1）配方　维也纳香草饼干配方见表4-92。

表4-92　维也纳香草饼干配方

原料名称	用量	原料名称	用量
低筋面粉	140g	生奶	少许
无盐奶油	100g	香草荚	1根
细砂糖	60g	食盐	少许
杏仁粉	50g	糖粉	少许
蛋黄	50g	香草精	少许

（2）操作要点

① 烤箱预热至170℃，无盐奶油于室温软化，低筋面粉过筛，烤盘上铺焙烤纸，香草荚横切剖开，刮出泥，放入细砂糖里。

② 将奶油打散，将香草泥和糖粉搅打至略呈绒毛状，加入盐、香草精少许，蛋黄搅打均匀。加入杏仁粉和低筋面粉，用刮刀搅拌均匀成团，若面团太硬可加入少许牛奶拌匀，包好冷藏1～2h。

③ 将面团分割成25g小球，搓成5cm长形圆筒状，然后放入烤盘里，做成月牙形。

④ 放入烤箱烤15～20min，呈金黄色时即可出炉，置于网架上，撒上糖粉，放凉密封。

（3）注意事项

① 烘烤饼干时需要留约2cm的宽度，因焙烤后饼干会膨胀。

② 香草荚和香草豆在中药店有卖，若没有可改以香草精代替。

③ 每次烤饼干时若底部已上色，可多垫一层烤盘纸以防焦底。

25. 手指饼干

（1）配方　手指饼干配方见表4-93。

表 4-93　手指饼干配方

原料名称	用量	原料名称	用量
低筋面粉	90g	蛋白	150g
蛋黄	150g	糖粉	少许
白砂糖	95g	香草精	少许

（2）操作要点

① 烤箱预热至 200℃，低筋面粉过筛备用，取 30g 砂糖和蛋黄，用打蛋器搅打至糖溶化，加入香草精拌匀备用。

② 蛋白用电动打蛋器搅打起泡，将剩余砂糖分 2 次加入，搅打至蛋白呈挺立状且有光泽。

③ 结合做法①和做法②，轻轻拌匀（不用拌太匀），将筛过的面粉加入，轻轻用刮刀搅拌，拌至见不到粉末即可。

④ 将做法③制成物装入平口中型挤花嘴的挤花袋中，在烤盘内的烤盘纸上挤出 7.6cm 长的条状，饼干之间要留 2～3cm 的间隔（因烤过后的饼干会胀大），轻轻撒上一层糖粉（糖粉放小筛子内）。

⑤ 移入烤箱上层烤约 8min，呈金黄色即可取出，从背部撕去焙烤纸，置于网架上冷却后密封。

（3）注意事项

① 挤面糊，收尾时往上拉，形状才会美，但不一定要挤成长条状，也可挤成直径 2cm 的圆形状。

② 待饼干冷却后中间可涂抹果酱，2 片重叠。

③ 注意打蛋白的硬度和光泽，搅拌时动作要快，手要轻且不可拌太久，免消泡。

④ 若面糊挤在烤盘纸上散开呈流体状，即是失败（不是没打发就是打得太发或是搅拌过度），需重做。

⑤ 烤时火温要足，上火大下火小，因此放在中上一层烤，温度较适中。

26. 牛奶韧性饼干

（1）配方　牛奶韧性饼干配方见表 4-94。

225

表 4-94　牛奶韧性饼干配方

原料名称	用量	原料名称	用量
高筋面粉	200g	鸡蛋	15g
牛奶	70g	黄油	16g
奶粉	20g	植物油	16g
糖粉	65g	小苏打	2.5g

（2）操作要点

① 面粉、奶粉、糖粉、小苏打混合过筛后，加入打散的鸡蛋、植物油、软化的黄油、牛奶；用手揉成面团，将面团放在案板上，使出做面包揉面的劲儿，用力地揉、搓、摔、捏，使面团里的面筋逐渐形成。

② 揉好的面团，放在案板上松弛 15min。

③ 案板上撒薄面防粘，将面团擀开至 0.2cm 厚。用叉子在面团上叉出细密的小孔，然后用饼干模具刻出饼干模型（或者直接切成小方块也可以）。

④ 将刻好的饼干面团摆在烤盘上，每两个面团间留出一定空隙。刻完饼干剩下的边角料，可以重新揉成面团擀开再次使用。

⑤ 将烤盘放入预热好上下火 175℃的烤箱中层，烤 10min 左右，直到饼干表面变成金黄色，把饼干取出，晾凉后密封保存。

27. 法式香菜蒜香脆饼干

（1）配方　法式香菜蒜香脆饼干配方见表 4-95。

表 4-95　法式香菜蒜香脆饼干配方

原料名称	用量	原料名称	用量
中筋面粉	300g	全蛋汁	50g
盐巴	4g	白胡椒	少许
细砂糖	10g	水	90g
无盐黄油	20g	香菜末	3 大匙
橄榄油	20g	蒜末	1 大匙

（2）操作要点

① 香菜稍微洗干净就可以，洗的过久香气就会变淡，沥干水分切成末；大蒜稍微拍下去皮也切成末状；面粉直接过筛在桌面上，中间围成一个空心圆。

② 空心圆中放入糖、盐、水、橄榄油、黄油、蛋汁、香菜末、蒜末、白胡椒。

③ 用手将面粉中心的材料先搅和均匀，再把面粉由内往外和均匀成面团。

④ 面团包入保鲜膜，入冰箱冷藏 30min。

⑤ 桌面上先撒上少许的高筋面粉防粘，稍微压平醒好的面团，用擀面棍擀成薄片。

⑥ 面皮最好擀薄一些，这样烤好的饼干会更脆，用滚轮刀或普通的刀割成正方形和自己喜欢的形状，排放在抹过薄油的烤盘上。

⑦ 送入已预热过的烤箱（180℃），放在中上层，烘烤 15～17min 呈金黄色即可。

28. 飘香小圆饼

（1）配方 飘香小圆饼配方见表 4-96。

表 4-96 飘香小圆饼配方

原料名称	用量	原料名称	用量
低筋面粉	200g	糖粉	80g
花生酱(粗粒型)	130g	泡打粉	1/2 小勺
植物油(花生油最佳)	100g	盐	1/4 小勺

（2）操作要点

① 称取 130g 粗粒型的花生酱，加入 100g 植物油，用打蛋器搅打，直到花生酱和油混合均匀；加入 80g 糖粉，搅打均匀；加入 1/4 小勺盐，搅打均匀。

② 200g 面粉和 1/2 小勺泡打粉混合过筛，加入第 1 步的混合物中，揉成柔软的面团。

③ 取一小块面团，先揉成圆形，再轻轻压扁，做成小圆饼形状。

④ 做好的小圆饼排入烤盘，用叉子在表面压一下，压出花纹（不压也可）。放进预热好的烤箱烘焙，180℃，18min 左右。

29. 意大利脆饼

(1) 配方　意大利脆饼配方见表 4-97。

表 4-97　意大利脆饼配方

原料名称	用量	原料名称	用量
低筋面粉	200g	盐	4g
鸡蛋	85g	香草精	1/2 小勺
糖	100g	泡打粉	5g
大杏仁	80g	鸡蛋液	适量

(2) 操作要点

① 将除鸡蛋以外所有材料混合均匀（包括香草精），其中大杏仁需要事先稍切碎。

② 加入打散的鸡蛋液，搅拌均匀，成为面团（开始的时候面团会很粘手）。把面团放在案板上，制作成一整条的长条状。放入烤盘，表面刷一层鸡蛋液，放入预热好的烤箱烤焙，160℃，烤 40min 左右，到表面微金黄色即可。

③ 把烤好以后的长面团取出来，稍微冷却以后，切成 1cm 厚的薄片。

④ 把薄片排列在烤盘上，烤箱预热到 135℃，继续烤 30min 左右，直到烤干饼干中的水分。

30. 玛格丽特小饼干

(1) 配方　玛格丽特小饼干配方见表 4-98。

表 4-98　玛格丽特小饼干配方

原料名称	用量	原料名称	用量
面粉	100g	黄油	60g
玉米淀粉	100g	熟蛋黄	1 个
糖粉	45g		

(2) 操作要点

① 先将面粉和玉米淀粉过筛混合均匀，将黄油在室温下静置待其变软，分 3 次加入糖粉并打发。

② 将蛋黄捏碎，放入打发好的黄油中拌匀，然后加入过筛的面

粉，捏成团状放入冰箱中冷藏 1h 左右备用。

③ 取出后揪成小块，揉成小球，放在烤盘上按一下，使其裂成小花。

④ 烤箱 170℃ 预热 5min，再在中间一层用 200℃，烤 10～15min 即可。

第四节 苏打饼干生产工艺与配方

苏打饼干是采用酵母发酵与化学疏松剂相结合的发酵性饼干，具有酵母发酵食品固有的香味，内部结构层次分明，表面有较均匀的起泡点，由于含糖量极少，所以呈乳白色略带微黄色泽，口感松脆。

一、苏打饼干生产的工艺流程

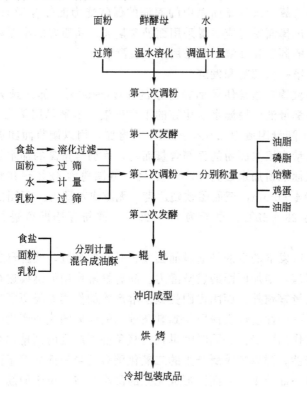

二、苏打饼干生产操作技术要点

1. 苏打饼干面团的调制与发酵

苏打饼干是利用生物疏松剂（酵母）在生长繁殖过程中产生二氧化碳，并使其充盈在面团中，二氧化碳在烤制时受热膨胀，加上油酥的起酥效果，而形成特别疏松的成品质地和具有清晰的层次结构断面的饼干。酵母发酵时，面团中的蛋白质和淀粉会部分地分解成易被人体消化吸收的低分子营养物质，使制品具有发酵食品的特有香味。

苏打饼干面团的配料不能像酥性饼干那样含有较多量的油脂和糖分，其原因之一就是高糖分高油脂会明显影响酵母的发酵力。高糖分所形成的高渗透压会使酵母细胞发生质壁分离，甚至使发酵作用停止。高油脂可在酵母细胞外形成油膜，隔离酵母细胞与外界的联系，影响酵母的呼吸，同样可使发酵作用停止。另外，面团在发酵过程中所产生的二氧化碳是靠面团中的面筋的保气能力而保存于面团中的，为此，在选择面粉时应尽量采用面筋含量高、品质好的小麦粉。

面团的调制和发酵一般采用二次发酵法。

（1）第一次调粉和发酵

第一次调粉通常使用面粉总量的 40％～50％，加入预先用温水溶化的鲜酵母液或用温水活化好的干酵母液。鲜酵母用量为 0.5％～0.7％，干酵母用量为 1.0％～1.5％。再加入用以调节面团温度的温水，加水量应根据面粉的面筋含量而定，面筋含量高的加水量就应高些。一般标准粉加水量为 40％～42％，特制粉为 42％～45％。调制的时间需 4～6min，至面团软硬适度，无游离水即可。面团的温度要求冬天为 28～32℃，夏天为 25～29℃。调粉完毕即可进行第一次发酵。

第一次发酵的目的是通过面团较长时间的静置，使酵母在面团中大量地繁殖，增加面团的发酵潜力。随着发酵作用的继续进行，除酵母得到大量繁殖外，面团也因受到发酵产物的作用而经历了较大的变化。面粉中的面筋性蛋白质受到乳酸菌和醋酸菌的代谢产物——乳酸和醋酸的作用而变性，同时酵母在无氧条件下产生的酒精也会使面筋溶解和变性。酵母呼吸所产生的二氧化碳有相当一部分溶于面团的水分中，另一部分则进入面团形成无数的微小气室。由于面筋的网络结构所具有的保气性和二氧化碳的慢扩散率使面团的体积逐渐鼓胀，当二氧化碳逐渐增多达到饱和时，面筋的网状结构处于紧张状态，继续产生的二氧化碳气体就会使面团中的膨胀力大大超过面筋本身的抗胀限度而使面团塌架，此时，面团的高度就会回落，性能也会变得稀软。这一系列的变化，会使面团在发酵终了时，形成海绵状组织，面筋量减少，面团的弹性降低到理想的程度，并产生发酵所特有的风味。发酵完毕时，面团的 pH 有所降低，为 4.5～5，发酵时间为6～10h。

(2) 第二次调粉和发酵

第一次发酵好的面团，常称作为"酵头"。在酵头中加入其余50％～60％的面粉和油脂、精盐、饴糖、鸡蛋、乳粉等原辅料，在调粉机中调制 5～7min。冬天面团温度应保持在 30～33℃，夏天 28～30℃。如果要加入小苏打，应在调粉接近终了时再加入，这样有助于面团的光滑和保持面团中的二氧化碳。

第二次调粉发酵和第一次调粉发酵的主要区别是配料中有大量的油脂、食盐以及碱性疏松剂等物质使酵母作用变得困难。但由于酵头中大量酵母的繁殖，使面团具有较强的发酵潜力，所以 3～4h 就可发酵完毕。第二次调粉时应尽量选择弱质粉，可使口感酥松，形态完美。前后两次调粉的共同点是调粉时间都很短。习惯上认为长时间的调粉会使饼干质地变得僵硬。

2. 苏打饼干面团的辊压与成型

(1) 面团的辊压

在苏打饼干生产过程中，面团辊轧也是一道不可缺少的重要工序。发酵面团在发酵过程中形成了海绵状组织，经过辊压可以驱除面团中多余的二氧化碳气体，以利于发酵作用的继续进行，并使面带形成多层次结构；经过辊压后的面带有利于冲印成型；发酵饼干生产中的夹酥工序也需在辊压阶段完成。夹入油酥的目的是为了使发酵饼干具有更加完善的层次结构，提高饼干的松脆性，并赋予制品以特色风味。

苏打饼干的油酥一般由小麦粉、油脂和盐调制而成，也有的加入一些抗氧化剂和柠檬酸。各种原料的配比一般为：以面团面粉用量为

100 计，则相应的油酥用粉为 27.8，油脂 8.1，食盐 2.8。当然，也可以视需要或具体情况加以调整。苏打饼干的面团辊轧通常都采用立式层压机进行辊压。在面团辊轧过程中，需要控制的一个重要工艺参数是压延比。如前所述，压延比是经过同道轧辊前后面片的厚度之比，它反映了面片经辊轧后厚度变薄的程度。压延比的大小对辊轧后面片结构有很大影响。苏打饼干面团在辊轧过程中，应根据不同辊轧阶段的具体情况合理地控制压延比。在未加油酥之前压延比不宜超过 3∶1，否则，压延比过大，面带压得太紧太薄，便不利于加油酥后的再压延，影响制品疏松。压延比也不能太小，过小则新鲜面团辊轧不匀，使烘烤后的饼干出现疏松度不均匀和色泽不均匀的所谓"花斑"现象。这种现象的出现是由于头子已经过了成型机辊筒压延的机械作用而产生机械硬化现象，若不能与新鲜面团轧压均匀，却又经第二次成型的机械作用，会使疏松的海绵状结构变得结实，表面坚硬，烘烤时影响热的传导，不易上色，饼干僵硬，出现花斑。加入油酥以后的辊轧，更应注意压延比，一般要求 2∶1 到 2.5∶1，压延比过大，表面易轧破，油酥外露，造成饼干胀发率差，颜色变深，色泽不匀，出现僵片、残次品等。油酥的加入必须待面带辊轧光滑后加入，头子也必须铺匀，辊轧好后，不采用划块，而采用折叠 4 次，并旋转 90°。一般包油酥两次，每次包入油酥两层。

（2）冲印成型

发酵面团经辊轧后，折叠成匹进入成型机。首先要注意面带的接缝不能太宽，由于接缝处是两片重叠通过轧辊，压延比陡增，易压坏面带的油酥层次，甚至使油酥裸露于表面成为焦片。面带要保持完整，否则会产生色泽不均匀的残次品。

如前所述，苏打饼干的压延比要求甚高，这是由于经过发酵的面团有着均匀细密的海绵状结构。经过夹油酥辊轧以后，使其成了带有油酥层的均匀面带。压延比过大将会破坏这种良好的结构而使制品不疏松，不光滑。

成型时，面带在压延和运送过程中不仅应防止绷紧，而且要让成型机第二对和第三对辊筒轧出的面带保持一定的下垂度。使压延后产生的张力立即消除，防止饼坯变形。

发酵饼干的印模与韧性饼干不同，韧性饼干采用凹花有针孔的印模，发酵饼干不使用有花纹的针孔印模。因为发酵饼干弹性较大，冲印后花纹保持能力很差，所以一般只使用带针孔的印模就可以了。

3. 苏打饼干的烘烤与冷却

苏打饼干的饼坯在烘烤初期中心温度逐渐上升，饼坯内的酵母作用也逐渐旺盛起来，呼吸作用十分剧烈，产生大量的二氧化碳，使饼坯在炉内迅速胀发，形成海绵状结构。除酵母的发酵活动外，蛋白酶的作用也因温度升高而较面团发酵时剧烈得多。中心层的温度达到 45～60℃时，蛋白酶水解蛋白质生成氨基酸的作用最明显。但中心层温度的增高迅速，使得这种作用进行的时间十分短暂，因此不可能有大量氨基酸生成。

面粉本身的淀粉酶在烘烤初期也由于温度升高而变得活跃起来，由于 部分淀粉受热而糊化，使得淀粉酶容易作用。当饼坯温度达到 50～60℃时，淀粉酶的作用加大，生成部分糊精和麦芽糖。当饼坯中心温度升到 80℃时，各种酶的活动因蛋白质变性而停止，酵母死亡。

发酵时面团中所产生的酒精、醋酸在烘烤过程中受热而挥发，乳酸的挥发量极少，小苏打受热分解而使饼干中带有碳酸钠。所以，通常饼干坯此时的 pH 经烘烤后会略有上升。但 pH 虽然稍有升高，烘烤时也不能大量驱除乳酸，消除过度发酵面团所带来的酸味。

在烘烤过程中，温度逐渐上升而使蛋白质脱水，其水分在饼坯内形成短暂的再分配，并被剧烈膨胀的淀粉粒吸收。这种情况只存在于中心层，表面层由于温度迅速升高，脱水剧烈而不明显。所以，饼干表面所产生的光泽不完全依赖其本身水分再分配生成糊精，而必须依靠烤炉中的湿度来生成。在烤炉中饼坯的中心层只需经过 1.5min 左右就能达到蛋白质的凝固温度，所以说，第二阶段烘烤是蛋白质变性阶段。

烘烤的最后阶段是上色阶段，此时由于饼干坯已脱去了大量的水分而进入表面上色阶段。pH 对发酵饼干的烘烤上色关系甚大。如果面团发酵过度，糖分被酵母和产酸菌大量分解，致使参与美拉德反应的糖分减少，pH 下降，不易上色。如甜饼干烘烤时，除了美拉德反应外，后期尚有糖类的焦糖化反应存在。在甜饼干配方中除砂糖外，乳制品和蛋制品也有上色作用，都属于美拉德反应类型。

　　苏打饼干的烘烤温度，入炉初期下火需旺盛，上火可以低一些，使饼干处于柔软状态，不迅速形成硬壳，有利于饼干坯体积的胀发和二氧化碳气体的外逸。加强下火使热量迅速传导到中心层，促使饼坯内的二氧化碳急剧膨胀，在一瞬间即将饼坯胀发起来。如果炉温过低，烘烤时间过长，饼干易成为僵片。在烘烤的中间区域，要求上火渐增而下火渐减，因为此时虽然水分仍然在继续蒸发，但重要的是将胀发到最大限度的体积固定下来，以获得良好的焙烤弹性。如果此时温度不够高，饼坯不能凝固定型，形成胀发起来的饼坯重新塌陷而使饼干密度增大，制品最后不够疏松。最后阶段上色时的炉温度通常低于前面各区域，以防成品色泽过深。

　　发酵饼干的烘烤不能采用钢带和铁盘，应采用网带或铁丝烤盘。因为钢带不容易使发酵饼干产生的二氧化碳在底面散失，如果用钢丝带可避免此弊端。发酵饼干烘烤完毕必须冷却到 38～40℃ 才能包装。其他要求与前述韧性饼干相同。

三、苏打饼干生产操作注意事项

1. 面团温度

　　苏打饼干面团温度的掌握，具有特殊的意义。因为发酵面团所使用的疏松剂是酵母，酵母的生长与繁殖受到许多因素的影响，温度就是其中最重要的因素之一。因面团的温度就是酵母赖以生存的温度，面团的温度掌握得是否适当，直接关系到酵母的生活环境。所以，面团的温度对酵母的生长和繁殖具有重要意义。酵母繁殖适宜的温度是 25～28℃，而在面团中的最佳发酵温度是 28～32℃。第一次发酵的目的是既要使酵母大量繁殖又要保证面团能发酵产生足够的二氧化碳气体，所以面团的温度应该掌握在 28℃ 左右。但是，夏天如在无空调设备的发酵室内发酵，便无法控制面团的温度，面团常易受气温的影响而升高，而且在发酵过程中因酵母发酵和呼吸时所产生的热量不易散发而聚集在面团内，均易使面团的温度迅速升高。所以，夏季宜把面团的温度调得低一些（一般低 2～3℃）。冬季则不然，由于发酵室内的温度通常都低于 28℃，调制好的面团在室内初期温度就会低一些，到了发酵后期，才会因酵母本身生命活动过程中所产生的热量而使面团温度略有回升。因此，冬季调制面团时，应将温度控制得高一些。

2. 加水量

发酵面团的加水量是一个波动范围较大的参数，加水量的多少依据面粉的品质及吸水率等因素而定。面粉的吸水率大加水就多些；吸水量小，加水就宜少些。在进行二次调粉操作时，加水量不仅要视面粉的吸水率大小，还要看第一次发酵的程度而定。第一次面团发得越老，加水量就越小。反之，第一次发酵不足，则在第二次调粉时就适当地多加一些水。另外，酵母的繁殖力随面团加水量增加而增大，故在第一次发酵时，面团可适当地调得软一些，以利于酵母增殖。面团调制时加水量稍多，虽可使湿面筋形成程度高，但其抗胀力弱，所以面团发得快，体积大，且由于发酵过程中有水生成，加之油、糖及盐的反水化作用，就会使面团变软和发黏、不利于成型作业，所以调制面团时不能过软。另一种情况是筋力过弱的面粉亦不能采用软粉发酵，否则发酵完毕后会使面团变得弹性过低，造成成品僵硬。当然，面团在调制时若加水量太少，也会使面团硬度过高，导致成品变形。

3. 用糖量

酵母正常发酵时的碳素源主要依靠其自身的淀粉酶水解面粉中的淀粉而获得。但在第一次调粉时，原料中能供鲜酵母发育和繁殖所需要的碳源主要是面粉中原有的含量很少的可溶性糖分，以及由面粉和酵母中的淀粉酶水解淀粉而获得的可溶性糖分。但是，在发酵初期酵母中的淀粉酶活力不强，面粉本身的淀粉酶活力甚低，这些糖分不能充分满足酵母生长和繁殖的需要，此时，就需要在第一次调粉时在面团中加入 $1\%\sim1.5\%$ 的饴糖、蔗糖或葡萄糖，以加快酵母的生长繁殖和发酵速度，这与加入淀粉酶有相同的效果。如果面粉中淀粉酶的活力很高，就不必再加糖。同时，还应该注意到，过量的糖对发酵是极为有害的，糖浓度较高的面团会产生较大的渗透压力，使酵母细胞萎缩，并会造成细胞原生质分离而大大降低酵母的活力。第二次调粉时，无论何种发酵饼干加糖的目的都不是为了给酵母提供营养，而是从工艺上考虑和成品的口味要求而加入的。

4. 用油量

苏打饼干要使用较多的油脂，以使制品疏松。油脂总使用量比韧性饼干和某些低档的酥性饼干多，但对酵母发酵来说，多量的油脂对酵母的发酵是不利的。调制苏打饼干的面团通常使用优良的猪板油或其他固体起酥油。另外，在解决既要多用油脂以提高饼干的疏松度，又要尽量减少对酵母发酵活动的影响的矛盾时，一般都采用将一部分油脂在和面时加入，另一部分则与少量面粉、食盐等拌成油酥，在辊轧面团时加到面片之中。

5. 用盐量

苏打饼干的食盐加入量一般为面粉总量的 1.8%～2.0%。食盐对面筋有增强其弹性和坚韧性的特点，可使面团抗胀力提高，从而提高面团的保气性；食盐同时又是面粉中淀粉酶的活化剂，能增加淀粉的转化率，供给酵母充分的糖分；食盐是调节口味的主料，能满足改善口味的需要。食盐最显著的特点就是具有抑制杂菌的作用。但过多地加入食盐就会适得其反，酵母的耐盐力虽然比其他有害菌强得多，但过高的食盐浓度同样会抑制其活性，使发酵作用减弱。为此，通常将配方中用盐总量的 30% 在第二次调粉时加入，其余70% 的食盐则在油酥中拌入，以防数量过多的食盐对酵母的发酵作用产生影响。

发酵面团在发酵过程中物理性能方面的变化首先是干物质重量的减轻，这是因为面团在发酵过程中酵母菌利用了一些营养素，产生的二氧化碳有相当一部分挥发损失掉，故使面团的重量有所减轻，面团中各气体的成分也有了明显的改变，发酵前面团内的气体主要是空气，发酵后面团中充斥了大量的二氧化碳和少量的乙醇，结果使面团体积膨大，并带有酒香味。其次是热量的放出和含水量的增加。酵母无论是在无氧呼吸还是有氧呼吸过程中都要产生一定的热量，并且有水生成，因而面团就会变软、发黏、流散性增加。发酵后的面团中有机酸含量增加，pH 降至 4.5～5.0。

综上所述，发酵面团的调制受到许多因素的影响，一些因素有了变化，其他因素也要相应地变化。

四、各种苏打饼干的生产配方

1. 奶油苏打饼干

（1）配方　奶油苏打饼干配方见表4-99。

表4-99　奶油苏打饼干配方

原料名称	用量	原料名称	用量
面粉	5000g	酒花液	250g
奶油	750g	水	1750g
人造奶油	250g	味精	少许
精盐	70g	香草粉	少许
小苏打	25g		

（2）操作要点

① 和面肥　先用1500g面粉过筛放在盆里，加入250g酒花液和750g凉水，调和均匀，用手抖一抖，将和好的面抖的有劲，有了光皮，盆的上边盖上布，送入大约35℃的温室，饧发，经8~9h，发到上边有塌陷，即发好，成为发酵好的面肥。

② 和面　将其余的3500g面粉，过筛放入已发酵好的面肥盆里，再把人造奶油、奶油、精盐、味精、苏打、香草粉、大约1000g的凉水都同时放入盆里，调和均匀，将面和好，用布盖上送入温室，饧发。

③ 成型、烘烤　把和好的面饧发30~40min后。从温室取出，把饧好的面，放在轧面的机器台上，使机器往返轧3~4遍，每一遍轧过后，叠成3~4折再轧，将面片轧匀。然后将机器定成3mm厚，把轧好的面片，再次轧过，成为3mm厚的饼干片。使饼干模子戳下，摆入擦干净的铁烤盘上，送入200℃烤炉，烤成黄色，烤熟出炉。

（3）注意事项　要求松酥适口，宜于消化。

2. 苏打饼干

（1）配方

① 皮料配方见表4-100。

表 4-100　苏打饼干——皮料配方

原料名称	用量	原料名称	用量
富强粉	14.5kg	猪油	3.5kg
白砂糖粉	1kg	温水（30～50℃）	7kg

② 酥料配方见表 4-101。

表 4-101　苏打饼干——酥料配方

原料名称	用量	原料名称	用量
富强粉	14.5kg	精盐	375g
白砂糖粉	1kg	花椒面	60g
猪油	2.5kg	味精	25g
植物油	5.5kg	碳酸氢铵	50g

③ 饰面料配方见表 4-102。

表 4-102　苏打饼干——饰面料配方

原料名称	用量	原料名称	用量
扑面粉	1.5kg	芝麻仁	500g
刷面鸡蛋	750g		

（2）操作要点

① 合皮　富强粉过筛后置于操作台上围成圈，投入白砂糖粉、水和猪油，搅拌均匀后加入富强粉，混合均匀后用温水浸扎一二次，调成软硬适宜的筋性面团。分成每块 2.6kg 饧发，各下 80 个小坯。

② 调酥　富强粉过筛后置于操作台上，与白砂糖粉及各种小料拌匀，再加猪油和植物油擦成软硬适宜的油酥性面团。分成每块 2.8kg，各打 80 小块。

③ 成型　取一块皮面摁成中间厚的扁圆形，将油酥均匀包入，用小擀面杖擀成长方形，从两端向中间折叠成三层，擀成长条状，松松卷起，再擀成长方形，再从两端向中间折叠，调过来按此方法又叠一次，擀成 10.5～5.5cm 的长方形。表面均匀地刷上一层鸡蛋液，

稀稀地撒上芝麻仁，找好距离，摆入烤盘，准备烘烤。按成品每千克16块取量。

④ 烘烤　调好炉温，将摆好生坯的烤盘送入炉内，烘烤温度为150～160℃。烤成表面金黄色，底面红褐色，熟透出炉，冷却后装箱。

3.富含锌、铁、钙的保健饼干

(1) 配方

① 配方一见表4-103。

表4-103　富含锌、铁、钙的保健饼干（配方一）

原料名称	用量	原料名称	用量
优质面粉	100kg	精盐	800g
奶油	10kg	香兰素	500g
精炼油	8kg	锌盐	10g
糖水	21kg	铁盐	50g
饴糖	2kg	奶粉	2kg
钙盐	2kg	香精	少许
鲜蛋	4kg	膨松剂	适量
磷脂	1kg		

② 配方二见表4-104。

表4-104　富含锌、铁、钙的保健饼干（配方二）

原料名称	用量	原料名称	用量
优质面粉	100kg	磷脂	1kg
奶油	10kg	精盐	800g
精炼油	10kg	香兰素	500g
糖水	16kg	锌盐	10g
饴糖	2kg	铁盐	50g
钙盐	2kg	葱油	11kg
奶粉	2kg	膨松剂	适量
鲜蛋	5kg		

（2）操作要点

① 各种原辅料须经预处理方可用于生产。面粉需过筛，以增加膨松性，去除杂质；糖需化成一定浓度糖液；油化成液态，各种添加剂需溶于水过滤后加入，并注意加入顺序。

② 须计算好总液体体积，一次性定量好，忌中途加水，且各种辅料应加入糖浆中搅打均匀方可投入面粉。

③ 严格控制打粉时间，防止过度起筋或筋力不足。

（3）注意事项

① 原辅料选择：优质面粉，要求使产品洁白、酥松；白砂糖、优质饴糖，要求产生良好口感和色泽，并起酥松作用；鸡蛋、奶粉，要求调节营养结构及口味，产生酥松效果；奶油、精炼植物油，要求含脂肪较少，可产生理想的酥松效果；卵磷脂，要求使饼干酥松柔和，具有良好健脑保健作用。

② 强化剂：葡萄糖酸锌，要求具有良好水溶性及吸收性，耐热，直接参与代谢；乳酸亚铁，要求水溶性、热稳定性好，易于吸收参与代谢；乳酸钙以补充钙质。

③ 须计算好总液体体积，一次性定量好，忌中途加水，且各种辅料应加入糖浆中搅打均匀方可投入面粉。

④ 严格控制打粉时间，防止过度起筋或筋力不足。

4. 巧克力纤维饼干

（1）配方　巧克力纤维饼干配方见表 4-105。

表 4-105　巧克力纤维饼干配方

原料名称	用量	原料名称	用量
面包用面粉	36.7kg	巧克力香精	0.5kg
人造奶油	11.2kg	巧克力片	11.5kg
大豆纤维粉	3.2kg	小苏打粉	0.4kg
起酥油	10kg	玉米糖浆	11kg
食盐	0.5kg	鸡蛋	7kg
碎核桃肉	8kg		

（2）操作要点

将人造奶油、起酥油、食盐、香草香精、小苏打、鸡蛋一起打成糊状，加入大豆纤维粉、面包用面粉、碎核桃肉、巧克力片、玉米糖浆搅拌均匀，装入模具中，177℃烘10～15min，即得。

（3）注意事项　如巧克力风味不足，可在配方中加些可可粉。

5. 纤维饼干

（1）配方　纤维饼干配方见表4-106。

表4-106　纤维饼干配方

原料名称	用量	原料名称	用量
面粉	100kg	碳酸氢铵	0.2～0.4kg
柠檬酸	0.5kg	砂糖	25～28kg
麦麸	5～8kg	奶粉	2～5kg
鸡蛋	适量	水	适量
碳酸氢钠	0.4～0.6kg	盐粉	0.2kg
豆油	14～18kg	硫酸	适量

（2）操作要点

① 酶解植酸纤维制备　麦麸除杂后粉碎，经200目筛筛选，将筛下物与水在恒温罐内搅拌混合均匀，升温至50～57℃，用硫酸将pH调到5.0左右，缓慢搅拌并维持此温度6～8h，麦麸中的植酸在植酸酶作用下分解为糖类等物质。快速将麸料冷却至室温待用。

② 辅料混合　将疏松剂鸡蛋混匀与溶解的碳酸氢钠、碳酸氢铵、柠檬酸、砂糖、油、奶粉、香料、盐和适量水在搅拌器内混合均匀。

③ 调粉　在调粉机内按配方一次性加入湿麦麸、面粉及辅料，调制5～8min，温度25～30℃，静置5～10min。

④ 焙烤、冷却　采用小型燧道炉，在250～290℃炉温下烘烤3～4min，饼干出炉表面温度控制在180℃，然后冷却至40℃，即可成品包装。

6. 玉米纤维燕麦饼干

（1）配方　玉米纤维燕麦饼干配方见表4-107。

表 4-107 玉米纤维燕麦饼干配方

原料名称	用量	原料名称	用量
面粉	16.3kg	食盐	0.6kg
红糖	14kg	鸡蛋	9.2kg
白糖	17kg	玉米纤维粉	5.2kg
小苏打	0.4kg	香草香精	1.3kg
奶油	9.5kg	燕麦粉	13.8kg
发酵粉	0.3kg	牛奶	2.9kg
精制玉米	9.5kg		

（2）操作要点 先将红糖、白糖、奶油、精制玉米油打成糊，依次加入其他辅料混匀，置于间隙为 5cm 的饼干模具中成型，177℃烤至淡棕色，即得成品。

（3）注意事项 此种既含玉米油又有大量纤维的饼干适合高血压、高血脂的人群。

7. 椰子燕麦饼干

（1）配方 椰子燕麦饼干配方见表 4-108。

表 4-108 椰子燕麦饼干配方

原料名称	用量	原料名称	用量
面粉	20.2kg	鸡蛋	7kg
燕麦粉	10kg	食盐	0.3kg
红糖	12.5kg	椰子	7kg
人造奶油	10kg	苏打	0.5kg
高果糖浆	22.5kg	核桃肉	7.5kg
发酵粉	0.4kg	大豆纤维粉	2.1kg

（2）操作要点

先将人造奶油、红糖、高果糖浆、鸡蛋搅匀，依次加入其他辅料混匀，装入模具中，177℃下烘烤 10min，即得成品。

（3）注意事项 可适当加些天然椰子香精。

8. 富含植物蛋白饼干

（1）配方　富含植物蛋白饼干配方见表4-109。

表4-109　富含植物蛋白饼干配方

原料名称	用量	原料名称	用量
小麦面粉	160kg	氢化花生油	51kg
大豆浓缩蛋白	51kg	无机盐和维生素	4kg
水	37kg	烘焙粉	1.4kg
酪蛋白酸钠	13.5kg	砂糖	87kg
食盐	2.4kg	风味剂	360g

（2）操作要点　先将氢化花生油、砂糖、大豆浓缩蛋白、水搅匀，依次加入其他辅料混匀，装入模具中，177℃下烘烤10min，即得成品。

（3）注意事项　除大豆蛋白外，还可加些其他的植物蛋白来搭配。

9. 补钙夹心饼干

（1）配方　补钙夹心饼干配方见表4-110。

表4-110　补钙夹心饼干配方

原料名称	用量	原料名称	用量
面粉	100kg	人造奶油	3kg
大豆卵磷脂	1.5kg	香精油	适量
砂糖	20kg	蛋壳粉	1.2kg
碳酸氢钠	0.8kg	麦芽糊精	0.3kg
花生油	6kg	精盐	0.5kg
碳酸氢铵	0.8kg	维生素D	1000IU/kg

（2）操作要点

① 蛋壳粉制备。蛋壳在100℃烘4～6h，干燥。除杂，粉碎，用180～200目筛筛粉。

② 夹心浆料调制。先将砂糖粉碎到80目，再用98%食用酒精溶解维生素D，调制时，需将人造奶油加温至熔融状态，边搅拌边加入

维生素 D、糖和香精油,搅拌时间 5～10min。如果暂时使用不完,为防止浆料变冷凝固,可保存在一定温度下,使浆料保持柔软状态。

③ 饼干单片生产。调粉时,按配方加入蛋壳粉,其余操作与一般韧性饼干生产相同。

④ 上浆、夹心。同一般夹心操作。上浆时浆料与饼干之比以 1︰3 为宜。

(3) 注意事项 也可直接加些氯化钙。

10. 核桃饼干

(1) 配方 核桃饼干配方见表 4-111。

表 4-111 核桃饼干配方

原料名称	用量	原料名称	用量
糕点面粉	3.74kg	苏打粉	56.7g
砂糖	3.29kg	水	226.8g
全蛋	1.02kg	肉桂粉	113.4g
食盐	28.35kg	香兰素	28.35g
人造奶油	1.02kg	氢化植物油(起酥油)	822g
糖蜜	226.8g	中等胡桃(核桃)片	793.8g

(2) 操作要点 把砂糖、食盐、小苏打、肉桂粉、人造奶油、氢化植物油、起酥油搅打成奶油状,直到光滑,慢慢添加全蛋、糖蜜、水、香兰素,并搅打成稀奶油状。添加糕点面粉,搅拌混合均匀,放入核桃片以发生皱折,在 191℃ 烘烤到熟而脆。每片饼干质量 42.53g。

(3) 注意事项 可用含核桃油的核桃粉,这样营养更丰富。

11. 天然软化的水果燕麦饼干

(1) 配方 天然软化的水果燕麦饼干配方见表 4-112。

(2) 操作要点

① 将人造奶油高速搅拌成为奶油状物,添加鸡蛋,加入焙烤粉。搅打成奶油状。添加香草粉、肉桂粉、食盐,以低速搅拌 3min。添加面包面粉和高筋面粉,低速混合 3min。低速加入燕麦粉,在分开

表 4-112   天然软化的水果燕麦饼干配方

原料名称	用量	原料名称	用量
高筋面粉	226.8kg	焙烤粉(含小苏打)	14.17g
面包面粉	0.68kg	食盐	14.17g
天然水果混合物	1.276kg	肉桂粉	14.17g
人造奶油	0.68kg	香草粉	14.17g
鸡蛋	510.3g	燕麦粉	453.6g

的糕饼屑中混入天然水果混合物或燕麦粉，然后混合到一起。

②用 30 号勺作为烘烤用容器，在 177℃烘烤 10～12min，可得成型产品。

③天然水果混合物和燕麦粉在有桨状搅拌器的混合碗形混合器中的混合，混合成饼屑状时是十分费力的。

(3) 注意事项   天然水果混合物可用善存片代替。

12. 无糖饼干

(1) 配方

①无核葡萄干、燕麦型配方见表 4-113。

表 4-113   无核葡萄干、燕麦型配方

原料名称	用量	原料名称	用量
无核葡萄干	18.97kg	肉桂(磨细的)	0.26kg
全蛋	2.57kg	轧制燕麦片	11.81kg
植物性人造奶油	16.63kg	柠檬汁(SS 型)	0.26kg
食盐	0.36kg	面粉(高筋粉)	5.39kg
面包面粉(未漂白的)	15.10kg	干葡萄、梅或李的液体浓缩物	2.57kg
烘烤用小苏打粉	0.31kg	白葡萄汁浓缩物(68°Bx)	12.32kg
无花果浆	12.58kg	液体香兰素	0.26kg
葡萄汁液体浓缩物	0.31kg		

②胡桃型配方见表 4-114。

表 4-114　胡桃型配方

原料名称	用量	原料名称	用量
面包面粉(未漂白的)	21.42kg	全脂牛奶	5.31kg
白葡萄汁浓缩物(68°Bx)	11.32kg	焙烤小苏打粉	0.32kg
胡桃(中等片状)	17.45kg	干葡萄、李或梅汁浓缩物	3.20kg
无花果糊	11.96kg	食盐	0.32kg
胡桃脂	7.54kg	焙烤粉	0.22kg
植物性人造奶油	11.32kg	无花果浆(去籽)	2.23kg
全蛋	7.03kg	柠檬汁(SS 型)	0.26kg

③ 葡萄格拉诺拉（Granola）型配方见表 4-115。

表 4-115　葡萄格拉诺拉（Granola）型配方

原料名称	用量	原料名称	用量
葡萄浓汁	15.42kg	面包面粉(未漂白的)	14.65kg
全蛋	9.25kg	食盐	0.21kg
植物性人造奶油	15.42kg	白葡萄汁浓缩物	11.56kg
小麦面粉(高筋粉)	5.41kg	肉桂粉(研细)	0.21kg
无花果浆(去籽)	14.90kg	格拉诺拉	10.90kg
干葡萄、李或梅汁浓缩物	2.19kg	香兰素(液体)	0.15kg

④ 格拉诺拉型配方见表 4-116。

表 4-116　格拉诺拉型配方

原料名称	用量	原料名称	用量
轧制燕麦片	10kg	椰子油	2kg
无花果浆	7kg	胡桃	1kg
椰子(切碎的)	1kg	白葡萄汁浓缩物	3kg
全麦	5kg	脱脂奶粉	1kg

⑤ 无花果中轧糖格拉诺拉型配方见表 4-117。

表 4-117 无花果中轧糖格拉诺拉型配方

原料名称	用量	原料名称	用量
中轧糖状无花果	15.42kg	无花果浆（去籽）	14.90kg
全蛋	9.25kg	面包面粉（未漂白的）	14.65kg
小麦面粉（高筋粉）	5.41kg	格拉诺拉	10.90kg
植物性人造奶油	15.42kg	白葡萄汁浓缩物	11.56kg
干葡萄、李或梅汁浓缩物	2.19kg	香兰素（液体）	0.15kg
食盐	0.21kg	肉桂粉（研细）	0.21kg

（2）操作要点 将配方①至配方⑤中液体成分混合，在人造奶油中打成奶油状，混入鸡蛋，混入干成分，铺在烘板上，在177℃约烘13min，即得无糖饼干。

（3）注意事项 此类饼干中也可加入甜味剂，既有甜味又不含葡萄糖，适合糖尿病患者。

13. 格拉诺拉香味饼干（美）

（1）配方 格拉诺拉香味饼干配方见表 4-118。

表 4-118 格拉诺拉香味饼干配方

原料名称	用量	原料名称	用量
小麦面粉	35.15kg	肉桂	0.26kg
改性乳清	0.57kg	高级稀奶油	0.23kg
砂糖	16.21kg	香草粉	0.02kg
粒状苏打	0.50kg	食品添加剂	0.23kg
起酥油	14.64kg		0.26kg
全蛋粉	0.31kg	奶油着色剂、浓缩着色剂	适量
棕色糖	10.46kg	食盐	0.02kg

（2）操作要点 每1kg上述混合物加219g水，可制成优质饼干，对于机械化制造饼干或冷冻面团，可以减少水的用量。

（3）注意事项 食品添加剂为海藻酸盐，具有稳定性和保健功能。

14. 德式胡萝卜饼干

(1) 配方　德式胡萝卜饼干配方见表 4-119。

表 4-119　德式胡萝卜饼干配方

原料名称	用量	原料名称	用量
多功能面粉	14.2kg	胡萝卜(切碎)	9.072kg
砂糖	7.1kg	碎果仁	2366g
植物油	4.14kg	焙烤粉	145g
鸡蛋	3kg	碎无核葡萄干	2366g
食盐	71g	焙烤小苏打	145g
肉桂(研细)	189g		

(2) 操作要点

① 在大的碗形混合器中甩打砂糖、植物油和鸡蛋，搅拌混合均匀。

② 用过筛多功能面粉、焙烤粉、焙烤小苏打、食盐和肉桂。

③ 添加到所制奶油状混合物中，搅拌均匀。

④ 再倒入胡萝卜、果仁和无核葡萄干，倒入涂奶油和多功能粉的盘中。

⑤ 在 177℃烘烤 30～40min，到牙签插入中心取出保持清洁不黏，取出，冷却。

⑥ 切成 5～10cm 的饼状物，表面可撒些糖。

(3) 注意事项　还可再补充些维生素 A 和天然红色素，以增进营养和美观。

15. 杏仁饼干

(1) 配方　杏仁饼干配方见表 4-120。

(2) 操作要点

① 打散鸡蛋，加入除面粉外的所有材料；筛入面粉，拌均匀即可。

② 把面团分成 20g 左右的 16 块；整型成球形后，在每粒面团上压入一颗大杏仁。

表 4-120　杏仁饼干配方

原料名称	用量	原料名称	用量
鸡蛋	2 个 （约 110g）	糖	20g
杏仁粉	30g	面粉	130g
大杏仁	16 粒	苏打	2g
盐	2g	橄榄油	20g

③ 烤箱预热至 180℃，放中间一层，上下火烤 15min；出烤箱后，放凉后再吃，这样更酥脆。

16. 黄油饼干

（1）配方　黄油饼干配方见表 4-121。

表 4-121　黄油饼干配方

原料名称	用量	原料名称	用量
黄油	125g	鸡蛋	1 个
糖	180g	中筋面粉	250g
香草精	1 小匙	泡打粉	1 茶匙

（2）操作要点

① 把黄油、糖和香草精打发至变白（手持电动打蛋器大概 1～2min 即可）。

② 加蛋（搅拌均匀即可），面粉和泡打粉过筛，简单搅拌，饼干糊即成。

③ 烤盘垫好硅胶垫或者涂层薄薄的油，把面糊揉成小球放在烤盘上。

④ 轻轻压扁，然后用叉子压出印痕。

⑤ 烤箱预热到 190℃，烤制 12min，直到变成金黄色。

17. 肉松小饼干

（1）配方　肉松小饼干配方见表 4-122。

（2）操作要点

① 黄油微波炉加热融化。

表 4-122　肉松小饼干配方

原料名称	用量	原料名称	用量
面粉	100g	肉松	40g
黄油	30g	鸡蛋	1个

② 待黄油稍稍冷却后，一点点加入鸡蛋，充分打匀。

③ 倒入面粉和肉松，揉成面团。

④ 把面团擀成薄片，用模具切割成自己喜欢的形状。表面用叉子扎一些小孔，以免烤时鼓起。

⑤ 烤箱预热至170℃，烤20min左右即可最好在旁边看着，小饼干比较薄，容易糊。

18. 玉米粒软饼干

（1）配方　玉米粒软饼干配方见表4-123。

表 4-123　玉米粒软饼干配方

原料名称	用量	原料名称	用量
低筋面粉	120g	奶粉	25g
白砂糖	50g	做玉米榨汁剩的玉米渣	若干
鸡蛋	1个	高筋面粉	少许

（2）操作要点

① 准备低筋面粉120g，白砂糖50g，鸡蛋1个，奶粉1小袋（约25g），过滤后所剩的玉米渣若干，手粉（高筋面粉）少许。

② 奶粉加少许水调成50mL左右的液体，与鸡蛋和白砂糖搅拌均匀。

③ 低粉过筛后均匀撒入搅拌好的液体中。

④ 把玉米渣放入面糊中轻揉成团，放入保鲜袋中，用剪子把袋子底端的两个角剪掉，擀成面坯。

⑤ 用模子在面坯上按出形状，在按好的饼干坯上撒少许手粉。

⑥ 剩余面坯重新整型成饼状，撒少许熟芝麻，切条。把全部饼干坯放入铺好锡纸的烤盘中，烤箱预热至190℃，烤10min即可。

19. 巧克力芝麻饼干

（1）配方　巧克力芝麻饼干配方见表 4-124。

表 4-124　巧克力芝麻饼干配方

原料名称	用量	原料名称	用量
奶油	35g	可可粉	10g
细砂糖	35g	小苏打	约 0.5g
鸡蛋	1 个	白芝麻	20g
低筋面粉	80g		

（2）操作要点

① 奶油放软与砂糖打发，一点点加入鸡蛋液充分搅拌。

② 加入混合过筛后的低筋面粉、可可粉和小苏打，最后加入芝麻和成面团，整型成条状，用保鲜膜包好，放冰箱冷冻 20min。

③ 烤箱预热至 160℃，放中上层，烤 15min 即可。

20. 豆渣黑芝麻饼干

（1）配方　豆渣黑芝麻饼干配方见表 4-125。

表 4-125　豆渣黑芝麻饼干配方

原料名称	用量	原料名称	用量
面粉	100g	牛奶	50mL
泡打粉	小半勺	豆渣	50g
盐	1g	黑芝麻	适量
黄油	40g		

（2）操作要点

① 黄油加糖打发，将所有粉类材料混合过筛加入。

② 然后加入牛奶、豆渣、芝麻，揉成面团。

③ 用汤匙将面团随意舀在烤盘上，入烤箱，200℃，烤 20min 左右，至金黄色即可。

21. 奶酪饼干

(1) 配方　奶酪饼干配方见表 4-126。

表 4-126　奶酪饼干配方

原料名称	用量	原料名称	用量
奶油奶酪	100g	小苏打粉	1g
黄油	100g	糖粉	150g
低筋面粉	340g	香草粉	少许
牛奶	100g		

(2) 操作要点

① 黄油软化，加入糖粉用电动打蛋器搅拌均匀，牛奶温热，分次加入（因为量多，所以要分多次加入，不然容易油水分离），搅拌均匀。加入粉类，搅拌均匀。奶油奶酪隔水加热，用打蛋器打至顺滑。

② 将奶油奶酪加入到搅拌好的面糊中，搅拌成面团。将面团放入保鲜袋中，用擀面杖擀平，入冰箱冷藏 1～2 个 h，这样平整冷硬的面片才方便用模型器取模，如果没有模型器，那就用刀子切割成小方块即可。

③ 将饼干码在烤盘内。烤箱预热，180℃，将烤盘放在中层，烤20min（酌情而定）。

22. 粗粮饼干

(1) 配方　粗粮饼干配方见表 4-127。

表 4-127　粗粮饼干配方

原料名称	用量	原料名称	用量
低筋面粉	50g	鸡蛋	30g
小麦胚芽	85g	色拉油	65g
蔓越莓	45g	细砂糖	70g
泡打粉	1/4 小勺	红糖	30g
小苏打粉	1/4 小勺		

（2）操作要点

① 大碗里倒入植物油、打入鸡蛋，倒入红糖和细砂糖，充分搅拌均匀，但不要打起泡。

② 在另一个碗里，把面粉、小麦胚芽粉、蔓越莓干、泡打粉、小苏打粉混合均匀。

③ 将以上两种混合物混合，并用橡皮刮刀小心地搅拌均匀，成为湿润的面糊。

④ 手上蘸点干粉，捏起一块面糊，搓成圆球形。

⑤ 把面糊压扁，并排入烤盘。放入预热好的烤箱中上层烤焙，170℃，烤约 18min。

23. 咖喱休闲饼干

（1）配方　咖喱休闲饼干配方见表 4-128。

表 4-128　咖喱休闲饼干配方

原料名称	用量	原料名称	用量
黄油	50g	椒盐	2g
白糖	20g	咖喱粉	2 勺
鸡蛋	1 个	低筋面粉	130g

（2）操作要点

① 黄油室温软化后用电动打蛋器打散；加入白糖继续搅拌让其和黄油融合。

② 分 7 次左右慢慢加入鸡蛋，用打蛋器不断搅拌。

③ 加入椒盐，咖喱粉搅拌均匀。

④ 加入过筛的低筋面粉揉成面团。

⑤ 面团用保鲜膜包好放入冰箱冷藏半个小时；拿出面团，擀开，厚度在半厘米左右，用模具压出形状。

⑥ 预热烤箱至 180℃，烤盘放中间烤 18min 左右拿出晾凉就可以吃了。

24. 巧克力奇普饼干

（1）配方　巧克力奇普饼干配方见表 4-129。

（2）操作要点

① 室温软化的黄油中加入糖粉和红糖；用打蛋器打至蓬松、微微胀大。

表 4-129　巧克力奇普饼干配方

原料名称	用量	原料名称	用量
低筋粉	67g	糖粉	30g
高筋粉	67g	红糖	30g
小苏打	1/4 小勺	黄油	80g
泡打粉	1/4 小勺	鸡蛋	34g
盐	1/4 小勺	65％黑巧克力或者纯可可脂耐高温巧克力豆	156g

② 分次加入蛋液，每次打匀后再加第二次。

③ 粉类先过一遍筛，再筛入奶油糊；用橡皮刮刀稍稍切拌，倒入巧克力豆。

④ 切拌至无干粉，盖上保鲜膜，放入冰箱冷藏 24h。

⑤ 将冷藏后的面团分为 20g 一个的小球；将球按扁，码入刷油的烤盘，注意中间留些空隙，烤箱 175℃ 预热，烤盘放在中层，烤 20min，熄火后利用余温焖 10min 即可。

25. KITTY 猫饼干

（1）配方　KITTY 猫饼干配方见表 4-130。

表 4-130　KITTY 猫饼干配方

原料名称	用量	原料名称	用量
黄油	180g	面粉	700g
鸡蛋	3 个	糖粉	150g

（2）操作要点

① 将黄油软化，加入糖粉，低速打至黄油与糖粉融合；分 3 次

加入蛋液体，低速将蛋和黄油糖粉混合物打至蓬松状态。

② 筛入低筋粉，用手直接拌匀，揉成面团，揉时不要太用力，成团即可，不要过分揉捏。

③ 盖上一层保鲜膜，入冰箱冷藏半个小时。

④ 案板上裹上一圈保鲜膜，取约拳头大小的一块面团，放置保鲜膜上面，再盖上一层保鲜膜，用擀面杖擀成0.3cm厚度的面片。

⑤ 用饼干模具，在上面按出饼干，撕去多余的边角料，用刮刀铲起生的饼干，将它码入铺有锡纸的烤盘上，依次将一盘的量做好。

⑥ 送入烤箱。烤箱预热到150℃，将烤盘送入中层，上下火，烤15min。

26. 蜜柚饼干

(1) 配方 蜜柚饼干配方见表4-131。

表4-131 蜜柚饼干配方

原料名称	用量	原料名称	用量
无盐黄油	150g	盐	少许
糖粉	100g	蛋液	20g
低筋粉	200g	蜜红柚皮	2汤匙

(2) 操作要点

① 无盐黄油提前取出，放入盆中，充分软化，低粉和盐混合过筛，蛋液打散，软化的黄油中倒入糖粉，用电动打蛋器先低速打散打匀，再转高速充分打起（体积增大约三倍，颜色淡白，并呈现羽毛状）。

② 倒入蛋液，继续打匀。

③ 加入蜜红柚皮，继续打匀。

④ 加入过筛后的低粉和盐，用橡皮刮刀轻轻拌和均匀（翻拌＋切拌）。

⑤ 将饼干面糊装入保鲜袋中，放入冰箱内冷藏至硬身。

⑥ 取出饼干面糊，在案板上撒些低筋粉（份量外），手上也扑些低筋粉，将面团揉成长条形，一分为二，用保鲜膜包裹后，整形为长方体（或方形，或圆形，都随意），放入冰箱冷冻至彻底变硬（1～2个 h），取出，均匀分切约 7mm 左右的厚度。

⑦ 间隔排放入铺垫好的烤盘上（间隙要稍留大一点，烤时会膨胀），烤箱 180℃ 预热好，将烤盘放入中层，烤约 15min。

27. 玫瑰心形饼干

（1）配方　玫瑰心形饼干配方见表 4-132。

表 4-132　玫瑰心形饼干配方

原料名称	用量	原料名称	用量
无盐黄油	100g	盐	1/4 小匙
低筋面粉	180g	小苏打粉	1/4 小匙
糖粉	50g	干燥玫瑰花	15g

（2）操作要点

① 将干燥玫瑰花捏碎，取出花萼，只留花瓣。用冷水浸泡约 10min。

② 黄油软化后加入糖粉和盐，搅拌均匀。搅打至呈松发状态，筛入面粉和小苏打粉。

③ 加入浸泡后的玫瑰花。用手轻轻抓揉成面团状。

④ 将面团擀至约 0.5cm 厚，用心形模切割面团。

⑤ 平铺在烤盘中，165℃ 烤 20min，再用 155℃ 烤 10min 左右即可。

28. 趣多多巧克力饼

（1）配方　趣多多巧克力饼配方见表 4-133。

（2）操作要点

① 黄油软化以后，加入糖粉、细砂糖。

② 用打蛋器将黄油打发到体积膨大，颜色稍变浅。

③ 分三次加入鸡蛋液，并用打蛋器搅打均匀。

④ 黄油糊里倒入香草精，并搅拌均匀。

表 4-133 趣多多巧克力饼配方

原料名称	用量	原料名称	用量
低筋面粉	160g	糖粉	65g
可可粉	20g	鸡蛋	40g
黄油	130g	香草精	1/4 小勺
细砂糖	35g		

⑤ 低筋面粉和可可粉混合筛入黄油糊，用橡皮刮刀拌匀即成面团。

⑥ 取一点面团搓成圆球形，放在铺了油纸的烤盘上，用手按扁。

⑦ 在上面铺些巧克力粒，放入预热好 190℃ 的烤箱中层，上下火，烤 10min 左右即可。

29. 香葱奶酪司康

（1）配方 香葱奶酪司康配方见表 4-134。

表 4-134 香葱奶酪司康配方

原料名称	用量	原料名称	用量
黄油	60g	泡打粉	1 小匙
低筋粉	75g	奶酪片	4 片
高筋粉	175g	干葱末	3g
糖粉	60g	蛋黄液	适量

（2）操作要点

① 粉类混合，过筛；黄油略微软化，切小丁，倒入粉类中；用手搓捻黄油，使之和面粉融合，成小疙瘩状，慢慢倒入牛奶，将面粉切拌成面团，成型即可，不用过分搅拌。

② 奶酪片上沾裹高粉（以防切的时候粘连），摞在一起切成小丁。

③ 将奶酪丁和干葱末倒在面团中，轻揉，使之融合进面团；揉好后盖上保鲜膜，松弛 15min。

④ 将面团擀开，约 1.5cm 厚，用模具压出图形，或者直接切块。

⑤ 表面涂抹蛋黄液入 190℃ 烤箱中层，烤 20min。

30. 玫瑰司康

（1）配方　玫瑰司康配方见表 4-135。

表 4-135　玫瑰司康配方

原料名称	用量	原料名称	用量
干玫瑰	10g	黄油	70g
牛奶	125g	糖	60g
低筋面粉	250g	蛋黄	少许（刷表面用）
酵母	6g		

（2）操作要点

① 酵母溶于温牛奶中，静置 5min 备用。

② 黄油切成小块。

③ 低筋粉过筛倒入盆中，加入黄油、砂糖。

④ 将黄油在面粉中用手搓匀搓成细屑。

⑤ 将干玫瑰花加入面粉中，处理至细碎与面粉混合待用。

⑥ 面粉盆中分次加入酵母水和匀，轻轻揉匀至表面光泽，即成面团（不要过度揉搓，以免出筋）。

⑦ 用擀面杖擀成后一点的面片，厚度约 1.5～2cm，切成三角状，也可用小型饼干模切割。

⑧ 烤盘垫好锡纸，把切好的排入烤盘，刷上蛋黄液。

⑨ 烤箱预热至 180℃，将烤盘放入中层，烤 15min 即可。

第五节　半发酵饼干生产工艺与配方

半发酵饼干是综合了传统的韧性饼干、酥性饼干、苏打饼干的工艺优点进行改进的一种混合型饼干，是采用生物疏松剂与化学疏松剂相结合制成的一种新品种饼干。半发酵饼干可选用摆式冲印机或滚切式饼干成型机，主要设备由下列单机组成流水线，即和面机、皮子叠层机、滚切成型机、糖（盐）撒布机、烤炉、出炉架、180°转弯冷却输送机、喷油机、过渡架、冷却输送机、整理机和包装机等。

一、半发酵饼干生产的工艺流程

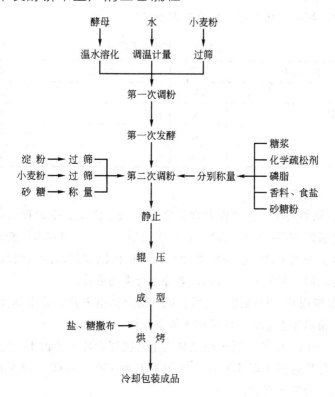

二、各种半发酵饼干的生产配方

　　半发酵饼干的制作方法与传统的苏打饼干制作方法相比，简化了生产流程，缩短了生产周期。这类饼干与传统的韧性饼干相比，产品层次分明，无大孔洞，口感松脆爽口，并且有发酵饼干的特殊芳香味；它与传统的酥性饼干相比，油、糖用量可以较大限度地降低，以适应饼干向低糖、低油方向发展的趋势，且操作易于掌握，特别是成型线的操作会很顺利进行。此外，这种操作方法制得的饼干块形整齐，有利于包装规格的一致性，因此，新工艺是自然选择和优胜劣汰的结果。各种半发酵饼干的生产配方的实例如下。

1. 甜方饼干

（1）配方　甜方饼干配方见表 4-136。

表 4-136　甜方饼干配方

原料名称	用量	原料名称	用量
面粉	33kg	鸡蛋	6.5kg
机制白糖	14kg	小苏打	200g
饴糖	2kg	碳酸氢铵	200g
食油	4kg	水	适量

（2）操作要点

① 调制面团　先将面粉倒在案板上做成围堤，中间投入各种原料，然后搅匀到一定的程度，再加入适量的水，就可拌入面粉进行和面（水要一次下准，拌面时再加水，会使面团起筋），直到和成软硬适宜的面团，静置 5～10min，即可进行擀制面片。

② 擀面片　待面团静置后，取一部分揉擀面片，要求厚薄一致，再用齿擀筒印上花纹，即可用木板条划块。

③ 上盘、烘烤　饼干坯上盘后排列整齐，片与片留出一定空档，使饼干坯烘烤发大时不粘连。烘烤炉温为 180～200℃，烘至面、底金黄色，内部熟透即可出炉。

④ 冷却、包装　冷却后再装箱或包装。

（3）注意事项　成品 50kg，要求品质优良，具有甜、香、松、脆的特点。成品是一种中国式的点心饼干，很适宜老年人和儿童食用。

2. 心形橘子饼干

（1）配方　心形橘子饼干配方见表 4-137。

（2）操作要点

① 烤箱预热至 170℃，低筋面粉、玉米粉和泡打粉混合过筛，奶油置于室温软化，烤盘上铺焙烤纸。

② 橘子肉取汁后，皮去内膜，将金黄外皮（50g）切碎备用。

表 4-137　心形橘子饼干配方

原料名称	用量	原料名称	用量
低筋面粉	213g	玉米粉	12g
无盐奶油	65g	泡打粉	25g
起酥油	68g	橘皮	适量
细砂糖	65g	蛋黄与细砂糖（刷面用）	适量
蛋黄	50g	高筋面粉	少许

③ 先用打蛋器将奶油打散，加入起酥油打匀，加细砂糖打至稍白时，加入蛋黄打至柔软光滑，加入橘皮、过筛后的面粉类，改用刮刀拌匀，装入保鲜袋中，压平，冷藏 1～2h 至硬。

④ 于面糊中撒少许高筋面粉，擀至 0.2cm 厚，使用心形模型印出成型，用铲子将面糊铲起放入焙烤纸上，刷上蛋黄液并撒上砂糖，放入烤箱中层，于 170℃烤约 15min，呈金黄色即可取出，置于网架上冷却。

（3）注意事项

① 面糊冰硬后才易操作，擀平时厚薄要相同，烘焙才会均匀。

② 高筋面粉有防粘作用。

③ 蛋黄用筷子拌散再加盖才不会结硬皮。

④ 若想要饼干酥脆些，可在关火后焖 1～2min 再取出放凉。

3. 葡萄燕麦饼干

（1）配方　葡萄燕麦饼干配方见表 4-138。

表 4-138　葡萄燕麦饼干配方

原料名称	用量	原料名称	用量
低筋面粉	225g	盐	10g
无盐奶油	112g	速溶燕麦片	200g
起酥油	112g	泡打粉	20g
红糖	120g	苏打粉	30g
砂糖	90g	碎巧克力	50g
鸡蛋	100g	酒渍葡萄干	160g
香草精	5g	烤过的碎核桃	50g

（2）操作要点

① 烤箱预热至180℃，低筋面粉、泡打粉与苏打粉混合过筛，无盐奶油置室温软化后加起酥油搅拌均匀，加入过筛的红糖、砂糖搅打至半溶状态。

② 稍变白时分次加入鸡蛋、香草精和盐，加速溶燕麦片拌匀后加入粉类，分2次用橡皮刮刀拌均匀。

③ 加入碎核桃、酒渍葡萄干、碎巧克力拌匀，成团后用塑胶袋包好，冷藏至变硬。

④ 搓成圆柱状，切0.5cm厚的圆片，或分割成每片约25g，搓圆放在焙烤纸上，每个间距约3cm，用手蘸水压至扁平状，放入烤箱中层，烤约20min，取出置于网架上，放凉密封。

（3）注意事项

① 核桃先于130℃烤10～12min（因为烤过较香），此产品密封可保存2～3周。

② 鸡蛋、香草精和盐须混合打散再加入。

4. 心形巧克力饼干

（1）配方　心形巧克力饼干配方见表4-139。

表4-139　心形巧克力饼干配方

原料名称	用量	原料名称	用量
低筋面粉	135g	苏打粉	20g
奶油	112g	盐	10g
细砂糖	50g	香草精	少许
红糖	50g	可可粉	20g
鸡蛋	50g	核桃	60g

（2）操作要点

① 烤箱预热至180℃，低筋面粉和苏打粉一起过筛，烤盘上铺纸，奶油置室温软化。

② 用电动打蛋器将奶油打散，加细砂糖和红糖打匀，再加鸡蛋、盐、香草精、苏打粉、可可粉分次拌匀。

③ 加入低筋面粉、核桃，用木匙拌均匀，放入塑料袋中，压成

长方形扁平状后，放入冰箱冷藏 2h。

④ 待硬时取出，擀至 0.2cm 厚，再用模型印出，排入烤盘中。

⑤ 放入烤箱中，于 180℃烤 12～18min，取出置于网架上，放凉密封。

（3）注意事项

① 测验产品是否烤熟可用手压住饼干的中心点，若有弹性即可，关火再焖 2min 较酥脆。

② 核桃先于 120℃烤 10min（放凉）较香。

③ 鸡蛋、盐、香草精和苏打粉可先混合拌匀。

5. 柠檬起司饼干

（1）配方 柠檬起司饼干配方见表 4-140。

表 4-140 柠檬起司饼干配方

原料名称	用量	原料名称	用量
低筋面粉	160g	奶酪	43g
无盐奶油	43g	柠檬汁	50g
鸡蛋	25g	泡打粉	20g
砂糖	70g	柠檬皮	20g

（2）操作要点

① 烤箱预热至 170℃，将无盐奶油置室温软化，低筋面粉、泡打粉一起过筛，烤盘铺上焙烤纸。

② 将无盐奶油、奶酪、砂糖搅打均匀。加入鸡蛋、柠檬汁和碎柠檬皮搅打均匀，加入低筋面粉和泡打粉，用刮刀拌匀，用塑料袋包好冷藏 30min。

③ 取出，擀至 0.3cm 厚，用模型印出，放于烤纸上，间距要宽。

④ 放入烤箱，于 170℃烤约 15min，呈金黄色时取出，关火后焖 2min，置于网架上冷却。

（3）注意事项

① 磨碎柠檬皮时，不可磨到白肉，因为白肉有苦味。

② 冷却后需立刻密封，可保存 2～3 周。

6. 液体馅维夫饼干

维夫饼干注入其内的液体馅，有蜂蜜、蛋黄利口酒或糖浆等。

（1）配方　液体馅维夫饼干配方见表 4-141。

表 4-141　液体馅维夫饼干配方

原料名称	用量	原料名称	用量
面粉	815g	糖	61g
卵磷脂	10g	面筋	8g
蛋黄粉	41g	奶粉	20g
苏打	1g	香料	1g
植物脂（棕榈仁油）	41g	水	1040g
盐	2g		

（2）操作要点

① 将上述配料混合。

② 然后将其注入维夫饼干烤模（其形状为带凹处的半片维夫饼干或各自的覆盖片）。

③ 将混合物在 240～350℃下焙烤 15min，至维夫饼干厚度 1.8～4mm，以便从维夫饼干烤模喷出过剩的面团。

④ 将液体馅注入备有的半片维夫饼干的凹处。

⑤ 无缝地将食品黏合剂（例如糖奶油浆或蛋白胶加到含液体馅内）盖到维夫饼干凹处的位置上，或作为膜盖住整半片带馅的维夫饼干。

⑥ 将维夫饼干覆盖片加到含液体馅和食品黏合剂的半片维夫饼干上。馅不会从维夫饼干组分或边缘流出。

（3）注意事项　灌入液体馅时要注意量不要太多。

7. 米粉饼干

（1）配方　米粉饼干配方见表 4-142。

（2）操作要点

① 将粳米粉、低筋粉、糖粉和发酵粉一起过筛，然后放在台板上围成一个圈，圈内放入油脂和鸡蛋。

表 4-142 米粉饼干配方

原料名称	用量	原料名称	用量
粳米粉	1200g	糖粉	900g
低筋粉	1200g	鸡蛋	50g
油脂	1200g	发酵粉	微量

② 将油脂和鸡蛋先用手搅拌均匀，然后拌入面粉等，揉和成面团。

③ 将面团用擀面杖或压面机擀压成厚约 3mm 的片状，用一只精致的刻模刻出一块块饼干，装入烤盘内，送入 185℃ 的烤箱内，烘烤至表面呈淡褐色时取出，冷却后即成。

（3）注意事项　粳米粉的制法为先将粳米淘洗干净，放在清水内稍浸片刻，使其膨胀，然后沥干水分再磨粉。

8. 橘蓉饼干

（1）配方　橘蓉饼干配方见表 4-143。

表 4-143 橘蓉饼干配方

原料名称	用量	原料名称	用量
标准粉	50kg	食盐	300g
白砂糖	18kg	小苏打	300g
饴糖	2.5kg	碳酸氢铵	200g
植物油	5.5kg	橘子香油	85g
磷脂	500g		

（2）操作要点

① 将标准粉过筛。白砂糖、饴糖，加适量水加温熬成糖浆备用。

② 将糖浆过滤后与植物油、磷脂混合乳化均匀，然后加入过筛的面粉及其辅料调制，在调粉同时加入香料。调粉时间一般为 12min 左右。如面粉筋力过大（高于 40% 湿面筋含量），可减少面粉用量而增加淀粉用量，使面团筋力适中。面团调制温度应控制在 20~28℃。

③ 将调制好的面团送入烤炉内烤制，炉温控制在 200～270℃，烤 3～5min 即可。为使产品有光泽，在生坯送入烤炉时表面用蒸汽

喷雾。

④ 饼干冷却后包装，装箱入库。

（3）注意事项 成品应香、甜、脆、酥、爽口，有橘子香味，老少皆宜。

9. 椰子饼干

（1）配方 椰子饼干配方见表 4-144。

表 4-144 椰子饼干配方

原料名称	用量	原料名称	用量
特制粉	50kg	食盐	300g
白砂糖	17kg	小苏打	300g
饴糖	1.5kg	碳酸氢铵	150g
椰子油	10kg	椰子香油精	30g
磷脂	800g	柠檬酸	10g

（2）操作要点

① 将白砂糖、饴糖置于熬糖锅内加水加温溶化，熬成糖浆并过滤备用。

② 将特制粉过筛备用。

③ 将椰子油、磷脂、糖浆、抗氧化剂混合乳化均匀，再加入面粉调制，同时加入小苏打、碳酸氢铵及其辅料等。调制 6～12min 即可，调粉温度应在 20～28℃。

④ 将调制好的面团送入滚轧机滚轧，一般滚轧 3～7 次，单向往复滚轧即可。面片厚度以 2cm 为准。然后送入成型机，制成各式花样的饼干生坯。

⑤ 将制好的饼干生坯送入烤炉内烘烤。烘烤温度应在 200～270℃，烘烤 2～5min 即可。

⑥ 烤制好的成品出炉后，冷却到 30～40℃时，即可包装。

（3）注意事项 成品要求香甜可口，有椰子香。成品为高级饼干之一，老少皆宜。

10. 奶油葡萄干饼干

（1）配方 奶油葡萄干饼干配方见表 4-145。

表 4-145 奶油葡萄干饼干配方

原料名称	用量	原料名称	用量
标准粉	50kg	蛋黄	1.1kg
葡萄干	12.5kg	白砂糖	17.5kg
奶油	3kg	奶粉	3.5kg
猪油	5kg	饴糖	1.5kg
磷脂	500g	碳酸氢铵	150g
食盐	400g	抗氧化剂	2g
小苏打	250g	柠檬酸	1.1g

（2）操作要点

① 将鸡蛋除壳取黄，打成蛋液备用。奶油、猪油混合加温熔化。将白砂糖、饴糖放入熬糖锅内，加适量水加温溶化，熬成糖浆后过滤。

② 将上述糖浆、油脂、磷脂混合，充分搅拌乳化，再加入特制粉、奶粉、蛋黄液、食盐、小苏打、碳酸氢铵、抗氧化剂及柠檬酸等，然后用和面机调粉，调 6～12min 即可。

③ 将调制好的面团，送入滚压机内滚压成片。一般滚压 3～7次，压成 2cm 的面片即可。

④ 将面片送入成型机内成型（或用刀切），然后送入烤炉内烘烤，烤炉温度一般控制在 200～270℃，烘烤 3～5min。

⑤ 出炉饼干冷却后，整理包装。

（3）注意事项 成品要求香、甜、酥、脆，营养丰富，有果仁味、奶油味。成品是高级饼干之一。

11. 可可夹心饼干

（1）配方

① 饼干料配方见表 4-146。

② 夹心料配方见表 4-147。

饼干加工技术与实用配方

表4-146　可可夹心饼干——饼干料配方

原料名称	用量	原料名称	用量
特制粉	50kg	磷脂	500g
白砂糖	12.5kg	食盐	150g
饴糖	2kg	苏打粉	300g
奶粉	1.5kg	碳酸氢铵	200g
焦糖	1.5kg	抗氧化剂	2g
植物油	5.5kg	香兰素	35g
可可粉	5kg	柠檬酸	1g

表4-147　可可夹心饼干——夹心料配方

原料名称	用量	原料名称	用量
氢化油	20kg	柠檬酸	4g
白糖粉	25kg	抗氧化剂	4g
香兰素	25g		

（2）操作要点

①面粉过筛备用。白砂糖、饴糖置于熬糖锅内加水加热溶化；熬成糖浆过滤备用（加入焦糖）。

②将糖浆、各种油脂混合，充分乳化后，加入面粉、奶粉等辅料，开动和面机调粉。调粉时间一般在15min左右。

③将调制好的面团送入滚压机内滚压，一般滚压8～10次，面片比普通饼干稍薄即可。然后送入成型机内制成饼干生坯。

④将饼干生坯送入炉内烘烤，炉温控制在200～270℃之间，烤3～5min即可。为提高成品光洁度，入炉前在饼干生坯上喷以蒸汽。

⑤饼干出炉冷却后，在无花纹图案的一面涂上夹心料。再将两片涂好夹心料的饼干轻轻合在一起即可。

⑥制夹心料　将白砂糖、氢化油及其他辅料置入搅拌机内，搅拌成糊状（如气温低，可将氢化油稍加温熔化）。

（3）注意事项　成品要求香甜可口，营养丰富，有可可香味。成品为高级饼干之一。

12. 鲜姜点心

（1）配方

① 坯料配方见表 4-148。

表 4-148 鲜姜点心——坯料配方

原料名称	用量	原料名称	用量
面粉	900g	苹果	400g
奶油	500g	鲜姜	100g
红糖	300g	桂皮粉	5g
蜂蜜	200g	发酵粉	5g
鸡蛋	200g		

② 表层挂糖霜料配方见表 4-149。

表 4-149 鲜姜点心——表层挂糖霜料配方

原料名称	用量	原料名称	用量
糖粉	50g		

（2）操作要点

① 制点心坯 把奶油放入盆里化软加入红糖，用木搅板把奶油和糖搅松，再把鸡蛋洗干净，将鸡蛋液磕出，分 2 次搅入奶油内，再放入蜂蜜和桂皮粉搅拌均匀，把苹果和鲜姜都制成泥（苹果削去皮、挖去核，用擦床擦成泥，鲜姜洗干净后，也用擦床擦成泥），放入奶油盆里，再搅拌均匀。最后把发酵粉和面粉搀在一起过箩后，也倒入盆里，与奶油等料拌和均匀，即成制好的点心糊。然后把制好的糊，倒入铺好白纸的铁烤盘里（烤盘的规格：40～50cm，带有高边）摊均匀，抹平送入 180℃烤炉内，大约烤 30min，用手按有弹性即熟。

② 表层挂糖霜 把烤熟的点心坯从炉内取出放在木板上；把上边粘的白纸揭掉，用刀将毛边切去，然后切成若干长方形小块；最后用箩在上边筛上一层糖粉即为成品。

（3）成品特点 具有苹果的酸味，蜂蜜的甜味，鲜姜的辣味，香甜味美，松软适口，风味独特。

13. 香浓花生酥饼干

(1) 配方　香浓花生酥饼干配方见表 4-150。

表 4-150　香浓花生酥饼干配方

原料名称	用量	原料名称	用量
低筋面粉	160g	细砂糖	50g
无盐奶油	125g	苏打粉	20g
咸味花生酱	75g	香草精	10g
红糖	50g	盐	少许

(2) 操作要点

① 烤箱预热至 170℃，奶油置室温软化，低筋面粉和苏打粉混合过筛，红糖过筛。

② 用电动打蛋器将奶油打散，加入细砂糖、红糖、盐、香草精和花生酱搅打，至颜色变浅后，加入低筋面粉和苏打粉，改用刮刀拌匀，用保鲜膜包住，放入冰箱冷藏约 30min。

③ 取出后，搓揉成长条圆柱形，每个切成约 20g，以一定间距排入烤盘中的烤纸上，再用茶杯底部蘸水压扁，并用叉子压成十字形。

④ 放入烤箱上层，烤 15～20min，呈金黄褐色时出炉，置于网架上冷却即可。

(3) 注意事项

① 每次烤饼干时应先准备好烤盘，再铺上焙烤专用纸。

② 可密封保存 2 周左右。

14. 甜酥奶饼干

(1) 配方　甜酥奶饼干配方见表 4-151。

(2) 操作要点

① 制糖浆　用料比例以白砂糖 50kg 计，加清水 15kg、柠檬酸 150g。把白砂糖加水倒入锅内，中火煮沸，然后改用慢火，同时加入事先用冷开水混合的柠檬酸煮制，煮至糖浆含水量为 20% 时，出锅倒在桶内静置 10d，使之成还原糖浆。最后称量糖浆 250g 待用。

表 4-151 甜酥奶饼干配方

原料名称	用量	原料名称	用量
标准面粉	18kg	香蕉油	52g
白糖粉	6.5kg	小苏打粉	135g
糖浆	500g	臭粉	125g
奶粉	600g	清水	4.25kg
猪油	1.5kg	柠檬酸	150g

② 按配方投料　先把猪油、香蕉油、糖浆、奶粉、小苏打粉、臭粉混合拌匀；再把白砂糖碾磨成粉，过筛后加清水搅拌溶解，二者混合拌匀后使用。

③ 调制面团　先把标准面粉用筛过一二遍，使之混入充分的空气，再投入搅拌机内，然后加糖、油、水和奶粉、小苏打粉、臭粉等混合料，开机调粉。调粉时间掌握在 10～15min 之间，见粉团光滑、手触不黏即可。调好的面团温度以 25～30℃ 为宜，面团温度过低会造成黏性增大，结合能力较差而影响操作；温度过高则会增强面筋的弹性，造成饼只收缩变形等。另外，此类面团要求稍软，因此调粉时间不宜过长；调粉时要求一次加水适当，不要在调粉中间特别是调粉结束时加水，否则面团会起筋或黏附工具影响成型。最后把面团送入辊压机内辊压成面片待用。

④ 冲印成型　先用茶油将成型机的帆布涂抹一遍，再用少许面粉撒在布上。撒粉要均匀，粉多粘印，粉少粘布。然后校好机头，送入面片开机。冲印成型时，要做到面片不粘辊筒，不粘帆布，冲印清晰，分离顺利，饼坯落下平整不卷曲。成型的饼坯其表面忌撒干粉，但可用毛刷轻轻拖抹一层薄薄的生油，成熟的饼只显得油润光滑。

⑤ 烘烤　饼只成型后便可入炉烘烤。烘烤前先要调整好炉温，此类饼只的配料中糖、油较重，其面团的面筋形成量也较少，入炉后饼坯容易出现不规则形状的膨大或破碎。因此，炉温可调至 180～185℃，使饼坯一入炉就迫使其凝固定型。同时注意饼坯入炉时需要

较高的底火，上火则相应低些，然后逐渐上升。如果一入炉上火就使用与底火同样高的温度，饼只表面极易起泡。但底火与上火的温差又不能太悬殊，底火太高，会使刚刚入炉尚未成型的饼坯底部的气体突然膨胀而出现凹底。还要严格掌握烘烤温度，炉温太高饼干会涨发过强或被烤焦，炉温太低，饼坯会发生变形或色泽发白。烘烤 10min 左右，成熟取出冷却。

⑥ 冷却、包装　刚出炉的饼只温度很高，表面温度高达 150℃，中心层温度达 100℃ 以上。同时，刚出炉的饼只软绵，极易弯曲。因此，必须让饼只冷却变硬后方可分级包装，如果趁热包装，饼只不仅容易发生变形，而且会缩短贮存期限。

15. 芝麻松酥饼干（北京）

（1）配方　芝麻松酥饼干配方见表 4-152。

表 4-152　芝麻松酥饼干配方

原料名称	用量	原料名称	用量
富强粉	1kg	绵白糖	400g
苏打粉	30g	芝麻	400g
猪油	400g	鸡蛋	450g

（2）操作要点

① 鸡蛋一个约 50g 磕入碗中，抽打成泡沫状，制成蛋浆备用，芝麻洗净炒熟备用。

② 富强粉中加入苏打粉、猪油、绵白糖、鸡蛋，拌匀轻搓，制成松酥面团。

③ 将面团放在案板上，切成数块，搓成长条，揪成 50g 面 4 个的小剂，按扁，擀成圆饼，刷上一层蛋浆，待干后再刷上一层蛋浆，随即撒上芝麻，用手轻轻按一下，使芝麻粘牢。

④ 将小饼整齐地码在烤盘内，送入炉中或烤箱中，用中火烤至金黄色即为成品。

（3）注意事项　产品要求色味俱佳，香甜酥脆。

16. 水泡饼（广西梧州）

（1）配方　水泡饼配方见表 4-153。

表 4-153　水泡饼配方

原料名称	用量	原料名称	用量
特制面粉	41.5kg	臭粉	250g
白糖粉	6.5kg	小苏打	35g
鸡蛋液	16.5kg	香兰素	20g

（2）操作要点

① 先把鸡蛋冲洗干净，晾干，去壳，把蛋液倒入搅拌机内搅拌，边搅打边撒入香兰素、臭粉和小苏打，拌和均匀后投入特制面粉，继续搅拌至不粘手、有筋力的面团待用。

② 将面团切成若干坨，逐一放入压片机内开片，反复叠压 30～40 次，直到面片由黄色变为黄白色，面片厚度 5mm 左右，取出摆在案板上静置 10min。然后用进口处内径为 2cm、出口处 2.5cm、高 10cm 的锌铁皮圆形印饼筒逐个印出饼坯，散放在簸箕上待用。

③ 把成型的饼坯分批投入正在沸腾的开水锅内，煮至饼坯浮出水面，用勺轻轻翻动几次，0.5min 后迅速捞起，放入冷水池内浸泡 3min，捞起放在竹筛上，沥干水分，摆入烤盘，入炉烘烤。

④ 烘烤炉温一般为 200℃适宜，烘烤 25min，见饼身鼓起成圆球形，颜色由白变黄便可出炉，冷却后包装即成成品。

第六节　威化饼干生产工艺与配方

威化饼干俗称华夫饼干或维夫饼干，是一种具有多孔性结构、且饼片与饼片之间夹有馅料的多层夹心饼干，具有松脆、入口易化的特点。

一、威化饼干生产的工艺流程

威化饼干是多层次夹心类制品，因此，工艺流程由皮子的制作与馅料制作两部分组成，工艺流程如下。

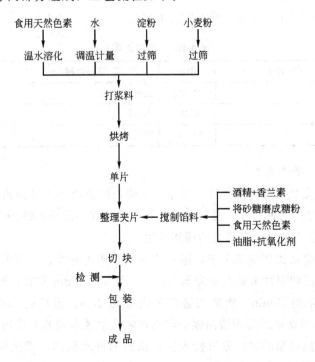

二、各种威化饼干的生产配方

威化饼干是一种由单片饼干与馅料两部分组成的特殊饼干品种。单片是由小麦粉、粉、油脂、水及化学疏松剂组成的浆料，经成型烘烤而成的疏松多孔薄片状的淡味饼干。其基本原料配比，以小麦粉与淀粉总量为 100％计，油脂的用量为 1.5％～2％，用水量为小麦粉量的 140％～160％，疏松剂及色素适量。

威化饼干的馅心是以油脂为基料，加上白砂糖和香料等经搅拌而成的浆料，其基本配比以油脂为 100％计，糖粉用量为油脂量的 100％～130％，增香剂及色素适量。

威化饼干属于高档饼干，目前已趋向系列，夹入不同的馅料，可加工出风味各异、各具特色的制品。各种威化饼的生产配方的实例如下。

1. 柠檬威化饼干

（1）配方

① 皮料配方见表 4-154。

表 4-154　柠檬威化饼干——皮料配方

原料名称	用量	原料名称	用量
上白面粉	50kg	小苏打	500g
淀粉	16kg	碳酸氢铵	400g
明矾	150g	精炼油	1.1kg

② 夹心料配方见表 4-155。

表 4-155　柠檬威化饼干——夹心料配方

原料名称	用量	原料名称	用量
砂糖粉	50kg	柠檬酸	8.25g
精炼油	40kg	抗氧化剂	8.25g
柠檬香精油	26g		

（2）操作要点

① 将面粉、淀粉混合过筛，按皮料配方将原辅材料置于搅拌机内，加水 100kg 左右。开动搅拌机，开始以慢速挡搅拌 2～3min，再变中速挡搅拌 15min，最后换快速挡搅拌 5min，面浆调制均匀无颗粒即可。

② 将调制好的面浆置入自动注浆盒内，启动制皮机。注意控制好烘焙温度（不超过 170℃）。将制好的面皮平放在工作台上，待涂夹心料。

③ 制夹心料。将精炼油置入搅拌机内搅拌，再按顺序加入抗氧化剂→柠檬酸→香料→糖粉。搅拌时间为 10～15min。直到搅拌均匀，夹心料浆体积膨大、疏松、洁白，相对密度在 0.6～0.7 之间为宜。

④ 将搅拌好的夹心料均匀地涂在制好的面皮上，然后将两张涂

好夹心的面皮粘叠在一起，使夹心均匀夹在中间，形成三皮二夹心的五层厚片。

⑤ 将粘叠好的厚片送入切割机内切割成型，除去碎、边、残，整理好后包装入库。

2. 可可威化饼干

（1）配方

① 皮料配方见表 4-156。

表 4-156　可可威化饼干——皮料配方

原料名称	用量	原料名称	用量
上白面粉	25kg	小苏打	250g
淀粉	5kg	明矾	150g
精炼油	500g	碳酸氢铵	200g
可可粉	1.3kg		

② 夹心料配方见表 4-157。

表 4-157　可可威化饼干——夹心料配方

原料名称	用量	原料名称	用量
白糖粉	25kg	抗氧化剂	4kg
氢化油	20kg	酱色	1kg
柠檬酸	4kg	香兰素	25g

（2）操作要点

① 制皮　按配方将原辅材料投入搅拌机内，加水后搅拌（加水量为 140%～160%）。以慢速挡搅 2～3min 后，再用中速挡搅 15min，最后用快速挡搅 5min，使面浆调制均匀无颗粒即可。将调制好的面浆置入自动注浆盒内，启动制皮机，注意控制好烘焙温度（不超过 170℃）。将制好的面皮平放在工作台上待涂夹心料。

② 制夹心料　将油脂或奶油加热熔化，再放入搅拌机内，开动搅拌机用中速挡搅拌，边搅边加入糖粉、香料，直到搅拌均匀为止。将搅拌好的夹心料置于消毒容器内备用。

③ 将调制好的夹心料均匀地涂在制好的皮面上。将两张涂好的皮面粘在一起，使夹心均匀夹在中间，形成三皮夹二心共 5 层的厚片。

④ 将厚片送入切割机内切割成型，除去碎、边、残，整理好后包装入库。

3. 奶油威化饼干

（1）配方

① 皮料配方见表 4-158。

表 4-158 奶油威化饼干——皮料配方

原料名称	用量	原料名称	用量
上白面粉	25kg	碳酸氢铵	200g
淀粉	5kg	明矾	150g
精炼油	500g	小苏打	50g

② 夹心料配方见表 4-159。

表 4-159 奶油威化饼干——夹心料配方

原料名称	用量	原料名称	用量
白糖粉	50kg	香兰素	50g
氢化油	20kg	抗氧化剂	6g
奶粉	3kg	柠檬酸	4kg
奶油	5kg		

（2）操作要点

① 将皮料的原料投入搅拌机内（精炼油加热后加入），开动搅拌机，调和均匀后注入制皮机内制皮，控制好制皮温度。将制好的皮平放在工作台上备用。

② 将夹心料置入消毒的搅拌桶内，油脂加热熔化后投入，边搅拌边加入糖粉，搅拌均匀后备用。

③ 将调制好的夹心料均匀地涂在皮面上，形成三皮夹二心的 5 层厚片。

④ 将制好的厚片送入切割机内切割成型。除去破、碎、残边，整理，包装入库。

4. 橘子威化饼干

（1）配方

① 皮料配方见表 4-160。

表 4-160　橘子威化饼干——皮料配方

原料名称	用量	原料名称	用量
上白面粉	50kg	碳酸氢铵	400g
淀粉	15kg	明矾	150g
精炼油	1kg	小苏打	500g

② 夹心料配方见表 4-161。

表 4-161　橘子威化饼干——夹心料配方

原料名称	用量	原料名称	用量
精炼油	40kg	橘子香油	300g
白糖粉	50kg	抗氧化剂	8g
奶粉	5kg	柠檬酸	4g

（2）操作要点

① 将精炼油加热溶化后置入搅拌机内，加入皮料原料和水，开动搅拌机，搅匀后注入制皮机内制皮。

② 将精炼油加热溶化置入搅拌桶内，开动搅拌机，边搅边加入糖粉和其他辅料，搅匀备用。

③ 将夹心料均匀涂在皮面上，形成三皮二夹心的 5 层厚片。送入切割机内切割成型，除去破、碎、残边之后，整理包装。

5. 珍果威化饼干

（1）配方

① 皮料配方见表 4-162。

② 夹心料配方见表 4-163。

表 4-162　珍果威化饼干——皮料配方

原料名称	用量	原料名称	用量
上白面粉	25kg	碳酸氢铵	200g
淀粉	5kg	明矾	150g
精炼油	500g	小苏打	300g
核黄素	1.5kg		

表 4-163　珍果威化饼干——夹心料配方

原料名称	用量	原料名称	用量
白糖粉	35kg	核黄素	1g
氢化油	15kg	香兰素	30g
花生酱	10kg	抗氧化剂	5g

（2）操作要点

① 将皮料投入搅拌机内（精炼油加热熔化，明矾、小苏打、碳酸氢铵用水溶化），开动搅拌机，搅拌成均匀面糊浆备用。

② 将面糊浆注入制皮机内制皮，温度控制在不超过170℃。制好皮放在工作台上。

③ 将夹心料置入清洁消毒的搅拌桶内搅拌，搅拌成半糊状备用。

④ 将夹心料均匀地涂在皮面上，叠成三皮夹二心的 5 层厚片，放在切割机内切割成型后整理，包装入库。

⑤ 保管，防潮，防风、防压，宜用木箱或铁箱贮存。

6. 荞麦花生威化饼干

（1）配方

① 皮料配方见表 4-164。

表 4-164　荞麦花生威化饼干——皮料配方

原料名称	用量	原料名称	用量
小麦粉	20kg	膨松剂	适量
淀粉	5kg	β-胡萝卜素	适量
植物油	2kg	香料	适量
食盐	0.01kg		

② 夹心料配方见表 4-165。

表 4-165　荞麦花生威化饼干——夹心料配方

原料名称	用量	原料名称	用量
白砂糖	12kg	全脂奶粉	1kg
植物油	0.4kg	食盐	0.05kg
荞麦粉	60kg	抗氧化剂	0.01kg
小麦粉	20kg	食用香料	0.01kg
花生粉	22kg	淀粉	5kg

（2）操作要点

① 原料的质量要求　荞麦原料质量要求色泽正常，颗粒饱满，无虫蚀粒，无霉变粒，无病斑粒，无生芽粒，无砂石以及其他杂质。花生的质量要求椭圆型，外种皮粉红色，色泽鲜艳，无裂纹，无黑色晕斑，内种皮橙黄色，籽仁整齐饱满。

② 打浆　将小麦粉、荞麦粉、花生粉、淀粉用 40 目筛筛粉后，充分混合均匀。开机后按顺序加料，搅打均匀。并往搅拌机里加入定量的水，用水量为原料的 150%～170%，打料时间约为 8min。打好的浆料需要过滤，将不溶性的颗粒和杂质除去。

③ 烘烤　首先将烘箱预热到所需温度，烘片的温度一般是 180～200℃。将浆料浇注入孔径式盘式威化烧模上，在 210～220℃条件下烘烤，时间为 8min。威化制片机的烤模温度应均匀一致，浇模前应先预热，使烤模到达要求的温度。

④ 选片　挑选出片状不完整的饼片，调整方向不同的饼片，确保产品质量一致。

⑤ 夹心　利用叠片机进行夹心，一般是 5 层片、4 层馅料。夹心的馅料由搅拌机经管道自动进入威化夹心机。

⑥ 压片　将经过夹心的威化饼块送到压片机进行压片处理，然后送入冷冻机，机内温度应控制在 2℃左右，时间为 30min。

⑦ 冷藏威化　在 8℃低温冷柜中保藏威化 30min。在叠片机进行夹心馅料时，防止饼皮过软、流馅等现象发生，特别是对于有花生馅

料的威化饼干，由于油脂含量比较高，经威化后，馅料应凝固不流馅。

⑧ 切割　切割前首先对机器进行金属检测，然后是非金属的检测，为保证饼干的完整性对其灵敏度要进行适度的调整。切出的饼干要及时称重，对不符合要求的要及时调整。切出的饼块要大小一致，切面平整，不含饼边，不脱边脱层，不带饼碎片。

⑨ 包装与封口　挑出不符合包装要求的饼干，将符合质量要求的放入包装机传送带上。摆放时不要出现空档、出档、多饼现象，以免影响机器的包装能力。观察包装机的运行情况和封口质量，发现异样及时调整包装机。要求密封紧密、图案正中、平直不折、不漏、不跑白边、不跑电眼。

（3）注意事项

① 投料的顺序直接影响到产品的质量，这里包括原料的互溶性。只有达到溶液溶解的一致性，才可以避免浆料产生头子、碎饼等影响产品的质量。可先加水，开动搅拌机后，再逐步加入小麦粉、淀粉、小苏打等。

② 面浆湿度。气温高时料温要适度降低，以防止发酵变质，这样易导致威化饼片破碎。 般温度为 15～20℃，湿度为 60%～75%。

③ 加水量。水硬度以 8°～18° 为宜。

④ 调浆时间。先将小麦粉、淀粉、油脂和水等充分混合，并搅拌至充分膨胀。调粉时间过长，会使浆料起筋，饼片不酥脆。

⑤ 疏松剂。为能使疏松剂产生较多的气体，除了使用小苏打还可添加适量的明矾，这样可以避免饼片使用过多的小苏打而带来的碱味，还可避免威化饼片色泽发黄。

⑥ 威化温度及其控制。调制好的馅心温度应控制在 25℃ 以内，馅心应均匀、细腻、无颗粒。对于生产中使用的冷柜温度要及时调整，及时清理，以免影响产量、增加次品。对于脂肪含量高的威化饼干要把冷柜的温度适度降低，但避免温度过低，一般来说温度应控制在 10℃ 左右。同时，操作员要特别注意冷柜的及时清理，保证产品质量。

第七节 蛋卷生产工艺与配方

蛋卷是以小麦粉和淀粉为主体原料，配入一定比例的鸡蛋、油脂、疏松剂和香味料，经焙烤而成的薄片卷筒形松脆特种饼干。

一、蛋卷生产工艺流程

蛋卷分手工与机制两种。机制蛋卷生产工艺流程如下：

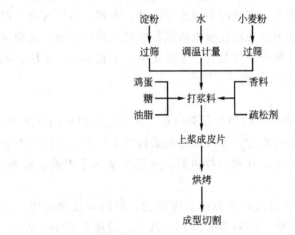

二、各种蛋卷饼干的生产配方

1. 蛋卷饼干

（1）配方 蛋卷饼干配方见表 4-166。

表 4-166 蛋卷饼干配方

原料名称	用量	原料名称	用量
面粉	500g	牛奶	500g
砂糖	500g	鸡蛋清	500g

（2）操作要点

① 先将面粉、砂糖拌匀，再加牛奶搅透。然后将鸡蛋清打成硬泡沫状，加在上述原料里拌匀待用。

②烤盘里先刷上一层油，随即用一只羹匙盛起拌好的原料，一只只地倒入烤盘，调成直径约 10cm 的圆形薄饼，放入 100℃左右炉温的烤炉内烘黄，取出时趁热卷成喇叭形即成。

（3）注意事项　要求产品色泽金黄，松脆香甜，造型美观。

2. 西葫芦加香杏元饼干

（1）配方　西葫芦加香杏元饼干配方见表 4-167。

表 4-167　西葫芦加香杏元饼干配方

原料名称	用量	原料名称	用量
人造奶油或起酥油	453.6g	香草香精	14.5g
焙烤小苏打	18.9g	碎丁香	9.5g
砂糖	907.2g	普通面粉	907.2g
碎肉桂	18.9g	碎无核葡萄干	946.35g
罐装西葫芦	946.35g	焙烤粉	18.9g
碎肉豆蔻	9.5g	碎果仁	473g

（2）操作要点

①混合人造奶油和砂糖到成奶油状。

②添加西葫芦和香草香精，混合均匀。

③添加面粉和其余成分，混合均匀。

④用勺将混合物滴到涂奶油的平板盘中。

⑤在 191℃烘烤 15～20min。

⑥取出饼干，在线架上冷却。

（3）注意事项　如有必要可撒些糖霜。

3. 蛋卷

（1）配方　蛋卷配方见表 4-168。

（2）操作要点

①先把白砂糖碾磨成糖粉，用筛过二三遍，使糖粉细腻滑嫩，将鸡蛋洗净，敲去蛋壳；用少许冷开水把柠檬黄溶解，将奶油加热溶化。然后把蛋液、白糖粉、奶油、猪油和清水倒入搅拌机内搅拌，待其溶化均匀后，加入柠檬黄继续搅拌。

表 4-168　蛋卷配方

原料名称	用量	原料名称	用量
特制面粉	7.25kg	猪油	2.7kg
淀粉	7.25kg	清水	15kg
鸡蛋	2.2kg	柠檬黄	1.5kg
奶油	550g	苏打粉	50g
白砂糖	9.5kg		

② 将特制面粉、淀粉和苏打粉搅和，用筛过一两遍，使之分布均匀。然后把其装入筛内，徐徐筛入搅拌机内，让其与上述蛋糖油等混合物充分搅拌均匀成糊状待用。

③ 面糊制好后，随即开动蛋卷机，待蛋卷机烘烤设置通电发热后，立即启动成型设置，面糊即刻通过流水线进入成型和烘烤，待制品散热后，经整理包装即为成品。

4. 蛋挞

（1）配方

① 皮料配方见表 4-169。

表 4-169　蛋挞——皮料配方

原料名称	用量	原料名称	用量
特制面粉	500g	冷开水	200g
鸡蛋	150g	清水	15kg

② 酥料配方见表 4-170。

表 4-170　蛋挞——酥料配方

原料名称	用量	原料名称	用量
特制面粉	250g	猪油	200g

③ 馅料配方见表 4-171。

表 4-171 蛋挞——馅料配方

原料名称	用量	原料名称	用量
白砂糖	750g	清水	700g
鸡蛋	750g		

（2）操作要点

① 先将鸡蛋冲洗干净，晾干，去壳，把蛋液加入冷开水往顺时针方向搅打，搅打至蛋液起发，并有白色泡沫堆起即可使用。然后把特制面粉倒在案板上，扒开塘窝，中间倒入搅打好的蛋液，从四周加入特制面粉，拌匀，调成软硬适宜的水皮面团。放在案板上静置10min，让其充分吸水膨胀，面筋减弱后使用。

② 将酥料中的特制面粉倒在案板上，加入猪油拌匀，用力擦透并揉和成团即成油酥。油酥面团软硬要与水皮面团相应，以免包酥后皮酥脱离。

③ 先把馅料中的鸡蛋洗净去壳，再把蛋液搅打起发；将白砂糖与水搅拌，至糖粒完全溶化，然后倒入蛋液一起拌匀便可使用。

④ 将水皮面团擀成厚薄适宜的四方形，铺上油酥，摊平，将皮边向内融合，两头对折起来，再擀成四方形，反复操作 2 次，最后擀成厚薄均匀的大酥片，然后用空心花边筒按出饼皮，放入铁皮花盏杯内，周围压贴，再灌入馅心，烘后摆入烤盘内，便可送入烤炉烘烤。烘烤炉温为 140℃，烘烤 14min，成熟取出，稍冷后脱去杯盏即成成品。

第八节　西式小饼干生产工艺与配方

本系列介绍的西式饼干配方和制作方法不属于工业生产的范畴，先介绍西式饼干各种配方，再介绍各种饼干相应的操作技术要点以及各种西式饼干的注意事项或特点。

一、西式饼干生产工艺流程

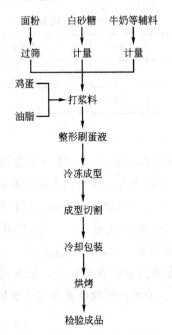

二、各种西式饼干生产配方

1. 林森普尔

（1）配方　林森普尔配方见表 4-172。

表 4-172　林森普尔配方

原料名称	用量	原料名称	用量
面粉	1000g	白砂糖	500g
人造奶油	500g	牛奶	280g
鸡蛋	112g	榛子(或果仁)粉	380g
泡打粉	20g	桂皮粉	1g
丁香粉	1g	柠檬皮	(取自1个柠檬)切碎
豆蔻粉	1g	蛋糕屑	112g
添加特成草莓冻胶液	适量		

286

（2）操作要点

① 调制林森饼干面糊　将油脂、白砂糖、鸡蛋和牛奶一起混匀。将其余干性物质混合在一起过筛，再加入到上述混合物中，拌和均匀至呈光滑的糊状为止。

② 将面糊搓成直径约 5.25cm 的长条，用蜡纸包裹，放入冰箱中定型至有足够硬度。

③ 将长条切成厚度约为 1.2cm 的圆块，放进烤盘中，用擀面棒的一端在中心压一个圆槽。

④ 蛋液涂刷表面后，在外圈蘸上果仁片。

⑤ 温度 195℃，烘烤约 15min。

⑥ 晾凉后在圆槽中灌注洛加特或草莓冻胶液即成。

（3）注意事项　在冰箱中定型时，一定要达到一定硬度，否则产品最终达不到口感要求。

2. 林森克力架

（1）配方　林森克力架配方见表 4-173。

表 4-173　林森克力架配方

原料名称	用量	原料名称	用量
面粉	1000g	白砂糖	500g
人造奶油	500g	牛奶	280g
鸡蛋	112g	榛子(或果仁)粉	380g
泡打粉	20g	桂皮粉	1g
丁香粉	1g	柠檬皮	(取自 1 个柠檬)切碎
豆蔻粉	1g	蛋糕屑	112g
巧克力	适量	果仁片	适量

（2）操作要点

① 调制林森饼干面糊　将油脂、白砂糖、鸡蛋和牛奶一起混匀。将其余干性物质混合在一起过筛，再加入到上述混合物。拌和均匀至呈光滑的糊状为止。

② 将面糊搓成直径约 1.9cm 的长条，用擀面棒沿与长条平行的

方向在表面压一条长的凹槽。

③ 将长条切成长 7.5cm 的条块，放入烤盘中。

④ 蛋液涂刷表面后蘸上果仁片。

⑤ 温度 195℃，烘烤约 15min。

⑥ 晾凉后在槽中放一条两头蘸有巧克力的蛋卷即成。

（3）注意事项　在冰箱中定型时，一定要达到一定硬度，否则产品最终达不到口感要求。

3. 林森花式小饼干

（1）配方　林森花式小饼干配方见表 4-174。

表 4-174　林森花式小饼干配方

原料名称	用量	原料名称	用量
面粉	1000g	白砂糖	500g
人造奶油	500g	牛奶	280g
鸡蛋	112g	榛子(或果仁)粉	380g
泡打粉	20g	桂皮粉	1g
丁香粉	1g	柠檬皮	(取自1个柠檬)切碎
豆蔻粉	1g	蛋糕屑	112g
果仁片	适量		

（2）操作要点

① 调制林森饼干面糊　将油脂、白砂糖、鸡蛋和牛奶一起混匀。将其余干性物质混合在一起过筛，再加入到上述混合物。拌和均匀至呈光滑的糊状为止。待用。

② 将面糊搓成直径约 2.5cm 的长条，用蜡纸包裹后放入冰箱中定型。

③ 将长条切成约 0.7cm 厚的圆块，放进烤盘中。

④ 蛋液涂刷表面后粘上果仁片。

⑤ 温度 195℃，烘烤约 8min。

⑥ 晾凉后浇上巧克力细丝即成。

（3）注意事项　还可按自己的喜好做成各种花样。

4. 西麦丽椰蓉克朗奇

（1）配方 西麦丽椰蓉克朗奇配方见表 4-175。

表 4-175 西麦丽椰蓉克朗奇配方

原料名称	用量	原料名称	用量
低筋面粉	1000g	核桃仁（切碎）	180g
人造奶油	500g	盐	1.5g
泡打粉	15g	椰蓉	190g
赤砂糖	600g	香料	少许
鸡蛋	250g	马西麦丽装饰料	适量

（2）操作要点

① 调制克朗奇饼干面团 将人造奶油和赤砂糖一起混匀。加入鸡蛋，再混匀。将低筋面粉、盐和泡打粉一起过筛后，加入到上述混合物中，并混合均匀。加入椰蓉和核桃仁，混合至成为光滑的面团即可。

② 成型操作同林森克力架。

③ 蛋液涂刷表面后蘸上椰蓉。

④ 温度 195℃，烘烤约 15min。

⑤ 晾凉，在凹槽中用齿状裱花嘴挤一条马西麦丽装饰料，最后在表面浇注带有草莓风味的红色冻胶液或果块即成。

（3）注意事项 要求产品松脆可口。

5. 洛加特饼干

（1）配方 洛加特饼干配方见表 4-176。

表 4-176 洛加特饼干配方

原料名称	用量	原料名称	用量
低筋面粉	1000g	盐	5g
人造奶油	710g	鸡蛋	5g
白砂糖	500g	香草香精（或香兰素）	少许
可可粉	52g		

（2）操作要点

① 调制洛加特饼干面团　将人造奶油和白砂糖一起混匀。加入鸡蛋液和香草香精，再混匀。将低筋面粉、可可粉和盐一起过筛，再加入上述混合物中，混合至成为光滑的面团。

② 成型与烘烤操作同"林森普尔"。

③ 晾凉后在圆槽中灌注熔化的洛加特，然后在上面放一粒果仁即成。

（3）注意事项　要求产品有浓香的巧克力风味。

6．巧克力桃仁洛加特饼干

（1）配方　巧克力桃仁洛加特饼干配方见表 4-177。

表 4-177　巧克力桃仁洛加特饼干配方

原料名称	用量	原料名称	用量
低筋面粉	1000g	盐	5g
人造奶油	710g	鸡蛋	5g
白砂糖	500g	香草香精（或香兰素）	少许
可可粉	52g	巧克力	适量
核桃仁	适量		

（2）操作要点

① 调制洛加特饼干面团　将人造奶油和白砂糖一起混匀。加入鸡蛋液和香草香精，再混匀。将低筋面粉、可可粉和盐一起过筛，再加入上述混合物中，混合至成为光滑的面团。

② 成型与烘烤操作同"林森克力架"。

③ 晾凉后在凹槽中挤注一条巧克力，然后在上面放一粒核桃仁即成。

（3）注意事项　巧克力的选择一定要慎重，否则影响品质。

7．洛加特小饼干

（1）配方　洛加特小饼干配方见表 4-178。

表 4-178　洛加特小饼干配方

原料名称	用量	原料名称	用量
低筋面粉	1000g	盐	5g
人造奶油	710g	鸡蛋	5g
白砂糖	500g	香草香精(或香兰素)	少许
可可粉	52g	洛加特	适量
果仁	适量		

（2）操作要点

① 调制洛加特饼干面团　将人造奶油和白砂糖一起混匀。加入鸡蛋液和香草香精，再混匀。将低筋面粉、可可粉和盐一起过筛，再加入上述混合物中，混合至成为光滑的面团。

② 成型操作同"林森花式小饼干"。

③ 温度 195℃，烘烤约 8min。

④ 晾凉后在饼干表面挤注一圈溶化的洛加特，然后在面上放一粒果仁。

（3）注意事项　烤制时间不可过长，否则干硬不好吃。

8. 公爵夫人曲奇

（1）配方　公爵夫人曲奇配方见表 4-179。

表 4-179　公爵夫人曲奇配方

原料名称	用量	原料名称	用量
面粉	1000g	蛋清	1450g
榛子(或果仁)粉	660g	起酥油	1320g
糖粉	660g	白砂糖	420g
巧克力	适量		

（2）操作要点

① 调制公爵夫人曲奇面糊　将蛋清和白砂糖一起搅打成软膏状。将面粉和糖粉一起过筛，再与榛子粉混合，然后加入到打好的蛋糖白膏中，小心混匀。将起酥油溶化，逐步加入上述混合物中，搅拌均匀即成。

② 用 0.6cm 的平口裱花嘴在烤盘上将面糊挤成直径约 2.5cm 的小圆饼。

③ 温度 205℃，烘烤约 10min。

④ 晾凉，用两块饼干做成夹心三明治。

⑤ 将夹心饼干的一半浸入溶化的巧克力中，片刻即取出，冷却后用适当的装饰料在巧克力面上裱一朵小花即成。

（3）注意事项　馅料可由一份人造奶油和 3 份巧克力富吉混合制成。

9. 快乐饼干

（1）配方　快乐饼干配方见表 4-180。

表 4-180　快乐饼干配方

原料名称	用量	原料名称	用量
低筋面粉	1000g	起酥油（或人造奶油）	625g
白砂糖	500g	鸡蛋	195g
豆蔻粉	少许	巧克力	适量

（2）操作要点

① 调制面团　将低筋面粉和豆蔻粉一起过筛。将油脂搓进低筋面粉中直至呈均匀的糕屑状。把白砂糖放进蛋液中搅匀，再加入上述混合物中，混合至成为光滑的面团即止。

② 面团擀开，厚度约为 3.5mm，再用直径 8cm 的花边印模切成圆块。

③ 温度 195℃，烘烤约 15min。晾凉，将饼干的一部分用浸入法涂上巧克力，再用巧克力等在其余部位裱画眼睛等。

（3）注意事项　裱画是此饼干的关键，要突出快乐的气氛。

10. 心形维也纳

（1）配方　心形维也纳配方见表 4-181。

（2）操作要点

① 调制面团　将低筋面粉和豆蔻粉一起过筛。将油脂搓进低筋面粉中直至呈均匀的糕屑状。把白砂糖放进蛋液中搅匀，再加入上述混合物中，混合至成为光滑的面团即止。

表 4-181　心形维也纳配方

原料名称	用量	原料名称	用量
低筋面粉	1000g	起酥油（或人造奶油）	625g
白砂糖	500g	鸡蛋	195g
豆蔻粉	少许	富吉	适量

② 面团擀开，厚度约为 3.5mm。用心形印模切块。

③ 调制维也纳面糊，待用。

④ 用齿状裱花嘴沿饼干坯边缘挤一圈维也纳面糊。

⑤ 温度 195℃，烘烤 15～20min。

⑥ 晾凉后在中间灌注富吉或果块。

（3）注意事项　如需要，可在表面做进一步装饰。

11. 帕拉里圈

（1）配方　帕拉里圈配方见表 4-182。

表 4-182　帕拉里圈配方

原料名称	用量	原料名称	用量
低筋面粉	1000g	人造奶油	880g
糖粉	265g	可可粉	适量
巧克力细丝	适量		

（2）操作要点

① 调制加有可可粉的维也纳饼干面糊　将低筋面粉过筛，待用。将人造奶油和糖粉、可可粉一起搅打至呈膏状。加入 450g 低筋面粉，继续搅打均匀。加入余下的低筋面粉，混合至呈光滑的糊状即可。

② 面糊擀开，厚约 6mm，再用花边印模切成外径 8cm，内径 3.5cm 的环形块。

③ 温度 195℃，烘烤约 15min。

④ 晾凉后用两块饼干做成夹心三明治，表面再浇上巧克力细丝即成。

（3）注意事项　产品要求有浓香的巧克力风味。

12. 佛罗伦萨圈

（1）配方　佛罗伦萨圈配方见表 4-183。

表 4-183　佛罗伦萨圈配方

原料名称	用量	原料名称	用量
低筋面粉	1000g	人造奶油	880g
糖粉	265g	可可粉	适量
佛罗伦萨装饰料	适量		

（2）操作要点

① 调制加有可可粉的维也纳饼干面糊　将低筋面粉过筛，待用。将人造奶油和糖粉、可可粉一起搅打至呈膏状。加入 450g 低筋面粉，继续搅打均匀。加入余下的低筋面粉，混合至呈光滑的糊状即可。

② 面糊擀开，厚度约为 6mm，用直径 8cm 的花边印模切成圆块，再将半数的圆块用直径 5cm 的平边印模切成圆环块。

③ 圆块用水润湿后，将环块重叠于上面。

④ 温度 195℃，烘烤约 10min 至半熟。

⑤ 从炉中取出，放入佛罗伦萨装饰料，再入炉烘烤 5～10min。

⑥ 晾凉，环边面上用糖粉装饰。

（3）注意事项　必须用佛罗伦萨装饰料制作。

13. 挪威圈

（1）配方　挪威圈配方见表 4-184。

表 4-184　挪威圈配方

原料名称	用量	原料名称	用量
面粉	1000g	鸡蛋（煮熟）	500g
糖粉	460g	鸡蛋	500g
人造奶油	750g	香草香精（或香兰素）	少许
砂糖	少许		

（2）操作要点

① 调制挪威饼干面糊　将煮熟的鸡蛋按压过筛，然后与蛋液和

糖粉一起混合均匀。将人造奶油和香精加入上述混合物中，并搅打均匀。加入筛过的面粉；混合至呈光滑的糊状即可。

② 用齿状裱花嘴在烤盘上挤注成直径约 10cm 的圆环。

③ 用蛋液涂刷表面，再撒上少许砂糖。

④ 温度 195℃，烘烤约 12min。

（3）注意事项 要求产品圆环大小均一，并且有淡淡的奶香味。

14. 意大利饼干

（1）配方 意大利饼干配方见表 4-185。

表 4-185 意大利饼干配方

原料名称	用量	原料名称	用量
面粉	1000g	柠檬皮	(取自 2 个柠檬)切碎
白砂糖	1250g	人造奶油	1000g
鸡蛋	250g	杏仁粉	100g
桂皮粉	2g	牛奶	250g
香草香精(或香兰素)	少许	豆蔻粉	2g
巧克力丝	适量	花生碎片	适量

（2）操作要点

① 调制意大利饼干面团 将人造奶油和白砂糖一起搅打至呈膏状。将鸡蛋、牛奶、香草香精和柠檬皮混匀，逐步加入上述混合物混匀。将面粉、杏仁粉、桂皮粉和豆蔻粉一起过筛，再加入混合物中，混合至成为光滑的面团即止。

② 面团擀开，厚约 6mm，用直径 10cm 的平边印模切成圆块。

③ 用蛋液涂刷表面，再撒上花生碎片。

④ 温度 195℃，烘烤约 15min。

⑤ 晾凉后浇上巧克力细丝即成。

（3）注意事项 产品应有肉桂的独特香味。

15. 花式曲奇饼干

（1）配方 花式曲奇饼干配方见表 4-186。

表4-186 花式曲奇饼干配方

原料名称	用量	原料名称	用量
低筋粉	1000g	糖	350g
鸡蛋	250g	奶粉	50g
人造奶油(或起酥油)	670g	盐	7g
巧克力	适量		

（2）操作要点

① 调制花式曲奇面糊　将人造奶油与糖粉一起高速打发。加入鸡蛋继续搅打至呈光滑的乳膏。在慢速搅拌下加入事先混合好的低筋粉、奶粉和盐，搅拌均匀即止。

② 用齿状裱花嘴在烤盘上挤注成型。

③ 烘烤，炉温175℃，烤至饼干突出部分已上色即可。

④ 可在饼干中心装饰巧克力或果块，也可部分粘附一层巧克力。

（3）注意事项

① 如需改善成型，低筋面粉的30%可用高筋面粉代替。

② 鸡蛋可用水代替，也可蛋与水混合，加水量视浆料的硬度（适宜挤注成型）而定。

③ 可用少许香料或香精调节风味。

16. 托果

（1）配方　托果配方见表4-187。

表4-187 托果配方

原料名称	用量	原料名称	用量
面粉	30kg	桂花	500g
白糖	24.5kg	碳酸氢铵	350g
植物油	9kg	水	5kg

注：扑面1kg。

（2）操作要点

① 调面团　面粉过罗后，置于操作台上，围成圈。将白糖粉、桂花、碳酸氢铵和适量的水投入，搅拌使其溶化，再将植物油投入，

充分搅拌。乳化后，加入面粉，调成软硬适宜的酥性面团。

② 成型　将和好的面团压入两端扇面状的特制模内。压实摁严，用刀削平，振动出模。找好距离，摆入烤盘，准备烘烤。

③ 烘烤　调好炉温，将摆好生坯的烤盘送入炉内，用中火烘烤。烤成红黄色，熟透出炉，冷却后装箱。

17. 大方果

（1）配方

① 坯料配方见表 4-188。

表 4-188　大方果——坯料配方

原料名称	用量	原料名称	用量
富强粉	32kg	白糖粉	13kg
花生油	9kg	清水	4kg
碳酸氢铵	250g		

② 饰面料配方见表 4-189。

表 4-189　大方果——饰面料配方

原料名称	用量	原料名称	用量
扑面粉	500g	芝麻	1kg
刷面鸡蛋	1.5kg		

（2）操作要点

① 制面团　面粉过筛后置于操作台上围成圈，投入白糖粉、碳酸氢铵及适量清水，搅拌溶化后加入花生油，充分搅拌乳化后迅速加入面粉，调成松散的酥性面团。

② 成型　将操作台板扫净，放上四方木框，把和好的面团平铺在框内，厚约 0.7cm，用走锤压平，擀光。以规格的木尺用刀切成 4cm×4cm 的正方形。表面均匀地刷上鸡蛋液，稀稀撒上芝麻，略晾后找好距离，摆入烤盘，准备烘烤。按成品每千克 50 块取量。

③ 烘烤　调好炉温，将摆好生坯的烤盘送入炉内，用中火烘烤（180～200℃）。烤成红黄色，熟透出炉，冷却后装箱。

18. 杏仁角

（1）配方

① 酥皮料配方见表 4-190。

表 4-190　杏仁角——酥皮料配方

原料名称	用量	原料名称	用量
面粉	23.2kg	鸡蛋	2.3kg
白糖粉	9.3kg	小苏打	175g
熟猪油	9.3kg	杏仁香精	50g
饴糖	3.5kg		

② 水皮料配方见表 4-191。

表 4-191　杏仁角——水皮料配方

原料名称	用量	原料名称	用量
面粉	2.3kg	饴糖	250g
猪油	500g	清水	1kg

注：饰面料杏仁屑 500g。

（2）操作要点

① 制酥皮面　面粉过筛后置于台板上围成圈，中间加入白糖粉、熟猪油、饴糖、鸡蛋液、小苏打和杏仁香精，搅拌均匀后慢慢和入面粉，推搓揉成酥皮面。

② 制水皮面　面粉与水、饴糖、猪油混合后，揉制成软硬适宜的光滑水面团。

③ 成型　先将酥皮团擀压成薄面片，厚约 0.7cm；另将水面团也擀压成薄面皮，其面积与酥面片相同，厚度要更薄些。两块面皮压好后，将水皮覆盖在酥皮上，再均匀地撒上碎杏仁屑，稍按实后用金属制的弯月形扦筒扦制成坯，即为杏仁角生坯。

④ 烘烤　生坯摆入烤盘，入炉烘烤，炉温控制在 140～170℃，烘烤 8～12min 即成。

19. 蝴蝶卷

（1）配方　蝴蝶卷配方见表 4-192。

表 4-192　蝴蝶卷配方

原料名称	用量	原料名称	用量
面粉	500g	碱面	7g
老醇	750g	糖色	1g
花椒盐	25g	花生油	25g

（2）操作要点

① 将面粉 400g 放在盆内，用温水 200g 和成面团，再与老醇揉在一起。碱面用热水 10g 化开，搋揉进面团中，盖上湿布饧 10min。然后在案板上铺撒面粉 100g，把饧好的面团放在上面反复按揉，直到把面粉全部揉进面团里为止。

② 案板上抹花生油 10g，把面团放在上面擀成约 45cm 见方的大片，刷上花生油 15g，再均匀地撒上花椒盐。然后从一端卷起，卷成一个大卷，按扁（宽约 5.6cm）后，用刀切成均匀的 80 个小卷。再将每 4 个小卷（断面朝上）竖着并排摆在一起，但中间的 2 个小卷必须比左右两旁的小卷往后错出 1.2cm 的距离。摆好后，用拇指和中指掐住左右两旁小卷的后半部（即整卷的 1/3 处），慢慢用刀夹紧，使 4 个小卷的中腰贴在一起，再将头尾张开，即成展翅的蝴蝶形卷。

③ 饼铛放在微火上烧热，将蝴蝶卷（面朝上）逐个放在上面烙。当底面烙成黄色时，倒入凉水 50g，盖上铛盖继续烙。待水干后，将卷铲起，在上面刷一层糖色，再放入烤炉中烤成黄色即成。

20. 菠萝酱酥格

（1）配方　菠萝酱酥格配方见表 4-193。

表 4-193　菠萝酱酥格配方

原料名称	用量	原料名称	用量
面粉	1000g	菠萝酱	1罐
白糖	350g	罐头扇形菠萝片	1罐
猪油	350g	鸡蛋(涂扫酥格面用)	若干只
净鸡蛋	350g	泡打粉	30g

（2）操作要点

① 将白糖、猪油、净鸡蛋、泡打粉等混合擦匀至糖粒溶尽，埋入面粉折叠成为松酥皮。

② 将面团分成 3 份，将其中 2 份开薄，铺在边长 30cm 四方铁盘内，随即用酥棍把它再开一遍，使松酥皮平整，厚薄一致。再用刮刀在面上预切 4 条线纹（4 条纹的间距要相等，同时，盘的两边要留半条线纹的位置。这样，实际上预切 5 条线纹，只是两边各占半条而已），在每条线纹上涂一层鸡蛋液（以作黏结酥条之用）。

③ 将余下的"酥"分成 10 份，先取 1 份摵成长圆条（长度与盘的长度一样），用双手贴放在盘边的预切线纹上，再取 1 份也摵成长圆条，贴放在盘的另一边，再取 2 份，摵成 2 条长圆条，两条一并贴在第一条预切线上，用这样的方法把"酥"全部摵齐分贴于其余各条线上，分贴完毕，再进行对各条"酥条"作手艺加工。先从盘边这一条起，用三只手指合成"晶"字形来捏"酥条"，每捏出 3 个指印之后，再捏 3 个指印，使整条酥条呈棱尖形的条纹。2 条酥条的捏法，则是用双手的 3 个指头，向两条酥条捏出 2 条棱形条，次序是先从左边 2 条起，其余依上法捏好（这时，2 条合并的圆形酥条都已捏成棱形纹）。其余如法捏齐，就算整盘操作手艺完毕。

④ 用鸡蛋液遍涂在整盘的酥面上（目的是使烤时上色，以及用以粘贴菠萝片）。

⑤ 取出罐头扇形菠萝片，用洁净布吸干水分，将扇形菠萝切成薄片（不应太薄），铺在两条棱形条的中间，再用手蘸一些罐头菠萝酱涂在整排菠萝片上，便可送入烤炉烤制。炉温应用中火，特别是底火不宜过猛，以免酥底被烤焦，烤的过程更宜用"吊火"（先中火，后慢火，务使整盘酥吊熟），待成品呈深金黄色（指酥皮而言），用竹签探入酥条中心拔出时没有面浆带出便可出炉，晾凉。

⑥ 将整盘熟酥格脱离方盘，用利刀在两条合并的酥条中央开切 5 大条，再用菠萝酱（适量）分别涂在每条的中央，最后逐条横切为 10 件，便可上碟（或每件垫上纸杯）。

21. 咖喱乳酪脆条

（1）配方　咖喱乳酪脆条配方见表 4-194。

表 4-194 咖喱乳酪脆条配方

原料名称	用量	原料名称	用量
面粉	200g	奶油	55g
乳酪	100g	盐	4g
冷牛奶	4g	芥末	1g
鸡蛋	50g	辣椒	适量
咖喱粉	3g	植物油	适量

（2）操作要点

① 将烤箱预热到204℃。

② 取面粉、盐、芥末、咖喱粉、辣椒、奶油、乳酪、鸡蛋和牛奶，把它们充分混合。

③ 在面板上把面团搓揉成1.5mm粗的圆条，切成50mm的长条。

④ 在烤盘上加点植物油，把切好的圆条放在烤盘上，再放入烤箱内烘烤成金黄色。烤好后，让它自然冷却即可。贮存时应选用密封饼干盒。

22. 捷克斯

（1）配方 捷克斯配方见表4-195。

表 4-195 捷克斯配方

原料名称	用量	原料名称	用量
精粉	1650g	鸡蛋	1000g
奶油	1500g	苏打粉	10g
果脯	200g	香草粉	少许
橘饼	200g	白糖	900g
葡萄干	150g		

（2）操作要点

① 取白糖900g加奶油投入盆内，搅拌均匀后加入苏打粉，打入鸡蛋，抽打均匀待用。

② 待果脯、橘饼、葡萄干切成碎末，投入蛋糊内搅开，再加入

适量水、香草粉、精粉拌匀成面糊。铁模擦净铺上纸，用手勺将面糊盛入铁模内（只盛入铁模体积的一半）。

③ 将铁模放入烤盘内烘烤，烤至制品呈金红色即熟。出炉后，把制品从铁模内取下，四周刷水去掉浮纸，摆齐后，用细筛子在制品表面筛一层细糖粉即成。

23. 小油馕

（1）配方 小油馕配方见表 4-196。

表 4-196 小油馕配方

原料名称	用量	原料名称	用量
富强粉	500g	精盐	7.5g
花生油	125g	嫩发面	50g
打好鸡蛋	50g		

（2）操作要点

① 将面粉过罗后，置于案上围成凹窝状，窝内加入清水 125g、精盐、花生油及嫩发面和成面团，用湿布覆盖饧约 15min。

② 把饧好的面揉成长条，下成 30 只面剂，揉成圆形，按扁，再在中间用食指从上到下按一个圆窝。

③ 将馕坯按顺序摆放在烤盘上，刷一层鸡蛋液入炉，用 200～210℃的炉温烘约 12min 即可。

24. 螺丝转儿

（1）配方 螺丝转儿配方见表 4-197。

表 4-197 螺丝转儿配方

原料名称	用量	原料名称	用量
面粉	500g	花椒盐	40g
面肥	250g	碱面	7g
芝麻酱	30g	芝麻油	25g

（2）操作要点

① 将面粉 450g 放在盆内，加入凉水 250g（冬天用温水）和成面

团，再掺入面肥、碱面揉均匀。用刀切一块，看断面有散布均匀的高粱粒大的蜂窝，舔时觉有甜味，即碱量合适。如蜂窝大小不匀，闻有酸味，可适当加一些碱揉匀再用。

② 芝麻酱内加入花椒盐，用芝麻油 15g 调匀，再将面粉 50g 铺撒在案板上，用和好的面团放在上面按揉，直到把面粉全部揉进面团里为止。然后，搓成 5cm 的圆条，刷上芝麻油 10g，再揪成 20 个面剂（每个约重 75g）。

③ 取面剂 1 个，竖着擀成 15cm 长的片，上面抹匀一层芝麻酱，用双手提起里端两角，反腕向案板前方一甩，把面片甩抽成约 26cm 长，再卷成长约 66cm 的卷，按扁（宽约有 3.3cm）后，用刀顺着卷的长度划一刀，把卷分成两条，一条宽约 1.4cm，另一条宽约 2cm。把窄条摞在宽条上（横断面要对齐），两手各持一端提起（断面朝上），右手由里向外，围绕左于拇指、食指缠绕，边绕边抻长，直到缠完，成旋纹清晰的螺丝形，将末端面头压在底下，再将旋纹朝下擀成直径 5～5.3cm 的圆饼。

④ 饼锅放在微火上烧热，将圆饼（旋纹朝下）逐个放在锅上烙 3min，当烙成黄色时，翻过来再烙 2min。然后放入烤炉中，将两面都烤成焦黄色即成。

25. 奶油干点心

（1）配方 奶油干点心配方见表 4-198。

表 4-198 奶油干点心配方

原料名称	用量	原料名称	用量
精粉	2.75kg	糖稀	40g
白糖	1.1kg	苏打粉	15g
奶油	350g	红色素	少许
鸡蛋	800g		

（2）操作要点

① 锅内放白糖 100g，加入水 150g，上炉熬制，待锅内糖液温度上升至 110℃时，加入糖稀继续熬制，当糖液温度上升至 115～117℃时，把锅离火，置于凉水中冷却，待糖液温度下降至 30℃（用手指

试验稍有温度感），用铁铲或木板用力翻拌制成白马糖，把呈白色结晶体的白马糖倒入小盒内，盖上湿布待用。

②　将奶油（如天热，可用豆油 250g，另加糖稀 100g）倒入盆内搅匀，加入白糖 1kg，再加鸡蛋液 500g、水 500g、苏打粉继续搅拌均匀，再倒入精粉拌匀，然后揉成面团。

③　把面团擀成厚约 7mm 的面片，用刀切成宽约 5cm 的长条。取几根长条，用滚花刀将长条切成宽约 10mm 的小条。

④　将宽条逐条摆入烤盘，表面刷一层蛋液，在每个宽条上间隔均匀地顺条粘上 3 根小条，再刷上一遍蛋液，然后用锯齿形薄铁片在小条上划成"之"字形痕。

⑤　将宽烤盘放入烤炉内，上下都用中火烤制，见生坯呈金黄色即熟，取下晾凉。再把白糖烧至 60℃，取一半加红色素拌匀呈粉红色。把白、粉红两种颜色的白马糖分别装入用透明纸做成的锥筒内，用手捏住锥筒，把白马糖从锥筒尖端挤出，粘在小条之间的间隙处，使每根宽条上粘上白、粉红两种颜色的两条白马糖，晾凉后把宽条切成长 5cm、宽 3.3cm 的小块即成。

26. 奶豆

(1) 配方　奶豆配方见表 4-199。

表 4-199　奶豆配方

原料名称	用量	原料名称	用量
富强粉	22.5kg	鸡蛋	2.5kg
淀粉	5kg	香兰素	10g
植物油	5kg	碳酸氢铵	225g
白砂糖粉	13.5kg	奶油	1kg
奶粉	1kg	水	6kg

注：扑面用富强粉 2kg。

(2) 操作要点

①　调面团　白砂糖粉和鸡蛋液投入和面机内搅拌，然后投入香兰素、碳酸氢铵和水搅拌，再将奶油加热溶化后连同植物油一起投入和面机内搅拌乳化，将富强粉、淀粉、奶粉混合过筛后投入和面机内

搅拌，略带筋，软硬适宜。撒上扑面用富强粉，倒出即可。

②成型　取一块面团擀成 1.2cm 厚的长方形薄片，用刀切成 1.2cm 的正方小块，装入筛内摇晃除去扑面用富强粉。同时将小方块晃成近似球状，摆入烤盘，准备烘烤。

③烘烤　调好炉温，底火略大于上火。烤成表面黄白色，底面红褐色，熟透出炉，冷却后装箱。成品每千克 520 块。

27. 奶油球

（1）配方　奶油球配方见表 4-200。

表 4-200　奶油球配方

原料名称	用量	原料名称	用量
富强粉	49.5kg	碳酸氢铵	125g
白砂糖粉	12kg	小苏打粉	125g
奶油	5kg	清水	7.5kg
植物油	1kg	香兰素	20g
鸡蛋	3.5kg	扑面粉	1.5kg
奶粉	2.5kg		

（2）操作要点

①面团调制　面粉过筛后置于台板上围成圈，放入白砂糖粉、奶粉，并加入奶油（应先加温稍溶化）、香兰素，搅擦均匀起发呈乳黄色后，投入鸡蛋液搅拌起发，加水、碳酸氢铵、小苏打粉（在水内化开）继续搅拌至糖粉溶化，加入植物油搅拌混合均匀，呈乳黄色的悬浮状液体时拌入面粉，调制成软硬适宜的面团。

②成型　将面团擀成 1.5cm 厚的长方形片，再切成 1.5cm 见方的正方形小块。将小方块放入粗笸内摇晃，使生坯滚动挤撞去棱角，近似球形摆入烤盘内，找好距离，摆满盘后及时入炉烘烤。按成品每千克 320～340 块取量。

③烘烤　调整好炉温，用中火烘烤（180～200℃）。待表面呈微黄色，周边乳白色，底面浅金黄色，熟后出炉，冷却、装盒即为成品。

28. 炼乳方点心

（1）配方　炼乳方点心配方见表 4-201。

表 4-201　炼乳方点心配方

原料名称	用量	原料名称	用量
精粉	2.7kg	鸡蛋	150g
白糖	1.25kg	饴糖	350g
豆油	500g	小苏打粉	15g
炼乳	750g	化学烯	适量

（2）操作要点

① 锅内放白糖 350g、水 150g，上锅熬制，待锅内糖液温度上升至 110℃时，放入化学烯继续熬制，当糖温上升至 115～117℃时，把锅离火，置于凉水中冷却，待糖液温度下降至 30℃时（用手指试验稍有温感），用铁铲和木板用力翻拌，把呈白色结晶体的白马糖倒入盆内，盖上湿布待用。

② 将白糖 900g、豆油、炼乳、小苏打粉、水 450g 倒入盆内搅匀，再倒入精粉拌匀，揉成面团。

③ 将面团擀成厚约 0.6cm 的面片，用刀切成宽约 5cm 的长条。取几根长条，用滚花刀将长条顺条切成宽约 1cm 的小条。

④ 把宽条逐条摆入烤盘，表面刷一层蛋液，在每个宽条上间隔均匀地顺条粘上两根小条，再刷一遍蛋液，然后用锯齿形薄铁片在小条上划成"之"字形痕。

⑤ 烤盘入烤炉，上下都用中火烤制，见生坯呈金黄色即熟，取下晾凉。再把白马糖熬化（约 60℃），装入用透明纸做成的锥筒内，用手捏住锥筒，把白马糖从锥筒尖端挤出，在两小条之间挤出白马糖，待白马糖晾凉后，把宽条切成长 5cm、宽 3.3cm 的小块即成。

29. 精粉大点心

（1）配方　精粉大点心配方见表 4-202。

（2）操作要点

① 盆内放入白糖粉、小苏打粉、香草粉、水 300g 和猪油 300g，混合均匀，然后倒入精粉拌匀，和面成团。

表 4-202 精粉大点心配方

原料名称	用量	原料名称	用量
精粉	1.5kg	猪油	300g
白糖粉	600g	小苏打粉	15g
白砂糖	250g	香草粉	少许

② 把面团擀成约 0.6cm 厚的面片，再用薄铁皮做成桃形和梅花形花筒模在面片上成型，然后将花筒模内的生坯磕出。

③ 把生坯摆在湿布上，使生坯稍沾湿，然后表面沾上一层白砂糖，放入烤盘内。烤盘入炉，上用小火、下用中火烤制，使制品底呈金黄，上呈白色即可。

30. 黄油十字点心

（1）面团配方 黄油十字点心面团配方见表 4-203。

表 4-203 黄油十字点心面团配方

原料名称	用量	原料名称	用量
面粉	500g	黄油	50g
白糖	75g	鸡蛋	100g
精盐	5g	发酵粉（泡打粉）	15g
牛奶	200g	面粉（扑面用）	50g
葡萄干	50g		

刷皮：鸡蛋 50g。

（2）操作要点

① 工艺流程 和面团→分剂→揉面→码盘→刷蛋液→划口→烘烤→成品。

② 和面团 把面粉和发酵粉掺在一起，过箩后放在木案子上围成圈，再把面粉拌入和成面团，饧润十几分钟以后，可操作成型。

③ 成型 先在案子上撒一层扑面，把饧润过的面团放在案子上，分成 15 个小面剂，然后把葡萄干择洗干净，分放在 15 个小面剂里，

再把小面剂揉搓成圆球状，放在擦油的铁烤盘上，在盘上找好距离摆放好。

④ 刷皮、烘烤　在圆球状面团的上边刷上一层鸡蛋液，再使用锋利的刀片，在面团的中间划一个十字口，送入200℃的烤炉里，大约10min烤上黄色，手按有弹性即熟，出炉即为成品。

31. 干点

（1）配方　干点配方见表4-204。

表4-204　干点配方

原料名称	用量	原料名称	用量
白面粉	2.5kg	奶油或人造奶油	1.5kg
白砂糖	0.75kg	奶油香精	适量
鸡蛋	0.5kg		

（2）操作要点

① 拌粉　将面粉倒在台板上，使成盆形，先将白砂糖、鸡蛋放进去拌匀，然后将油放进去一起和匀，再与面粉搅拌。但不宜过多搅拌，防止面筋韧缩。

② 碾压　先将面粉用木棍碾压使平，厚薄根据规格而定（如0.5kg 1只或2只），然后揿入花边铜模成型，取出，有次序地摆在烘盘上。

③ 打蛋　把鸡蛋打匀成浆，用排笔把蛋浆刷在干点坯上。

④ 烘焙　炉温在220℃左右，约烘10min，呈黄色时取出。

32. 挤花小点心

（1）配方　挤花小点心配方见表4-205。

表4-205　挤花小点心配方

原料名称	用量	原料名称	用量
精白面粉	0.75kg	鸡蛋	0.2kg
奶油	0.5kg	白糖粉	0.25kg

（2）操作要点

① 拌粉　先把精白面粉在台板上摊成盆形，当中不要有面粉。将鸡蛋、白糖粉放入和匀，再放入奶油搅和成均匀体，然后再与面粉拌在一起。

② 擦料　将拌好的面粉分 1～2 次擦料，操作时将两手手指伸直，以手掌心用劲三推三拉，速度要快，防止起筋。

③ 挤花　搓好后立即装入布袋用齿形挤射管，在烘盘上挤成月牙、梅花等形状的花纹。

④ 烘焙　炉温 200～220℃，约烘 8min。

第九节　西式饼类生产工艺与配方

本系列介绍的西式饼类配方和制作方法不属于工业生产的范畴，先介绍西式饼类各种配方，再介绍各种饼类相应的操作技术要点以及各种西式饼类的注意事项或特点。

一、西式饼生产工艺流程

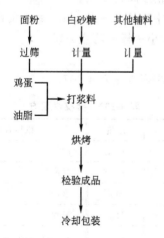

二、各种西式饼生产配方

1. 巧克力饼

（1）配方　巧克力饼配方见表 4-206。

表 4-206　巧克力饼配方

原料名称	用量	原料名称	用量
猪油	200g	食盐	2.5g
白糖	250g	可可粉(无糖巧克力也可)	450g
鸡蛋	100g	碎核桃仁	60g
香草香精	6g	小苏打粉	4g
面粉	260g		

（2）操作要点

① 先将猪油熔化，再投入白糖，用打蛋刷（叉子、筷子也可）搅拌，搅至无白糖颗粒为止。

② 将鸡蛋和香草香精放入油、糖中，并搅拌均匀。

③ 将面粉、小苏打粉、食盐混合后过筛，然后搅拌，与此同时慢慢将面粉、小苏打粉、食盐等加入油、糖中，搅拌均匀即可。

④ 将可可粉、核桃仁，搅匀后放在抹过油的烤盘上，外形为圆状，规格大小一样，相互间距 5cm。

⑤ 在 190℃的炉中烘烤 8～10min，呈金黄色后取出冷却。本配料可制作 50 个形体大小一样的巧克力饼。

2. 樱桃饼

（1）配方　樱桃饼配方见表 4-207。

表 4-207　樱桃饼配方

原料名称	用量	原料名称	用量
猪油	100g	面粉	100g
白糖	125g	发泡粉	2g
鸡蛋	50g	食盐	1g
杏仁香精	1g	麦片	70g
可可粉(无糖巧克力也可,切为碎末)	230g	蜜樱桃(切为碎块)	100g
核桃仁	50g		

（2）操作要点

① 先将烘箱的温度升至190℃。在一容器中用微火溶化猪油，待猪油全部溶化后投入白糖，然后用打蛋器猛力搅打，搅至无糖粒为止。

② 将鸡蛋、杏仁香精投入到油、糖中，搅拌均匀即可。

③ 先将面粉、发泡粉、食盐混合过筛，然后在打蛋器的徐徐搅拌中投入面粉混合物，搅拌均匀即可。

④ 用木制勺搅进麦片、可可粉、蜜樱桃和核桃仁，拌匀后，用勺均匀地舀在未抹油的烤盘上，形体为圆状，相互间距5cm。

⑤ 在190℃的炉中烘烤8～10min，至呈金黄色。让饼在烤盘上冷却2min后方可用夹子夹出冷却。

（3）注意事项　本配料可制作35个规格一样的樱桃饼。

3. 麦片饼

（1）配方　麦片饼配方见表4-208。

表4-208　麦片饼配方

原料名称	用量	原料名称	用量
面粉	100g	鸡蛋	50g
白糖	175g	牛奶	30g
小苏打粉	2g	香草香精	2g
食盐	2.5g	麦片	150g
猪油	100g	可可粉	450g

（2）操作要点

① 先将烤箱的炉温升至190℃。然后把面粉、白糖、小苏打粉、食盐放入一容器中，拌合均匀。

② 再将猪油（需先熔化）、鸡蛋、牛奶和香草香精加入到面粉混合物中，用木制勺拌和均匀。

③ 再把麦片、可可粉加入到面粉油、糖混合物中拌和均匀。用勺将料舀在未抹油的烤盘上，形体为圆状，规格一样，相互间距5cm。

④ 在190℃的炉中烘烤10min，至呈金黄色，用夹子夹出。

（3）注意事项　本配料可制作45个麦片饼。

311

4. 柠檬饼

(1) 配方　柠檬饼配方见表 4-209。

表 4-209　柠檬饼配方

原料名称	用量	原料名称	用量
猪油	100g	香草香精	4g
白糖	200g	小苏打	2g
鸡蛋	50g	食盐	1g
柠檬汁或广柑汁(也可用 30g 牛奶或水,外加 2g 柠檬香精或广柑香精)	30g	可可粉(无糖巧克力也可,但需切为碎块)	450g
碎末柠檬皮或广柑皮	150g	碎花生仁或碎桃仁	60g
面粉	150g		

(2) 操作要点

① 先将烤箱的炉温升至 190℃。在一容器中熔化猪油后投入白糖,用打蛋器搅拌至无糖粒为止。

② 将鸡蛋、柠檬皮、柠檬汁、香草香精加入油、糖中,搅拌均匀。

③ 把面粉、小苏打、食盐混合过筛,在打蛋器的徐徐搅拌中慢慢将面粉混合物投入到油、糖中,搅拌均匀。

④ 用木制勺将可可粉、花生仁搅入上述混合物中,拌匀后用勺舀在未抹油的烤盘上,形体为圆状,规格一样,相互间距 5cm。

⑤ 在 190℃的炉中烘烤 10～12min,用夹子夹出冷却。本配料可制作 35 个柠檬饼。

(3) 注意事项　小心地切下柠檬皮有色的部分,然后用刀剁烂(也可在有孔的器具上擦动)。如需要鲜果汁,就把水果对半剖开,任拿一半在碗中榨出果汁。

5. 南瓜饼 (黄瓜饼)

(1) 配方　南瓜饼(黄瓜饼)配方见表 4-210。

表 4-210 南瓜饼（黄瓜饼）配方

原料名称	用量	原料名称	用量
猪油	100g	食盐	2.5g
白糖	200g	麦片	70g
鸡蛋	50g	南瓜丝或黄瓜丝	150g
香草香精	2g	碎桃仁	120g
面粉	150g	可可粉(无糖巧克力也可,切成碎末)	200g
肉桂粉	4g		

（2）操作要点

① 先将烤箱的炉温升至175℃。在一容器中熔化猪油，待完全熔化后投入白糖，用打蛋器搅打至无糖粒为止。

② 加入鸡蛋、香草香精，拌和均匀。

③ 先将面粉、肉桂粉和食盐混合均匀后过筛，然后在不断地搅拌中将面粉混合物投入到油、糖中，拌和均匀。

④ 用木制勺将麦片、南瓜丝、碎桃仁、可可粉搅入上述的混合物中，拌和均匀。用勺舀在未抹油的烤盘上，形体为圆状，规格一致，相互间距5cm。

⑤ 在175℃的炉中烘烤10～12min，至呈金黄色，用夹子夹出冷却。本配料可制作45个南瓜饼。

（3）注意事项 南瓜丝不应切得太长，以免影响规格。

6. 拼块造型饼

（1）配方 拼块造型饼配方见表4-211。

表 4-211 拼块造型饼配方

原料名称	用量	原料名称	用量
猪油	225g	香草香精	4g
白糖	125g	面粉	225g
鸡蛋	100g	小苏打粉	7g
芝麻酱或花生酱	250g	食盐	1g

（2）操作要点

① 先将烤箱的炉温升至 175℃。在一容器中用木制勺搅拌猪油和芝麻酱，拌和均匀后投入白糖，搅至无糖粒为止。

② 加入鸡蛋、香草香精，拌和均匀。

③ 在一容器中先将面粉、小苏打粉、食盐混合过筛，然后投入到油、糖中去，用手拌均匀。

④ 用手将调和好的面料分成大小不同的块状，小的面块用来做各种动物的眼睛、鼻子等，大块的面团用来做各种动物的手、脚和身体。制作好后把各种做好的部分放在未抹油的烤盘上，使它们联结为你所设计的动物整体，在联结部位轻轻地压一下。动物的造型要靠想象。

⑤ 将拼好形状的饼送入炉中烘烤 10～12min，至边上呈浅棕色。让其在盘中冷却 2min 后用夹子夹出冷却。

（3）注意事项　由于拼块靠想象，故烤制温度要根据情况做调整。

7. 独眼饼

（1）配方　独眼饼配方见表 4-212。

表 4-212　独眼饼配方

原料名称	用量	原料名称	用量
猪油	100g	面粉	175g
白糖	175g	发泡粉	4g
鸡蛋	50g	小苏打粉	1g
芝麻酱或花生酱	10g	食盐	1g
牛奶	30g	巧克力糖块	数块
香草香精	4g		

（2）操作要点

① 在一容器中装入猪油，用微火熔化后倒入白糖，然后用打蛋帚搅至无糖粒为止。

② 加入芝麻酱、鸡蛋、牛奶和香草香精，拌和均匀。

③ 将面粉、发泡粉、食盐和小苏打粉混合过筛，然后在不断搅拌中将面粉混合物投入到油、糖中，搅拌均匀。随即盖上干净的白毛巾送入冰箱冻制 1h，以便于制作。

④ 将烤箱的炉温升至 190℃。然后从冰箱中取出面料，将其搓成 2.5cm 大小的球体。面上裹一层白糖，放入未抹油的烤盘上，相互间距 5cm。

⑤ 在 190℃ 的炉中烘烤 10～12min，至边沿发硬，接着立即在每一块饼的上面压进一粒巧克力糖块，再用夹子夹出冷却。

（3）注意事项　本配料可制作约 60 个独眼饼。

8. 圆形十字饼

（1）配方　圆形十字饼配方见表 4-213。

表 4-213　圆形十字饼配方

原料名称	用量	原料名称	用量
鸡蛋	50g	碎花生仁	60g
白糖	175g	面料白糖	少许
芝麻酱或花生酱	250g		

（2）操作要点

① 先将烤箱的炉温升至 175℃。在一适中的碗中用木制勺搅拌鸡蛋，随后倒入白糖，搅和均匀即可。

② 将芝麻酱倒入蛋糖混合物中，搅至三者混合均匀为止。

③ 再将碎花生仁倒入上述的混合物中，搅拌均匀。

④ 用手将调和好的料搓成直径为 2.5cm 大小的球体，放入未抹油的烤盘上，相互间距 5cm，用手轻轻将球体压平，然后用小刀在表面划出"十字"，并在上面撒少许白糖。

⑤ 在 175℃ 的炉中烘焙 10～12min，至呈金黄色，让其在烤盘中冷却 2min 后用夹子夹出冷却。本配料可制作约 35 个十字饼。

（3）注意事项　本饼只有 4 种原料而无面粉。

9. 桃仁饼

（1）配方　桃仁饼配方见表 4-214。

表 4-214　桃仁饼配方

原料名称	用量	原料名称	用量
芝麻酱或花生酱	50g	碎桃仁	450g
蛋清	50g	食盐	1g
香草香精	2g	熟清油	适量
白糖	175g		

（2）操作要点

① 先将烤箱的炉温升至 150℃，在烤盘上抹少许熟清油。用一平底锅在微火上熔化一下芝麻酱，其间不断搅拌，然后让其冷却。

② 在一碗中投入蛋清、香草香精、食盐，用打蛋器搅打，搅至泡群挺立为止。随即把白糖加入其中，再搅至泡群挺立。

③ 将桃仁、花生酱投入其中。搅拌均匀后用勺舀在抹过油的烤盘上。形体为圆状，相互间距 5cm。

④ 在 150℃ 的炉中烘烤 15～17min，至呈浅棕色。在盘中冷却 1min 后用夹子夹出冷却。

（3）注意事项　本配料可制作约 24 个桃仁饼。

10. 蜂蜜饼

（1）配方　蜂蜜饼配方见表 4-215。

表 4-215　蜂蜜饼配方

原料名称	用量	原料名称	用量
猪油	100g	面粉	150g
芝麻酱或花生酱	100g	小苏打粉	1g
白糖	100g	发泡粉	1g
蜂糖	150g	食盐	1g
鸡蛋	50g	熟清油	适量

（2）操作要点

① 先将烤箱的炉温升至 175℃。在烤盘上抹少许熟清油。在一较大的容器中用打蛋器搅和熟清油、花生酱、白糖和蜂糖。

② 加入蛋，拌和均匀。

③ 将面粉、小苏打粉、发泡粉、食盐混合后过筛，然后在搅拌中投入面粉混合物，拌和均匀。

④ 用勺将调好的料舀在抹过油的烤盘上，形体为圆状，相互间距 5cm，在 175℃的炉中烘焙 10min，至顶部呈浅棕色，用夹子夹出冷却。

（3）注意事项 本配料可制作约 40 个蜂蜜饼。

11. 苹果饼

（1）配方 苹果饼配方见表 4-216。

表 4-216 苹果饼配方

原料名称	用量	原料名称	用量
猪油	50g	面粉	200g
芝麻酱或花生酱	200g	小苏打粉	8g
白糖	350g	食盐	3g
鸡蛋	100g	麦片	70g
香草香精	4g	苹果（去皮、切成碎块）	1 个

（2）操作要点

① 先将烤箱的温度升至 175℃。在一大的容器中装入芝麻酱、猪油，用打蛋器搅打，待二者均匀后投入白糖搅打，至无糖粒为止。

② 把蛋、香草香精加进去，搅拌均匀。

③ 先将面粉、小苏打粉、食盐混合，过筛，然后才把面粉混合物投入到芝麻酱混合物中，搅拌均匀即可。

④ 用木制勺将麦片、苹果搅入上述的混合物中。

⑤ 将调好的料均匀地分成 20 等份，放在未抹油的烤盘上，相互间距 10cm，再用手指在每一块饼上修整一下，压平。

⑥ 在 175℃的炉中烘烤 12～14min，至边缘发硬，让其在盘中冷却 1min 后方可用夹子夹出冷却。

（3）注意事项 本配料可制作 20 个大苹果饼。

12. 葡萄干饼

（1）配方 葡萄干饼配方见表 4-217。

表 4-217　葡萄干饼配方

原料名称	用量	原料名称	用量
猪油	100g	肉桂粉	4g
白糖	250g	食盐	2g
鸡蛋	50g	碎桃仁	120g
牛奶	45g	苹果(去皮、切为小块)	1个
面粉	225g	葡萄干	150g
小苏打粉	4g		

（2）操作要点

① 先将烤箱的温度升至 190℃。在一容器中用微火将猪油熔化后，投入白糖，用打蛋器搅打，搅打至无糖粒为止。

② 把牛奶、鸡蛋放入油、糖中搅拌均匀。

③ 将面粉、小苏打粉、肉桂粉（无肉桂粉用五香粉代替）、食盐混合，过筛，然后在搅拌中徐徐把面粉混合物投入到油、糖混合物中，搅拌均匀。

④ 将碎桃仁、苹果，葡萄干倒入其中，拌和均匀即可。然后用勺舀在未抹油的烤盘上，形体为圆状，规格一样，相互间距 5cm。送入炉中烤 10～15min。

（3）注意事项　本配料可制作约 40 个饼。

13. 香蕉饼

（1）配方　香蕉饼配方见表 4-218。

表 4-218　香蕉饼配方

原料名称	用量	原料名称	用量
猪油	100g	面粉	200g
白糖	150g	发泡粉	6g
鸡蛋	100g	肉桂粉	2g
香草香精	2g	小苏打	1g
香蕉泥(3只中等大小的香蕉)	约200g	食盐	1g
熟清油	适量	葡萄干	150g

（2）操作要点

① 先将烤箱的炉温升至190℃。在烤盘上抹少许熟清油。在一容器中用微火熔化猪油，然后投入白糖，搅打至无糖粒为止。

② 先投入鸡蛋、香草香精到油、糖中搅拌，然后再放入香蕉泥，搅拌均匀。

③ 将面粉、发泡粉、肉桂粉、小苏打、食盐混合均匀，过筛，然后在打蛋器的搅拌中徐徐将面粉混合物投入到油、糖混合物中，搅拌均匀。

④ 再把葡萄干放入上述混合物中，用木制勺拌和均匀。用勺将料舀在抹过油的烤盘上，形体为圆状，相互间距5cm。

⑤ 在190℃的炉中烘焙10~12min，至底部呈金黄色，用夹子夹出冷却。本配料可制作约50个规格一样的香蕉饼。

（3）注意事项　选用3只适中的新鲜香蕉，去皮，切成3~4节，放入碗中，用勺或餐刀不断挤压，使其成为泥状，无块状为好。另外，本配方还可制作南瓜饼、土豆饼等，只是将香蕉泥换成土豆泥、南瓜泥就行了。

14. 梨子饼

（1）配方　梨子饼配方见表4-219。

表4-219　梨子饼配方

原料名称	用量	原料名称	用量
猪油	100g	姜粉	1g
白糖	200g	碎花生仁(有椰子丝更好)	150g
鸡蛋	50g	鲜梨碎末(去皮、切为碎末)	100g
面粉	125g	碎桃仁	6g
小苏打	2g	食盐	2g

（2）操作要点

① 先将烤箱的炉温升至190℃。在一容器中用微火熔化猪油，然后投入白糖，用打蛋器搅拌至无糖粒为止。

② 将蛋加入，搅拌均匀。

③ 将面粉、小苏打粉、盐和姜粉混合均匀后过筛，然后在打蛋

器的搅拌下，慢慢将面粉混合物投入到油、糖中，拌匀即可。

④ 将花生仁、鲜梨碎末、碎桃仁投入到上述的混合物中，拌和均匀。用木制勺舀在未抹油的烤盘上，形体为圆状，规格一样，相互间距 5cm。

⑤ 在 190℃ 的炉中烘烤 8～10min，让其在盘中冷却 0.5min 后方可夹出冷却。

（3）注意事项　本配料可制作约 40 个梨子饼。

15. 萝卜饼

（1）配方　萝卜饼配方见表 4-220。

表 4-220　萝卜饼配方

原料名称	用量	原料名称	用量
猪油	150g	发泡粉	8g
白糖	150g	食盐	1g
鸡蛋	100g	萝卜丝	150g
蜂糖	100g	葡萄干、瓜仁或桃仁、花生仁	70g
面粉	250g	香草香精	4g

（2）操作要点

① 先将炉温升至 175℃。在一容器中用微火熔化猪油，然后倒入白糖，用打蛋器搅打至无糖粒为止。

② 在油、糖中加入鸡蛋、蜂糖、香草香精，搅拌均匀即可。

③ 将面粉、发泡粉、食盐先混匀，过筛，然后在打蛋器的搅拌中，徐徐将面粉混合物投入到油、糖混合物中，搅拌均匀。

④ 用木制勺把萝卜丝、葡萄干、瓜仁搅入上述的混合物中。拌均匀后用勺将料舀在未抹油的烤盘上。形体为圆状，大小规格一样，相互间距 5cm。

⑤ 在 175℃ 的炉中烘烤 10～12min，至呈金黄色，让其在盘中冷却 1min 后用夹子夹出冷却。

（3）注意事项　本配料可制作约 42 个萝卜饼。

16. 趣味方饼

（1）配方　趣味方饼配方见表 4-221。

表 4-221　趣味方饼配方

原料名称	用量	原料名称	用量
猪油	70g	小苏打粉	2g
白糖	150g	食盐	1g
蜂糖	75g	姜粉	1g
面粉	300g	发泡粉	4g
鲜牛奶	220g	熟清油	适量
香草香精	4g		

（2）操作要点

① 在一容器中用微火熔化猪油，待熔化后投入白糖、蜂糖、香草香精，用打蛋器搅至无糖粒为止。

② 先将面粉、发泡粉、小苏打粉、食盐、姜粉混合均匀，过筛，然后将面粉混合物均匀地分成 2 份。在打蛋器的搅拌中，把 1 份面粉混合物投入到油、糖混合物中，拌和均匀。

③ 将牛奶倒入上述混合物中继续搅拌，然后再倒入另一份面粉混合物，拌和均匀。接着将调和好的料揉成一球体，盖上毛巾送入冰箱冻制 2h。

④ 将烤箱的炉温升至 175℃，在烤盘上抹少许熟清油。从冰箱中取出面团，分成相等的 2 份。1 份仍送入冰箱，另一份面团上撒少许干面粉，用擀筒碾为 0.3～0.5cm 的片状。然后用刀将其切成 6cm 见方的块状，送入烤盘，摆放整齐。用尖刀在每一块的面上戳 4～5 下。用同样的方法制作另一份面团。

⑤ 在 175℃ 的炉中烘烤 10～12min，至呈金黄色，用夹子夹出冷却。本配料可制作约 45 个趣味方饼。本饼宜在密封缸中贮存。

（3）注意事项　将面料碾为片状后，可切成圆形、方形、棱形等。如面料太硬或太稀，应调整牛奶的用量。

17. 高级全麦饼

（1）配方　高级全麦饼配方见表 4-222。

表 4-222　高级全麦饼配方

原料名称	用量	原料名称	用量
猪油	100g	肉桂粉(咖喱粉、五香粉也可)	1g
白糖	150g	麦片	70g
鸡蛋	50g	葡萄干	100g
全麦面粉	75g	熟清油	适量
小苏打粉	2g	食盐	2g

（2）操作要点

① 先将烤箱的炉温升至175℃。在烤盘上抹少许熟清油。在一容器中用微火熔化猪油，待熔化后加入白糖，用打蛋器搅至无糖粒为止。

② 把蛋加入油、糖中，拌和均匀。

③ 先将面粉、小苏打粉、食盐、肉桂粉混合过筛。然后在打蛋器的搅拌中慢慢将全麦面粉混合物投入到油、糖中，拌和均匀。

④ 将麦片、葡萄干投入其中，再搅拌均匀。然后用木制勺把料舀在抹过油的烤盘上。形体为圆状，规格一样，相互间距5cm。

⑤ 在175℃的炉中烘烤8～10min，至饼的边沿呈浅棕色，让其在盘中冷2min后方可用夹子夹出冷却。

（3）注意事项　本配料可制作约40个高级全麦饼。

18. 太妃果脯饼

（1）配方　太妃果脯饼配方见表4-223。

表 4-223　太妃果脯饼配方

原料名称	用量	原料名称	用量
鸡蛋	100g	猪油	100g
蜂蜜	150g	碎花生仁	60g
微甜巧克力(切为粉末,也可用可可粉)	100g	食盐	2g
碎块混合果脯	150g	肉桂粉(咖喱粉、五香粉)	2g
面粉(麦片也可)	150g	脱脂奶粉	30g

（2）操作要点

① 先将烤箱的炉温升至150℃。在一容器中投入鸡蛋、猪油、蜂糖、食盐、肉桂粉，用木制勺拌和均匀。

② 将面粉、果脯、花生仁、巧克力、脱脂奶粉加入油与蜂糖等的混合物中，搅拌均匀，再用勺舀在未抹油的烤盘上。形体为圆状，规格一样，相互间距5cm。

③ 在150℃的炉中烘烤12～15min，至边缘发硬，用夹子夹出冷却。

（3）注意事项　本配料可制作约50个太妃果脯饼。

19. 奶味圆饼

（1）配方　奶味圆饼配方见表4-224。

表4-224　奶味圆饼配方

原料名称	用量	原料名称	用量
猪油	100g	小苏打粉	2g
白糖	150g	奶油香精	2g
鸡蛋	50g	食盐	1g
面粉	150g	香草香精	4g
肉桂粉	2g		

（2）操作要点

① 先将烤箱的炉温升至190℃。在一容器中用微火熔化猪油，然后投入白糖，用打蛋器搅至无糖粒为止。

② 将蛋和香草香精加入到油、糖中，拌和均匀。

③ 在一容器中将面粉、小苏打粉、奶油香精、食盐混合均匀。然后在打蛋器的搅拌中，将面粉混合物投入到油、糖中去，拌和均匀。

④ 将白糖和肉桂粉拌和均匀。将调和好的配料搓成直径为2.5cm大小的球体。再将球体放入白糖肉桂粉中。使球体外表裹一层面料，然后将球体放在未打油的烤盘中，间距5cm，再用饮料杯的

底部将每一球体压平。

⑤ 在 190℃ 的炉中烘烤 8～10min，至边沿发硬，用夹子夹出冷却。

（3）注意事项　本配料可制作约 30 个奶味圆饼。

20.杏脯装饰饼

（1）配方　杏脯装饰饼配方见表 4-225。

表 4-225　杏脯装饰饼配方

原料名称	用量	原料名称	用量
猪油	100g	香草香精	2g
白糖	170g	小苏打粉	2g
面粉	100g	肉桂粉	2g
麦片	100g	切成 1/4 的杏脯	若干
桃仁	30g	熟清油、椰丝	适量

（2）操作要点

① 先将烤箱的温度升至 190℃。在烤盘上抹少许熟清油。在一容器中用微火熔化猪油，熔化后，投入白糖，用打蛋器搅至无糖粒为止。

② 先将麦片、面粉、桃仁、小苏打粉、肉桂粉混合均匀，然后投入到油、糖中，拌均匀。

③ 将香草香精投入，拌均匀。

④ 把调和好的料用勺舀在抹过油的烤盘上，形体为圆状，相互间距 5cm。然后在每一块饼的中间顶部轻轻压上一片杏脯。

⑤ 在 190℃ 的炉中烘烤 10～12min，至呈金黄色。让其在盘中冷 1min 后方能用夹子夹出冷却。

（3）注意事项　为了美观，还可在杏脯周围加些椰丝。

21.玉米饼

（1）配方　玉米饼配方见表 4-226。

表 4-226 玉米饼配方

原料名称	用量	原料名称	用量
猪油	100g	鸡蛋	50g
白糖	175g	奶油香精	2g
玉米粉	100g	小苏打粉	2g
面粉	130g	香草香精	2g

（2）操作要点

① 先将烤箱的炉温升至190℃。在一容器中用微火熔化猪油，待猪油全部熔化完后，投入白糖，用打蛋器搅至无糖粒为止。

② 在上述的油、糖中加入香草香精、鸡蛋，拌均匀。

③ 先把面粉、奶油香精（无也可）、小苏打粉拌和均匀，然后在打蛋器的搅拌中慢慢投入面粉混合物，搅拌均匀。

④ 在上述混合物中再加入玉米粉，用木制勺搅拌均匀。然后舀在未抹油的烤盘上，形体为圆状，相互间距5cm，规格一样。

⑤ 在190℃的炉中烘烤8～10min，至呈金黄色，让其在烤盘中冷却0.5min后方能用夹子夹出。

（3）注意事项 本配料可制作约35个玉米饼。

22. 果酱拇指饼

（1）配方 果酱拇指饼配方见表4-227。

表 4-227 果酱拇指饼配方

原料名称	用量	原料名称	用量
猪油	150g	面粉	150g
白糖	70g	鸡蛋清(搅打发泡)	1 只
食盐	1g	碎桃仁	30g
鸡蛋黄	100g	果酱	50g
香草香精	4g		

（2）操作要点

① 在一容器中用微火熔化猪油，待猪油全部熔化后，投入白糖，用打蛋器搅至无糖粒为止。

② 在油、糖中加入蛋黄、香草香精，搅拌均匀。

③ 在打蛋器的搅拌中慢慢投入面粉，搅和均匀，然后盖上干净湿毛巾送入冰箱冻制 1h。

④ 将烤箱的炉温升至 175℃。从冰箱中拿出面团，搓成 2.5cm大小的球体。然后放入搅打过的蛋清中，捞起，再放入碎桃仁中，使球体裹一层细碎桃仁，最后放入未抹油的烤盘上，相互间距 5cm，接着用大拇指在每一球体的中央摁一下，使其形成凹状。

⑤ 在 175℃的炉中烘烤 15～17min，至底部呈浅棕色，用夹子夹出。

（3）注意事项　可根据情况在每一球体的中央填入各种果酱。

23. 葡萄番茄饼

（1）配方　葡萄番茄饼配方见表 4-228。

表 4-228　葡萄番茄饼配方

原料名称	用量	原料名称	用量
猪油	100g	番茄酱（罐头）	36g
白糖	150g	面粉	140g
鸡蛋	50g	小苏打粉	1g
香草香精	2g	葡萄干	35g

（2）操作要点

① 先将烤箱的炉温升至 190℃。在一容器中用微火熔化猪油，待全部熔化后，投入白糖，用打蛋器搅至无糖粒为止。

② 在油、糖中放入鸡蛋、香草香精，继续搅拌，拌匀后加入番茄酱，再搅匀即可。

③ 先将面粉、小苏打粉混合均匀，然后在打蛋器的搅动下，慢慢将面粉混合物投入到油、糖混合物中，搅均匀。

④ 投入葡萄干，用木制勺拌均匀。用勺舀在抹过油的烤盘上，形体为圆状，间距 5cm，规格一样。

⑤ 在 190℃的炉中烘烤 10～12min，至呈金黄色，用夹子夹出冷却。

（3）注意事项　本配料可制作约 40 个葡萄番茄饼。

24. 土豆片饼

（1）配方 土豆片饼配方见表 4-229。

表 4-229 土豆片饼配方

原料名称	用量	原料名称	用量
猪油	225g	面粉	175g
白糖	100g	碎末土豆片	100g
香草香精	4g	白糖	少许

（2）操作要点

① 先将烤箱的炉温升至 175℃。在一容器中用微火熔化猪油，熔化后投入白糖，搅至无糖粒为止。

② 在打蛋器的搅拌中，将面粉、土豆片碎末加入到油、糖中去，然后加入香草香精，拌匀即可。最后用勺舀成圆状倒在烤盘上，间距 5cm，最后用沾有白糖的餐刀将其压平。

③ 在 170℃ 的炉中烘烤 12～15min，至呈金黄色，用夹子夹出冷却。本配料可制作约 35 个规格一样的土豆片饼。

（3）注意事项 在正式做饼前应将土豆片压成碎末。具体的做法是将买回的油炸土豆片装入塑料袋中，用拳头将其捣碎。

25. 红心巧克力饼

（1）配方 红心巧克力饼配方见表 4-230。

表 4-230 红心巧克力饼配方

原料名称	用量	原料名称	用量
猪油	100g	甜炼乳(如无炼乳,可用糖、奶粉或牛奶)	90g
白糖	225g	食盐	1g
鸡蛋	50g	糖水樱桃	48 颗
甜巧克力片	450g	香草香精	5g
面粉	150g	发泡粉	1g
可可粉	80g	小苏打粉	1g

（2）操作要点

① 将烤箱的炉温升至175℃。在一容器中用微火熔化猪油，待熔化后，加入白糖，用打蛋器搅打至无糖粒为止。

② 将鸡蛋、香草香精加入到油、糖中，拌均匀。

③ 先将面粉、可可粉、小苏打粉、发泡粉、食盐混合均匀，然后在打蛋器的搅拌中徐徐将面粉混合物投入到油、糖混合物中，拌和均匀。

④ 将调好的料搓成直径为2.5cm的球体，放在未抹油的烤盘上，间距5cm，然后用大拇指在每一球体的中央摁出凹状。

⑤ 将樱桃从糖水中捞出，放在每一块饼的中间凹状处。

⑥ 制作面料。在锅中放入甜巧克力片和甜炼乳，加热熔化，然后倒入20g糖水樱桃，拌和均匀。接着用勺将巧克力面料舀在放有樱桃的坯料面上，以覆盖樱桃。

⑦ 送入175℃的炉中烘烤10min，端出，冷却。

（3）注意事项　如面料太浓可适量添加樱桃糖水。

26. 巧克力麦片饼

（1）配方　巧克力麦片饼配方见表4-231。

表4-231　巧克力麦片饼配方

原料名称	用量	原料名称	用量
猪油	100g	面粉	100g
白糖	225g	小苏打粉	2g
无糖巧克力	60g	食盐	2g
鸡蛋	50g	碎桃仁	60g
水	30g	麦片	70g
香草香精	6g	白糖(面料)	适量

（2）操作要点

① 将烤箱炉温升至175℃。将猪油熔化，然后投入白糖，用打蛋器搅至无糖粒为止。

② 将巧克力放入锅中，用微火熔化，其间不断地搅拌。熔化后即刻断开火源，并让其冷却，然后将巧克力、鸡蛋、水、香草香精加

入到油、糖中，拌均匀。

③ 先将面粉、小苏打粉、食盐混合均匀，然后在打蛋器的搅拌中逐渐将面粉混合物倒入油、糖中，搅拌均匀。

④ 再将麦片、桃仁加入到上述调和好的配料中，用木制勺拌匀。

⑤ 用勺将调好的配料舀在未抹油的烤盘上，形体为圆状，规格一样，间距5cm。用沾有白糖的饮料杯底部把每一坯料压平（也可先在坯料上撒上白糖，再用杯子压平）。

⑥ 在175℃的炉中烘焙10～12min，至边缘发硬，用夹子夹出冷却。

（3）注意事项　本配料可制作约45个巧克力麦片饼。

27. 巧克力薄荷夹心饼

（1）配方　巧克力薄荷夹心饼配方见表4-232。

表 4-232　巧克力薄荷夹心饼配方

原料名称	用量	原料名称	用量
猪油	100g	食盐	1g
白糖	225g	牛奶	200g
鸡蛋	50g	绿色素	适量
面粉	200g	薄荷精	1g
可可粉	40g	糖粉	250g
小苏打粉	2g	熟清油	适量
发泡粉	20g		

（2）操作要点

① 将烤箱的炉温升至200℃。在烤盘上抹少许熟清油。在一容器中先将猪油熔化，然后投入白糖，用打蛋器搅至无糖粒为止。再加入鸡蛋，拌和均匀。

② 先将面粉、可可粉、小苏打粉、发泡粉、食盐混合均匀，然后在打蛋器的搅拌中，逐渐将面粉混合物的1/2倒入油、糖混合物

中，搅拌均匀。

③ 将牛奶倒入油、糖与面粉的混合物中，再将剩下的 1/2 面粉混合物也倒入，拌均匀。

④ 用勺将调和好的配料舀在抹过油的烤盘上，形体为圆状，间距 7.5cm。在 200℃的炉中烘烤 7～9min，至边缘发硬，用夹子夹出冷却（注意：饼不能太薄太大）。

⑤ 制作薄荷馅。过筛糖粉 250g、猪油 80g、牛奶 30g、薄荷精 1g、3～4 滴绿色素。将上述配料倒入一容器中，用打蛋器搅动，拌和到光滑稠状为止。

（3）注意事项　如太干需加牛奶调剂。

28. 巧克力动物饼

（1）配方　巧克力动物饼配方见表 4-233。

表 4-233　巧克力动物饼配方

原料名称	用量	原料名称	用量
猪油	150g	小苏打粉	2g
白糖	200g	食盐	2g
鸡蛋	50g	可可粉(无糖巧克力也可)	30g
面粉	175g	各种形状的桃仁、花生仁	适量
奶粉	50g	香草香精	4g

（2）操作要点

① 将烤箱的炉温升至 190℃。在一容器中用微火熔化猪油，然后投入白糖，用打蛋器搅打至无糖粒为止。

② 将鸡蛋、香草香精加入油、糖中，搅拌，再加入奶粉，拌和均匀。

③ 先将面粉、小苏打粉、食盐混合均匀，然后在打蛋器搅拌中逐渐将面粉混合物投入到油、糖中，拌均匀。

④ 将调好的料分成相等的 2 份，在 1 份中加入可可粉。然后将 2 种料分 2 次先后舀在未抹油的烤盘上。具体做法：先舀无巧克力（即

可可粉）料，后舀有巧克力粉的料，注意使二者相连，以构成一定的图形。每一图形间距 7cm。

⑤ 用桃仁、花生仁，小面料来装饰，可在上面装上眼睛、鼻子、尾巴、触角等。

⑥ 在 190℃的炉中烘焙 12min，至无巧克力部分呈金黄色。用夹子夹出冷却。

（3）注意事项　本配料可制作约 20 个动物饼。

29. 巧克力裂纹饼

（1）配方　巧克力裂纹饼配方见表 4-234。

表 4-234　巧克力裂纹饼配方

原料名称	用量	原料名称	用量
无糖巧克力	110g	香草香精	8g
鸡蛋（搅打）	150g	面粉	100g
白糖	325g	发泡粉	8g
猪油	100g	筛糖粉	100g

（2）操作要点

① 先将巧克力放入平底锅中用微火熔化，其间不断搅拌。熔化后移出火源。在另一容器中用木制勺将鸡蛋、白糖、猪油、巧克力搅拌均匀。

② 在另一容器中将面粉、发泡粉混合均匀。然后用木制勺不断搅动巧克力混合物，慢慢将面粉倒入其中，拌匀。最后用干净湿毛巾盖在面料上，送入冰箱冻制 1～2h。

③ 将烤箱的炉温升至 190℃。从冰箱中取出面料，并搓成直径为 2.5cm 大小的球体，然后将球体投入到糖粉中滚动，使其裹一层糖粉。最后放入未抹油的烤盘上，间距 5cm。

④ 在 190℃的炉中烘烤 10～12min，至边缘发硬，用夹子夹出冷却。

（3）注意事项　如喜欢可再撒一层糖粉。

30. 巧克力棋饼

（1）配方 巧克力棋饼配方见表 4-235。

表 4-235 巧克力棋饼配方

原料名称	用量	原料名称	用量
猪油	225g	面粉	250g
白糖	50g	可可粉	15g
香草香精	4g		

（2）操作要点

① 将烤箱的炉温升至 160℃。在一容器中用微火将猪油熔化，然后加入白糖、香草香精，用打蛋器搅打至无糖粒为止。

② 在不断搅拌油、糖时，将面粉投入其中，搅拌均匀即可。

③ 将上述混合好的面料分成相等的 2 份，并将可可粉揉进其中 1 份之中。

④ 在撒有面粉的桌上，用擀筒将香草面团（未加可可粉的）碾为 1.5cm 的薄片，然后用直径为 3cm 的印模托出生坯，模具应粘有面粉，否则会粘住面团。用同样的方法制作巧克力面团。

⑤ 用小刀在生坯上刻出将、士、象、马、车、炮、兵。然后将生坯放入未抹油的烤盘上，间距 2.5cm。

⑥ 在 160℃的炉中烘烤 20～25min，至香草饼呈金黄色，或巧克力饼呈浅棕色，用夹子夹出冷却。本配料可制作 48 个棋饼。

（3）注意事项 为使棋饼更加逼真可用叉勺在生坯的边沿轻压几下。但在对弈时，最好用塑料布将棋盘包住，以免影响棋饼的卫生。

第十节 西式酥饼类生产工艺与配方

本系列介绍的西式酥饼类配方和制作方法不属于工业生产的范畴，先介绍西式酥饼类各种配方，再介绍各种西式酥饼类相应的操作技术要点以及注意事项或特点。

一、西式酥饼生产工艺流程

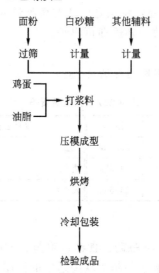

二、各种西式酥饼生产配方

1. 核桃酥

（1）配方　核桃酥配方见表 4-236。

表 4-236　核桃酥配方

原料名称	用量	原料名称	用量
面粉	27.5kg	桂花	500g
糖粉	11.25kg	碳酸氢铵	400g
植物油	11.25kg	桃仁	2.75kg
水	3.25kg	扑面面粉	1kg

（2）操作要点

①调面团　面粉过箩后，置于操作台上，围成圈。把糖粉、桃仁、桂花、碳酸氢铵及适量的水依次投入，搅拌使其熔化，再将油投入，充分搅拌乳化后，迅速加入面粉，调成软硬适宜松散状的面团。

②成型　将和好的面团，压入带有"桃酥"字样的圆模内。压实摁严后，用刀削平，震动后磕出。找好距离，摆入烤盘，准备

烘烤。

③ 烘烤　调好炉温，将摆好生坯的烤盘送入炉内，用中火烘烤。烤成谷黄色，色泽一致，熟透即可出炉。

2. 杏仁酥

（1）配方　杏仁酥配方见表 4-237。

表 4-237　杏仁酥配方

原料名称	用量	原料名称	用量
面粉	26.5kg	鸡蛋	2kg
白糖	14.5kg	杏仁	880g
食油	14.5kg	发酵粉	125g

（2）操作要点

① 将面粉蒸 1h，与白糖、食油、鸡蛋、发酵粉、杏仁拌和，置入和面机内，加适量温水调制成软硬适中的面团。

② 将面团分成大小适中的小料，用木模印成生坯。

③ 将生坯入烤盘，送入 220℃炉内烤 2～5min，烤成金黄色即可。

3. 椰蓉酥

（1）配方　椰蓉酥配方见表 4-238。

表 4-238　椰蓉酥配方

原料名称	用量	原料名称	用量
富强粉	5kg	椰蓉	500g
白糖粉	1kg	小苏打粉	15g
猪油	2.5kg	碳酸氢铵	35g
鲜鸡蛋	600g		

（2）操作要点

① 拌粉　小苏打粉、碳酸氢铵溶于水中，然后与白糖粉、猪油、鸡蛋液、椰蓉混合拌匀，最后加入过筛的面粉。

② 成型　用木模成型。拌和后的糕粉装入木模，用手按实，模

边刮平,再磕模在烘盘上。

③ 烘烤 用小火烘烤,要有底火,炉温150℃左右,烘至外表呈微黄色,中空起层,厚度增高1倍左右即成。

4. 眉毛酥

(1)配方

① 坯料配方见表4-239。

表4-239 眉毛酥——坯料配方

原料名称	用量	原料名称	用量
面粉	45kg	鸡蛋	4.5kg
白糖	24kg	小苏打	820g
猪脂	23kg	食盐	230g
饴糖	1.5kg	奶油	800g

② 皮料配方见表4-240。

表4-240 眉毛酥——皮料配方

原料名称	用量	原料名称	用量
面粉	4.5kg	川白糖	1kg
饴糖	1kg	猪油	1.8kg
涂面蛋	1.5kg	鸡蛋	500g

(2)操作要点

① 先将坯料和成面团,然后叠压成厚6～6.5cm的方形或长方形面团,用刀切割成厚1.2cm的片块,排放在案板上。

② 将皮料中的面粉倒在案板上,用手拨开做成面圈,将川白糖、饴糖、鸡蛋、猪油倒在面圈中,用手搓调均匀。然后与面粉合调成皮料,用擀面棒擀成厚0.15～0.2cm的面皮,切成与坯料大小相同的片块蒙于坯料上。

③ 用一个直径约7cm的铁皮圈,以半个圆边戳切面团(蒙有皮子的),使成弯月形(第一个不成弯月形的不用),排列于案板上。

④ 将涂面蛋敲开盛于盆内,用蛋刷搅打成黄白均匀的蛋液,再

用专用排笔蘸蛋液涂于饼坯表面，静置几分钟，蛋液略干后再涂一次。

⑤ 将饼坯放于烤盘上，烤盘四周要留些空间。烘烤后，饼坯发大，弯月形的面皮并不发大。但已烘成深黄色，留在饼面上侧，状如眉毛。

5. 通心酥

（1）配方　通心酥配方见表 4-241。

表 4-241　通心酥配方

原料名称	用量	原料名称	用量
富强粉	5kg	精盐	50g
白糖粉	3.5kg	碳酸氢铵	50g
猪油	2.25kg	胡椒粉	10g
芝麻	600g	小苏打粉	25g
鲜鸡蛋	500g		

（2）操作要点

① 拌粉　小苏打粉、碳酸氢铵溶于水中，然后与白糖粉、猪油、鸡蛋液、芝麻、精盐、胡椒粉混合拌匀，最后加入过筛的面粉，视面粉的干湿度可以适量加些水。但验证后的用水量也必须在加面粉之前先投入，以防止面粉起筋后粘模，因此加水量要进行一次试验。

② 成型　用木模成型。模眼直径 3.5cm、厚约 1cm，眼底有花纹。拌和后的糕粉装进木模，用手按实，模边刮平，再磕模在烘盘上。模印的模眼要清晰，故要经常清刷或调换。在生坯上穿一小孔。

③ 烘烤　用小火烘烤，要有底火，炉温 150℃左右，烘至外表呈微黄色，中空起层，厚度增高 1 倍左右即成。

6. 千层酥

（1）配方　千层酥配方见表 4-242。

表 4-242 千层酥配方

原料名称	用量	原料名称	用量
面粉	7.4kg	奶油	7kg
砂糖	1kg	香精	5g
牛奶	1kg	食盐	25g
鸡蛋	2kg		

(2) 操作要点

① 将牛奶 1kg、鸡蛋 500g、面粉 400g 和砂糖 500g 制成牛奶淇淋，再将奶油 1kg、鸡蛋 500g、砂糖 500g 和香精制成奶油淇淋，将奶油淇淋加入 500g 牛奶淇淋，成为奶油淇淋备用。

② 将面粉 7kg、鸡蛋 1kg、食盐，加适量水调制成软硬适宜的面团，置入低温处 1～2h 后，擀薄包入奶油 6kg，包严密封，反复擀叠 8～10 次，放入烤盘内，送入 180℃ 的炉内，烤 5min 取出翻面，再送进炉烤 5min，取出冷却。

③ 将事先调制好的牛奶淇淋或奶油淇淋，涂在两片的夹层中间，用刀切成每千克 40 块的长方形块即成。

7. 羊蹄卷酥

(1) 配方 羊蹄卷酥配方见表 4-243。

表 4-243 羊蹄卷酥配方

原料名称	用量	原料名称	用量
面粉	500g	盐	少许
花生油	100g		

(2) 操作要点

① 将面粉 400g 用温水、盐和成 "随手面"。

② 将花生油烧沸，倒入盛有干面粉 100g 的盆里，将面烫熟搅匀，晾凉成油酥。

③ 将 "随手面" 团揉成条状，按扁，擀成长方形片，抹上油酥，押开，卷成条状，捋直，揪成 50g 的小剂，将每个剂子擀成圆形，先对折成半圆形，再叠成三角形，把小角用刀切开，刀口长为 3cm，随

即向两边翻起，再用刀横压两刀，即成羊蹄状生坯。

④ 待烤炉烧至250℃，即将生坯摆入，烤至呈金黄色熟透即可。

8. 海鲜脆皮酥

（1）配方　海鲜脆皮酥配方见表4-244。

表 4-244　海鲜脆皮酥配方

原料名称	用量	原料名称	用量
猪肥膘肉	250g	精盐	少许
去骨腊鸭	250g	味精	少许
鳜鱼片	250g	面粉	100g
鸡蛋黄	200g	蛋液	20g
玉米粉	25g	熟猪油	100g
汾酒	10g	白糖	50g

（2）操作要点

① 制油酥皮　面粉过筛后取25g与熟猪油100g拌和搓匀，放在盘内一边。另将面粉75g在台板上开塘，放入蛋液20g、白糖50g、清水40g拌匀，搓至软滑起筋即成水皮，放在盘另一边。加盖后入冰箱冷藏5h，使油酥变硬。然后将油酥皮放在台板上，用圆擀筒压薄，再将水皮取出压薄后，放在油酥皮上，用圆擀筒，开成日字形，把两端向中间折入，轻轻压平，折为四折，开成日字形。依此往返4次后入冰箱，冷藏1h即可使用。

② 先将猪肥膘肉、腊鸭、鳜鱼切成长方薄片，再将肥肉片、鳜鱼片分别用蛋黄液、玉米粉、汾酒、精盐、味精浆好待用。

③ 将油酥皮切成骨牌片，按次序放入烤盘内，刷上蛋黄液，在酥面上放一块腊鸭片，腊鸭片上放一块鳜鱼片，鳜鱼片上放一块肥肉片，而后撒上玉米粉，再刷上蛋黄液，入炉烘烤约15min即成。

9. 奶油浪花酥

（1）配方

① 面糊料配方见表4-245。

表 4-245　奶油浪花酥——面糊料配方

原料名称	用量	原料名称	用量
面粉	21kg	鸡蛋	3.5kg
熟面粉	7kg	香兰素	15g
奶油	12kg	碳酸氢铵	50g
白砂糖粉	13kg	水	4.5kg

② 果酱点料配方见表 4-246。

表 4-246　奶油浪花酥——果酱点料配方

原料名称	用量	原料名称	用量
苹果酱	1kg	食用红色素	0.05g

（2）操作要点

① 制面糊　将奶油放存容器内（锅或盆，亦可用立式搅拌机调制），用木搅板搅拌（冬季需将奶油加温使其稍溶软），边搅拌边将白砂糖粉、鸡蛋、香兰素陆续加入，搅拌呈均匀的乳白微黄色，然后把水分数次搅入（碳酸氢铵熔化于水内），再搅拌混合均匀，投入面粉拌和成面糊。

② 成型　将面糊装入带有花嘴的挤糊袋内（花嘴为 8 个花瓣，口径 1～1.3cm），在干净的烤盘上，找好距离，挤成浪花形，在点 4 坯尾部花朵处中间，挤一红色苹果酱点，即为浪花酥生坯。

③ 烘烤　调整好炉温，用中火烘烤，待点心表面花棱呈浅黄色，花棱间为白色，底面为浅金黄色，熟透后出炉，冷却、装箱即为成品。

10. 奶油马蹄酥

（1）配方　奶油马蹄酥配方见表 4-247。

表 4-247　奶油马蹄酥配方

原料名称	用量	原料名称	用量
面粉	500g	精盐	2g
奶油	500g	清水	250g
白砂糖	100g	香兰素	适量
鸡蛋	100g		

（2）操作要点

① 将奶油 450g、香兰素搓和在一起，擦匀（如天冷奶油凝固，需将奶油用擀面杖砸软，擦匀），制成扁长方块。放低温处静置冷却，使其凝固为奶油酥。

② 将面粉过箩，在操作台上围成凹窝塘，塘内先加入清水 200g，再加入奶油 50g、鸡蛋、精盐搅拌均匀混合后，拌入面粉和成面团状，然后将余下的清水 50g，分 3 次揉于面团内，最后揉制成面团，盖上湿布一块，静置 20min 待用。

③ 将饧好的皮面，用刀割一十字（深度约占面团的 1/3），将四角扒开，从四角中间用走锤向外擀成四花边形，擀好后，将已凝固好的奶油酥放在花瓣形中间，把面片的 4 个角片，依次折回，将奶油酥包严。用擀面杖横竖压一压，按次序压均匀，用走锤擀成长方形片，然后从片的两端向中间叠，叠成 3 层。掉转过来，再擀成长方片，再叠 3 层，依此方法共擀 4 次，每次叠 3 层。但每擀叠一次或 2 次，如果奶油酥变软，均要冷却静置，使奶油酥硬固，方能擀叠。每次冷却静置要用湿布盖好，以防干裂。擀叠 4 次再次冷却后（至硬固），即可操作成型。

④ 将已包好酥冷却的酥皮面用走锤擀片，擀片时在操作台上铺白砂糖，擀成宽约 45cm、厚 0.5cm 的片，上刷蛋液，再沾擀上白砂糖，然后从上下两端向中间相对折叠，再对叠一次，中间顺缝隙，用擀面杖压一下，刷少许蛋液，然后再对叠起来，对合在一起，用快刀切成厚约 8mm 的片，断面朝上呈马蹄形（如面坯过软，最好冷却一下再切片），找好距离，摆入烤盘，入炉烘烤。

⑤ 烘烤时用中火，待表面呈浅黄色、底面呈浅黄褐色时即熟透。出炉冷却，即为成品。

11. 奶油茧形酥

（1）制糊料配方　奶油茧形酥制糊料配方见表 4-248。

（2）操作要点

① 制面糊　先将奶油放入容器内（如果奶油凝固性大，应砸软或稍加热溶软），用木搅板搅拌起发无凝固块，加入白砂糖、香兰素继续搅拌起发均匀，将鸡蛋液分次投入，经充分搅拌，起发均匀，加入面粉拌和成面糊。

表 4-248　奶油茧形酥制糊料配方

原料名称	用量	原料名称	用量
面粉	16kg	鸡蛋	9kg
白砂糖	10kg	香兰素	15g
奶油	10kg		

注：黏合需要苹果酱 8kg，沾表面料需要白马糖 8kg，可可粉 250g。

② 成型　将面糊装入带有圆嘴的挤糊袋内（圆嘴口径约 1cm），向铺纸的烤盘上找好距离挤成长约 5cm 的馒圆长条形，挤满盘后入炉烘烤。

③ 烘烤　调整好炉温，用中火烤至表面浅黄色，底面浅金黄色，熟后出炉，趁热将点心从纸上抖落，冷却以待黏合装饰。

④ 黏合及黏可可白马糖　将点心熟坯，两个为一组底对底用果酱黏合，在点心的一角斜黏挂上已熔化好的可可白马糖液，待白马糖液凝固后，摆入盒中即为成品。

12. 奶油公主酥

（1）配方　奶油公主酥配方见表 4-249。

表 4-249　奶油公主酥配方

原料名称	用量	原料名称	用量
富强粉	3kg	鸡蛋	750g
奶油	900g	香兰素	1.5g
白糖粉	1kg	刷面鸡蛋黄	250g

（2）操作要点

① 和面　鲜鸡蛋液与白糖粉擦匀，加入奶油、香兰素擦透，再加入面粉拌和成团，待用。

② 成型　面团分成 4 块，搓成圆长条，分切成小粒，大小按成品每千克 140 粒左右取量。然后将小粒搓成橄榄形状，均匀整齐地排列在烘盘中，横向粒间要宽大些。再在面粒上刷一层蛋黄液，涂刷要均匀，待稍干再刷一遍。最后在面粒的正中位置横割一刀，深度约为面粒生坯的 1/3。

③ 烘烤　放生坯的烘盘入炉烘烤，炉温 200～220℃，烘至饼呈金黄色即成。

13．一捏酥

有的用核桃仁除去衣皮，捣成粉末配制。用核桃仁配制，含脂肪较多，但入口时略有涩味。如改用白芝麻配制，能增加酥松与香味，若再加上些松子仁（或碎熟花生仁），其味更佳。

（1）配方（表 4-250）。

表 4-250　一捏酥

原料名称	用量	原料名称	用量
面粉	5kg	熟猪油	2kg(如天气太冷,猪油需多加 0.25kg)
白芝麻	2.5kg	玫瑰花	少许
绵白糖	0.75kg		

（2）操作要点　芝麻加工成屑。把面粉炒熟与麻屑、绵白糖拌匀，加入熟猪油擦透，一直擦到能捏成团为止（如捏不起团，可加适量油，不能加水）。倒入模型中压制成形，再在表面敷上玫瑰花屑即成。

14．清酥计司条

（1）配方　清酥计司条配方见表 4-251。

表 4-251　清酥计司条配方

原料名称	用量	原料名称	用量
清酥面	1500g	面粉	100g
计司	200g		

（2）操作要点

① 工艺流程　擀面→夹计司末→折叠→再擀面→切条→拧搓→码盘→烘烤→成品。

② 擀面　先在操作台上撒一层面粉，然后将冷却的清酥面放在操作台上，用擀面棍擀成长方形的面片。

③ 夹计司　将计司（干酪、奶酪）外层的皮，用刀削去，再用擦床把计司擦成细末，撒在擀好的清酥面片上，用擀面棍稍轧一轧，

将面叠成三折，把撒上的计司末，夹在里边，再次用擀面棍将面擀开，擀成厚 4mm 的面片，再用刀切成宽 8mm、长 7cm 的面条，然后在操作台上用手交叉搓一下，将长 7cm 的面条搓成拧花形状，放在擦干净的铁烤盘上，摆开距离，以防烤时互相粘连。

④ 烘烤　摆满烤盘以后，送入 200℃ 的烤炉内，大约烤 10min 烤上黄色，熟透出炉即为成品。

15. 光酥

（1）配方　光酥配方见表 4-252。

表 4-252　光酥配方

原料名称	用量	原料名称	用量
富强粉	30kg	奶粉	1.5kg
白糖粉	11.5kg	冰鸡蛋	3kg
水	11.5kg	发酵粉	750g

（2）操作要点

① 和面　富强粉置于台板上开塘，发酵粉撒在面粉上，再加入白糖粉、奶粉、冰鸡蛋和水，在塘内拌匀后，倒塘揉搓成面团。

② 成型　面团搓成圆条形，按品种不同可分为大光酥和小光酥。大光酥面条较粗，按每块重量 45g 的要求搓条分切；小光酥按每千克 120 块的要求搓条分切。分切（或称分摘）后，揿扁成坯。按成品每千克大光酥 24 只、小光酥 120 只取量。

③ 烘烤　生坯表面撒粉，清除浮粉后码盘，入炉烘烤的温度为 150℃ 左右。烘熟的成品呈浮白色，无黑焦。

16. 桃仁酥

（1）配方　桃仁酥配方见表 4-253。

表 4-253　桃仁酥配方

原料名称	用量	原料名称	用量
标准面粉	31kg	核桃仁	1kg
白糖	12.5kg	小苏打粉	300g
饴糖	5kg	碳酸氢铵	150g
熟菜油	4kg	水	7.5kg

（2）操作要点

① 和面　在和面机内放入水、小苏打粉、碳酸氢铵、白糖，搅拌均匀后加入熟菜油、饴糖，再搅拌均匀后加入面粉，拌和均匀即可。

② 成型　面团置于台板上分成若干小面团，擀成厚约 0.8cm 的片，用圆形印模压印成生坯（每个生坯 50g 左右）。

③ 烘烤　生坯均匀入盘，相互间隔要适当，在每个生坯中间按上一粒（1 瓣或半瓣）核桃仁，入炉用中火（190℃）烘烤 9min 左右，至表面呈黄色时即可出炉，冷却。

17. 蛋黄酥

（1）配方　蛋黄酥配方见表 4-254。

表 4-254　蛋黄酥配方

原料名称	用量	原料名称	用量
蒸熟面粉	500g	核桃仁	25g
鸡蛋	250g	白糖	200g
香油	100g	青红丝	少许

（2）操作要点

① 将蒸熟面粉放盆内；鸡蛋打碗内，搅调成蛋液（不可打成泡糊），与白糖、香油一起倒入熟面粉盆，拌和均匀，揉搓成团，然后将核桃仁剁碎，揉入面团，即成为果料蛋面团。

② 将果料蛋面团放到案板上，搓条，下剂子；在模具内的底部均匀撒上青红丝，再将果料蛋面剂子装入模具，用手按实、按平，放入烤盘，上烤炉用中温火烤 8～10min 即烤成熟，取出，脱入盘内。

18. 油花双酥

（1）配方　油花双酥配方见表 4-255。

表 4-255　油花双酥配方

原料名称	用量	原料名称	用量
面粉	1kg	鸡蛋	250g
奶油	300g	香糖	少许
白糖	300g		

（2）操作要点

① 取面粉 500g 过箩后，置案上围成凹窝塘，加入奶油 150g、白糖 150g、鸡蛋液 150g，搅拌均匀后，再与面粉和成酥混面团。

② 将面粉 500g 放入盆内，加入白糖 150g、鸡蛋液 100g（2只）、奶油 150g、适量清水及香糖，在一起搅拌均匀成奶油茶花酥面团。

③ 把酥混面团在案上擀成长方片，放入烤盘内，再把奶油茶花酥面团装入带有花嘴的布袋内，在酥混面上装饰各种花样，入烤炉内烤熟。成熟后放凉，切成长方块上盘即成。

19. 海绵类西点

（1）配方　海绵类西点配方见表 4-256。

表 4-256　海绵类西点配方

原料名称	用量	原料名称	用量
细砂糖	100kg	发酵粉	300g
面粉	100kg	油脂	少许
鸡蛋	42kg	香精	适量

（2）操作要点

① 先将鸡蛋与砂糖高速打匀。

② 然后加热到 42℃，并且边加热，边搅拌。然后加入过筛后的面粉、发酵粉与适量的香精，进行混合、捏合，使成浆料。

③ 装在模盘内，静置 5h，使表面较干时，进行焙烤，即为成品。模盘在加入浆料前先涂上油脂，以免与浆料黏结。

20. 千层奶酥

（1）配方　千层奶酥配方见表 4-257。

表 4-257　千层奶酥配方

原料名称	用量	原料名称	用量
酥面	1000g	装饰用糖粉	适量
打发的鲜奶油	400g		

（2）操作要点

① 将酥面放在台板上，用擀面杖擀压成薄的面皮，分割成烤盘大小，并用擀面杖卷起，摊放在烤盘内，用戳孔器在面皮上戳一些小孔，放一边静置片刻后，进入20512的烤箱内，烘烤至表面呈淡金黄色并完全松酥时取出。

② 待冷却后，用刀分割成宽约60mm的长条酥片，将酥片的表面涂上一层鲜奶油，然后将3层酥片整齐地叠起来，并将切割下来的边角料用刀斩成碎末，均匀地撒在表面，轻轻压平整，切成块状，撒上糖粉即成。

（3）注意事项 酥面即开面，其制法是将高筋粉1000g、精制油150g、细盐微量、鸡蛋100g和清水约600g放在一起，搅打成匀滑细致的面团，用塑料纸包好后放入冰箱约30min。然后取出面团擀薄，放上酥皮油800g包裹好，用压面机或手工擀压至约10mm厚，折成3层并放入冰箱冷藏，约片刻后再取出，按上述方法再进行一次，仍放回冰箱内冷藏，约片刻后再取出，再按上述方法直至所需层次，放入冰箱冷藏备用。

21. 棕叶酥饼

（1）配方 棕叶酥饼配方见表4-258。

表 4-258 棕叶酥饼配方

原料名称	用量	原料名称	用量
酥面	1000g	细白砂糖	适量

（2）操作要点

① 将酥面放在台板上，用擀面杖稍加擀压，撒上细白砂糖继续擀压成厚约3mm的长方形面皮，沿纵向的两条边沿向中间卷起卷紧成棕叶形，放在平板上，送冰箱冰至稍硬。

② 取出，用刀切割成厚约5mm的片状，平放在烤盘内，进入温度为200℃的烤箱，烘烤至表面呈金黄色时，翻转一面继续烘烤至褐黄色取出，冷却后即成。

（3）注意事项 酥饼在烘烤时，会向旁边扩展很多，故在装盘时，饼与饼之间要留出足够的空间，以供烘烤时酥饼膨胀，不然就会过分拥挤而造成形状不良。

22. 奶酪酥条

(1) 配方 奶酪酥条配方见表 4-259。

表 4-259 奶酪酥条配方

原料名称	用量	原料名称	用量
酥面	1000g	辣椒粉	微量
奶酪粉	200g	蛋液	适量

(2) 操作要点

① 将酥面放在台板上,用擀面杖擀压成厚约 2~3mm 的长方形面皮,在面皮的表面涂上薄薄一层蛋液,撒上奶酪粉和辣椒粉,再用擀面杖在表面擀压一下,使之粘牢。

② 将面皮用齿轮刀进行滚转切割,先分割成宽约 80mm 的长条,然后再分割成细长小条,用手分别将每条的一头捏牢,另一头旋转两下成螺旋花纹,装入用水浸湿的烤盘内,送入 205℃ 的烤箱,烘烤至表面呈淡金黄色并完全酥松时取出,冷透后即成。

(3) 注意事项 酥面在烘烤时,如能在烤盘内喷洒上一些清水,则在高温下有助于酥面的膨松而变得更加松酥。

23. 奶油螺筒

(1) 配方 奶油螺筒配方见表 4-260。

表 4-260 奶油螺筒配方

原料名称	用量	原料名称	用量
酥面	1000g	打发的鲜奶油	微量
细白砂糖	100g	蛋液	适量

(2) 操作要点

① 将酥面放在台板上,用擀面杖擀压成厚 3mm 左右的长方形面皮,然后用齿轮刀将其分割成长约 320mm、宽约 20mm 的长条。

② 将一根面条从螺筒用的尖锥形模具尖端向下卷绕成螺旋形,至卷绕到最后 15mm 时,将面条的终端蘸一点蛋液并向反方向黏住;表面刷上微量蛋液,再沾上细白砂糖。

③ 装入烤盘，送入 200℃的烤箱，烘烤至表面呈淡金黄色并完全酥松时取出，除去模具放一边待冷。

④ 冷透后，将鲜奶油装入带有裱花嘴的裱花袋内，裱在螺筒之内，至螺口时再裱一螺旋花纹即成。

（3）注意事项　酥面在制作完成时，不可直接烘烤，以免收缩而形状不良，影响品质，故必须放一边静置片刻，待面团的面筋松弛后才可烘烤。这样制成的产品，松酥而体积大，形状完美。

24．牛舌酥饼

（1）配方　牛舌酥饼配方见表 4-261。

表 4-261　牛舌酥饼配方

原料名称	用量	原料名称	用量
酥面	1000g	细白砂糖	125g
蛋液	适量		

（2）操作要点

① 将酥面放在台板上，用擀面杖擀压成厚约 5～6mm 的长方形面皮，用一只直径约 60mm 的圆形花边刻模，刻出一只只饼，再用小擀面杖在饼的中间稍稍擀压一下，成两端稍厚中间略薄的牛舌形，表面涂上薄薄一层蛋液，蘸上细白砂糖。

② 将牛舌形生坯整齐地装在烤盘内，送入温度为 210℃的烤箱，烘烤至表面呈金黄色并完全松酥时取出，冷却后即成。

（3）注意事项　酥饼在擀压时，中间不可太薄，以免膨胀不良，影响外观及松酥。

25．水果酥盒

（1）配方　水果酥盒配方见表 4-262。

表 4-262　水果酥盒配方

原料名称	用量	原料名称	用量
酥面	1000g	时鲜水果或罐装水果	适量
打发的鲜奶油	250g	蛋液	适量

（2）操作要点

① 将酥面放在台板上，用擀面杖擀压成厚约 12mm 的长方形面皮，然后用 1 只直径约 70mm 的圆形光边刻模，刻出一只只厚饼，再用直径约 55mm 的圆形光边刻模在饼的中心稍稍揿压至面饼厚度的一半，千万不可到底。

② 整齐地装在烤盘内，表面涂上薄薄一层蛋液，送入温度为 195℃的烤箱，烘烤至表面呈金黄色并完全松酥时取出，放一边冷却。

③ 冷透后，小心地取出中间的面块，留作盖子，并挖空中间的面皮成酥盒，然后在酥盒的中心裱入鲜奶油，放上水果作点缀并斜盖上面盖即成。

（3）注意事项　制作酥盒的面团，必须是整块的而不可使用剩余的碎料，否则会影响酥盒的起发平整度和层次，而制作酥盒剩余的边角料完全可以制作奶酪酥条等产品。

26. 苹果搭条

（1）配方　苹果搭条配方见表 4-263。

表 4-263　苹果搭条配方

原料名称	用量	原料名称	用量
酥面	1200g	装饰用糖粉	微量
夹心用炒熟苹果	480g	蛋液	适量

（2）操作要点

① 将酥面放在台板上，用擀面杖擀压成厚约 3mm 的长方形面皮，用车轮刀进行滚割，分割成宽为 60mm 和 70mm 的长条各一半。

② 将稍窄的长条铺放在烤盘内，中间铺放炒熟苹果，两边沿刷上蛋液。

③ 将宽的长条两边各留出约 10mm，然后切割成长约 50mm、间隔约 10mm 的口子，盖在铺有苹果的面皮之上，轻轻压紧，再在表面涂上蛋液，送入 195℃的烤箱，烘烤至表面呈金黄色并完全酥松时取出，冷透后切成所需块状，并撒上糖粉即成。

（3）注意事项　炒熟苹果的制法是将苹果洗净，去皮核并切成小薄片，加入少量白砂糖、奶油和微量肉桂粉及清水，加温炒制，至苹果酥熟并收干水分即成。苹果宜选用肉质较酥软的品种。

27. 花生酥块

（1）配方　花生酥块配方见表 4-264。

表 4-264　花生酥块配方

原料名称	用量	原料名称	用量
硬面	560g	蛋清	300g
花生仁	375g	可可粉	微量
细白砂糖	500g		

（2）操作要点

① 将硬面放在台板上，用擀面杖将其擀压成厚约 6mm 的长方形面皮，卷起铺放在烤盘内。

② 将花生仁烤香，去皮并压碎，与细白砂糖、蛋清和可可粉一起放入小锅内，用小火加温并不断地加以搅拌，至糖稍熔化时离火，倒在铺有面皮的烤盘内，用抹刀抹平整。

③ 送入 17012 的烤箱，烘烤至表面呈褐黄色并熟透时取出，稍温时用刀切成所需形状即成。

（3）注意事项　因酥块生坯含糖较多，烘烤时表面极易烤焦，故上火烘烤一段时间后应关闭，以保证产品色泽美观。

28. 方酥饼

（1）配方　方酥饼配方见表 4-265。

表 4-265　方酥饼配方

原料名称	用量	原料名称	用量
面粉	500g	桂	25g
白糖	150g	酵面	15g
香油	100g	碱	适量
芝麻	100g		

（2）操作要点

① 制油酥　面粉 200g、香油 100g 调制成干油酥备用。

②发酵　面粉 300g、50℃温水 150g、酵面 15g 左右调制成面团，发酵待用（用粉量适当控制，发酵时间按季节调节，春、秋 5～7h，夏季 5h，冬季 8～10h）。

③制饼　将发酵面团对碱和匀（用碱量为春、秋 0.8%～1.0%，夏季 1.4%～1.6%，冬季 0.6%～0.8%），然后加入白糖、桂花揉匀成条，分切成小坯子摆齐。将油酥也搓成条，同样分切成相同数的油酥坯子。再将油酥坯子放在酵面上，用手按扁，擀成小圆饼，卷成卷，按扁，并擀成长方形片。将面片的两端向中间叠起，擀成片，两端向中间叠齐，便成长方形的饼。要求四角整齐，叠口朝下摆放在台板上，饼面上抹一层糖稀，沾上一层芝麻，用手将芝麻拍实，再用手沾水拍在饼上即成饼坯。

④烘烤　烘炉点火，烧热缸炉（200～250℃），然后灭掉火将饼坯（无芝麻的一面）贴在缸炉内，烘烤 4～5h 取下即成。

29. 蛋奶酥饼

（1）配方　蛋奶酥饼配方见表 4-266。

表 4-266　蛋奶酥饼配方

原料名称	用量	原料名称	用量
富强粉	29kg	白砂糖粉	12kg
奶油（或猪油）	3kg	碳酸氢铵	100g
植物油	4kg	香兰素	20g
鸡蛋	4.5kg	奶粉	1kg
小苏打粉	100g	清水	5.5kg

注：饰面料用扑面粉 1kg，扫面鸡蛋黄 1.5kg。

（2）操作要点

①调制面团　面粉过筛后置于台板上围成圈，投入白砂糖粉、鸡蛋液搅拌起发后，加水、小苏打粉、碳酸氢铵、香兰素继续搅拌均匀，使糖粉全部溶化后加入猪油、植物油充分搅拌，使糖、鸡蛋、水、油等充分混合成乳黄色悬浮状液体时，拌入面粉，找好软硬，和成面团（如用奶油，则奶油应在加水前投入，搅搓起发后方可加入水）。

② 成型　将面团擀成约 0.5cm 厚的面片，用四种花形铁模（或薄铜板模）卡面片（模型有桃形、圆形、长花形、圆花形等，模口直径约 6.5cm）。卡出的面片表面刷上蛋黄液，用带齿的铁皮或细扦划上曲纹，摆入烤盘，入炉烘烤。按成品每千克 48 块取量。

③ 烘烤　调整好炉温，用中火烘烤，待表面金黄色或浅金红色，底面栈金黄褐色即熟，熟后出炉，冷却装箱即为成品。

30. 糖粉酥饼

(1) 配方　糖粉酥饼配方见表 4-267。

表 4-267　糖粉酥饼配方

原料名称	用量	原料名称	用量
混酥面团	2kg	糖粉	300g
鸡蛋清	60g	食红色	少许
果酱	600g		

(2) 操作要点

① 工艺流程　擀面→戳坯→码盘→抹糖粉→挤果酱→划花纹→烘烤→黏合→成品。

② 制坯　先在木板上撒一层薄面，再将冷却的混酥面团从冰箱里取出来放在面板上，用手稍揉一揉，擀成大约 3mm 厚的大片，用直径 6cm 的圆形花边戳子，戳成小饼。将擀的面片都戳成小饼以后，剩下的面头、面边拢在一起，稍揉后再擀成片，再戳成小饼，直至把面团用完，共戳成小圆饼 100 个。其中用 50 个作底，用 50 个作盖，作底的小圆饼戳下来，摆放在一个铁烤盘上；作盖的小圆饼戳下来，放在另一个烤盘上。

③ 表面加工　将糖粉过罗后放在一个大碗里，加入鸡蛋清，用木搅拌板搅拌，搅拌成乳白色的稠糊状，逐个抹在做盖的小圆饼上，抹均匀。再将果酱100g 内对入一点食红色搅拌均匀，装入小纸卷内，在纸卷的尖端，剪一个 2mm 的小口，将果酱挤在抹好糖粉的小圆饼上，挤成大小两个圆圈。然后用牙签在上边调角，从中间向外划出四道之后再交叉从外向里划回四道，形成花式网纹，全部都加工完以后，把小圆饼的底、盖生坯，都送入 200℃ 的烤炉内，大约 10min，

烤得上边有黄色、烤熟出炉。

④ 黏合　将烤熟的底和盖，两个为一组对齐，中间抹一层果酱使其黏住，即为成品。

31. 杏仁混酥饼

（1）配方

① 杏仁混酥饼配方见表 4-268。

表 4-268　杏仁混酥饼配方

原料名称	用量	原料名称	用量
混酥面团	2kg	杏仁	200g
鸡蛋	200g	果酱	500g

② 混酥面团配方见表 4-269。

表 4-269　杏仁混酥饼——混酥面团配方

原料名称	配方	原料名称	配方
面粉	1kg	鸡蛋	200g
奶油	500g	碳酸氢铵	2g
白砂糖	400g	香兰素	0.5g
鸡蛋黄	200g		

（2）操作要点

① 工艺流程　备料→和面→冷却→擀面→戳坯→刷蛋液→黏杏仁→码盘→烘烤→黏合→成品。

② 制混酥面团　将面粉过罗放在案子上围成圈，再把白砂糖和碳酸氢铵放在面粉圈的中间，将白砂糖和碳酸氢铵用手搓匀，再把奶油、鸡蛋液、香兰素都同时放入，用手搅拌，使其混合均匀，待白砂糖有些溶化时，将周围的面粉都拌进去，拌均匀后用手拢和在一起，稍揉一揉，成面团即可，放在盘上，送入冰箱冷却备用。

③ 制坯　先在木案子上撒一层扑面，将冷却的混酥面团，从冰箱里取出来放在案子上，用手稍揉一揉，用擀面棍擀成大约 3mm 厚的大片，再用直径 6cm 的圆形花边戳子将其戳成小饼。将擀的面片

都戳成圆形小饼以后，剩下的面头、面边拢在一起，稍揉后再擀成片，戳成小圆饼，直至把面团用完，共戳成小圆饼 100 个。其中用 50 个作底，用 50 个作盖，作底的小圆饼戳下来时，直接摆放在擦干净的铁烤盘上（作盖的部分待黏杏仁），送入 200℃ 的烤炉内，烤熟后待黏合用。

④ 黏杏仁　先将杏仁用沸水浸泡 5～10min，然后将皮剥去，切成碎片烤干使用。把 50 个作盖的小圆饼，逐个刷上一层鸡蛋液、黏上一层杏仁片，也放在擦干净的铁烤盘上，摆开距离，送入 200℃ 的烤炉内，大约 10min，见上边有了黄色，烤熟出炉。

⑤ 黏合　将烤熟的两部分底和盖，两个为一组对齐，中间抹一层果酱使其黏住，即为成品。

32. 油酥烧饼

（1）配方　油酥烧饼配方见表 4-270。

表 4-270　油酥烧饼配方

原料名称	用量	原料名称	用量
面粉	1kg	精盐	50g
豆油	300g	小磨香油	100g
葱	200g		

（2）操作要点

① 将面粉过罗去除杂质后，取 150g 对入 200g 开水搅匀（夏天可用 100g 开水）。然后再把剩余的全部面粉用 500g 清水和成硬面块，再用手蘸水慢慢扎软；同时将烫面掺入面块中，搋成面团，饧 3～4min。

② 将饧好的面团揉搓成长条，下成 10 个面剂，再将面剂逐个团揉成馒头形，排好静置在刷过油的案板上片刻。把每个面剂按扁成长条形，然后用擀面杖擀成宽约 10cm、长约 66cm 的薄面片，在面片上抹上一层豆油，顺长折起一半，再抹上豆油，撒上葱花和精盐，卷成卷。有花纹的一面向上立起来用手按一下，擀成直径 10cm 以上，边稍厚、中间略薄的圆形饼片。

③ 用小火把平锅烧至六七成热，抹上油，将做好的饼，花纹朝

下放在平底锅上，见有花纹的一面烙出饼花后再烙另一面。两面见花后，把饼放在烤盘上（有花纹的一面朝下），装入烧热的烤炉内，待饼朝上的一面黄焦时，再烤有花纹的一面。饼两面黄焦时出炉，在有花纹的一面抹上一层小磨香油，用手指或擀面杖在烧饼边上戳开一个小口，让其跑气，免得饼发皮。

33. 奶油起酥

（1）配方

① 皮料配方见表 4-271。

表 4-271 奶油起酥——皮料配方

原料名称	用量	原料名称	用量
特粉	1.15kg	精盐	15g
鲜蛋	150g	清水	600g

② 油酥配方见表 4-272。

表 4-272 奶油起酥——油酥配方

原料名称	用量	原料名称	用量
特粉	350g	奶油	1.5kg

（2）操作要点

① 先将鸡蛋洗净，晾干，去壳，把蛋液倒在器皿内，加入精盐和水，手工搅打 10min 以上，使之起发，体积比原来增加 1 倍，再投入面粉搅和，把其倒在案板上，用手揉和成坨即成水皮面团。

② 先将酥料中的特粉倒在案板上，扒开塘河，中间加入奶油，和入面粉拌匀，反复搓擦，擦透为止，使面粉和奶油分布均匀即成油酥。

③ 用擀筒将水皮面团擀开，擀成厚薄一致的长方形面片，然后把油酥铺在上面，擀匀抹平，把两边往中间折叠成 3 层。静置 15min，擀开，再折叠，反复 4 次。但从第二次起以后各次折叠擀开后均要两边向中间折叠，每次成 4 层。最后用薄刀按规格大小要求分切成长条形。

④ 将饼坯移入烤盘，摆平，送入烘炉烘烤，烘烤炉温为160℃，烘烤13min，成熟取出冷却即成成品。

34. 奶油肉丁酥

(1) 配方 奶油肉丁酥配方见表4-273。

表4-273 奶油肉丁酥配方

原料名称	用量	原料名称	用量
特制面粉	5kg	鲜蛋	500g
白砂糖	4.5kg	肥膘肉	1kg
猪化油	800g	臭粉	70g
奶油	400g	小苏打粉	50g

(2) 操作要点

① 先把鲜鸡蛋冲洗干净，晾干，去壳，把蛋液搅打起发待用；把肥膘肉洗净，沥干水分，切成肉丁，加入适量白糖腌制成糖肉。然后把白砂糖、蛋液、糖肉和猪化油混合拌匀，先撒入臭粉和小苏打粉拌匀，再投入特制面粉和拌均匀，调制成软硬适中的面团。在和面时，如果觉得面团过硬，可加入适量的冷开水一起调制，但加水量不宜过多，特别是在面团调好以后不要再加冷水。和面时间也不宜太长，投入特制面粉后，整个和面过程以8～10min为宜。否则，面团容易起筋，影响成型和烘烤，乃至影响产品质量。

② 按规格大小要求把面团分择成若干小坨剂，然后逐坨按入事先准备好的饼模内，压实抹平，轻轻敲出，把其摆入烤盘，入炉烘烤。烘烤炉温为180～190℃，烘烤20min，取出冷却即成成品。

35. 奶油风轮酥

(1) 配方

① 奶油酥料配方见表4-274。

表4-274 奶油风轮酥——奶油酥料配方

原料名称	用量	原料名称	用量
富强粉	4.25kg	香兰素	20g
奶油	17.25kg		

② 皮料配方见表 4-275。

表 4-275 奶油风轮酥——皮料配方

原料名称	用量	原料名称	用量
富强粉	20kg	清水	11kg
鸡蛋	2.25kg	奶油	1.75kg
精盐	350g		

③ 饰面料配方见表 4-276。

表 4-276 奶油风轮酥——饰面料配方

原料名称	用量	原料名称	用量
鸡蛋	2kg	苹果酱	1.75kg
白砂糖	9kg	食用红色素	适量
扑面	750g		

（2）操作要点

① 制奶油酥 把奶油、富强粉、香兰素合在一起，擦匀，分为10块，制成扁长方块。放低温处静置冷却，使其凝固。

② 制皮面 富强粉过筛后置于台板上围成圈，先加入水总量的80%，再加入奶油、鸡蛋液、精盐，搅拌均匀后拌入富强粉和成面团状，然后将余下的20%的水，分2～3次揉于面团内，最后揉制成皮面团。揉好后分成10块，用湿布盖好，放置饧润20min左右，再将每块面团各揉和一次，用湿布盖好，放置饧润静置备用。

③ 包（破）酥 取一块饧好的皮面，用刀割一个十字（深约占面团1/3），将四角扒开，从四角中间用擀面杖或走锤向外擀（中间厚，边缘薄，边缘为中间的1/4厚），形成四花边形。擀好后将已凝固好的奶油酥放在花瓣中间，把4片的4个角片依次折回，将奶油酥包严。用擀面杖横竖压一压，按秩序压均匀，擀成长方片，再叠3层。依此法共擀叠4次，每次3层。擀叠4次后，再次冷却（硬固），即可操作成型。

④ 成型 将已包好酥、冷却好的酥皮面擀成厚0.5cm左右的面

片，刷上蛋液，撒上白砂糖，用刀切成 6cm 的正方形片，再在 4 角切 4 刀（切口长为角到中间的 1/2 左右），然后按顺序将 4 个角的一半折向中间，压一下使其黏牢，呈风轮形。在折角处刷上鸡蛋液，最后在风轮中间处挤一红色苹果酱点，找好距离，摆入烤盘，入炉烘烤。

⑤ 烘烤　用中火烘烤，烘烤至表面金黄色，底面浅金黄褐色，四周边白黄色，熟透出炉、冷却，装盒即为成品。每千克成品 40 块。

第十一节　西式派类生产工艺与配方

派即英文单词 Pie 的音译词，或称为排，又称为馅饼，还有的称为派爱。制作派的过程中，派皮与馅料的制作相对独立，所以以本部分有的将派皮、馅料的制作分别介绍（派皮主要有两种：甜派皮和咸派皮）。本部分先介绍各种西式派类皮的制作方法和馅的制作方法，再介绍西式派类各种配方，这样方便学习和理解。

一、各种西式派皮的生产配方

1. 甜派皮

（1）配方　甜派皮配方见表 4-277。

表 4-277　甜派皮配方

原料名称	用量	原料名称	用量
低筋面粉	300g	细砂糖	60g
无盐奶油	160g	盐	5g
鸡蛋	50g	高筋面粉	少许

（2）操作要点　无盐奶油打软，加入细砂糖、盐打至变白松发，鸡蛋分次加入，充分拌匀，搅拌至奶油呈白色状，筛入低筋面粉，用刮刀轻轻搅拌均匀，轻轻拌压成团状，用保鲜膜包好冷藏 30min，撒上少许高筋面粉于面团及桌面上，用擀面棍压平至 0.25～0.3cm 的厚度，用擀面棍将派皮卷起放入派皮模中，擀面棍在派皮模上滚动切掉多余派皮，以手指将派边压匀，用刮刀切掉多余部分，完毕。

2. 咸派皮

（1）配方　咸派皮配方见表 4-278。

表 4-278　咸派皮配方

原料名称	用量	原料名称	用量
高筋面粉	160g	无盐奶油	320g
低筋面粉	240g	盐	5g
冰水	140g		

（2）操作要点　将过筛的低筋面粉和冰硬的奶油及盐放入盆内，用塑胶刮板切割，将面团切成细小绿豆粒状，平均地撒入冰水，用叉子轻轻搅拌成团（不必搅拌均匀），用保鲜膜包好冷藏 30min，撒上少许高筋面粉并将面团擀长，面团折 3 折，撒上高筋面粉，面皮擀至 0.4cm 厚，用擀面棍卷起放于派盘上，用手指轻轻往四边压紧，用刮板将多余派皮切掉，再压紧，用叉子将派皮叉满气洞，完毕。

二、各种西式派馅料的生产配方

1. 柠檬凝乳馅

（1）配方　柠檬凝乳馅配方见表 4-279。

表 4-279　柠檬凝乳馅配方

原料名称	用量	原料名称	用量
奶油或人造奶油	453.6g	柠檬汁	473.2g
柠檬皮（碎的）	来自 4 只柠檬	食盐	4.73g
砂糖	142g	蛋黄	236.6g
整鸡蛋	591.5g		

（2）操作要点

① 熔化奶油，添加柠檬皮、柠檬汁、食盐和砂糖。

② 将整蛋和蛋黄一起搅打，混入柠檬混合物。

③ 通过沸水加热，不断搅拌，直到增稠和均匀。此馅料加盖后，可在冷冻机中放置数周。

2. 柠檬搅打奶油馅料

（1）配方 柠檬搅打奶油馅料配方见表 4-280。

表 4-280　柠檬搅打奶油馅料配方

原料名称	用量	原料名称	用量
砂糖	710g	蛋黄	118g
面粉（糕点用）	236.6g	水	473g
食盐	5g	柠檬汁	236g
柠檬皮（切碎的）	20g	厚奶油	710g
奶油	80g		

（2）操作要点

① 混合砂糖、面粉和食盐。

② 混合蛋黄和水，在搅拌中加入干的成分，添加柠檬汁，充分混合。

③ 通过沸水蒸煮，搅拌直到增稠。

④ 去除沸水，添加柠檬皮和奶油，混合，冷却。

⑤ 甩打奶油，加入冷却的柠檬混合物。

（3）注意事项 本品用于充填营养蛋糕，把蛋糕中部水平切开，充填作中间层馅料，也可以用作糕饼或蛋糕的顶部配料。

3. 快餐糕点的奶油状馅料

（1）配方 快餐糕点的奶油状馅料配方见表 4-281。

表 4-281　快餐糕点的奶油状馅料配方

原料名称	用量	原料名称	用量
糖粉	30.0 份	Nucol 食品添加剂	0.4 份
乳清蛋白 Nutritek 900	15.0 份	食盐（微晶状）	0.4 份
氢化植物油起酥油	24.8 份	羧甲基纤维素	0.1 份
香草兰（4 倍稀释）	0.5 份	玉米糖浆（42°Bé）	15.8 份
水	11.8 份	Durfax 60K 多聚氧化乙烯（20mol）山梨醇单硬脂酸酯（HLB14.9）	0.3 份
单硬脂酸甘油酯（含 0.02% 叔丁基对羟基茴香醚和 0.01%柠檬酸作为保鲜剂，熔点约 41℃，HLB2.8）	0.9 份		

（2）操作要点　在称重前所有的干成分都应过筛，在霍伯特（Hobart）混合器中混合所有干成分。把奶状的起酥油和乳化剂放入干成分混合物中，添加水、香草兰和玉米糖浆，徐徐搅拌混合，刮清碗状容器，以高速（第3速度）搅拌搅打，约经3～4min，可以使此奶油状馅料产品获得最大的体积。

4. 柠檬饼馅配方一

（1）配方　柠檬饼馅配方一见表4-282。

表 4-282　柠檬饼馅配方一

原料名称	用量	原料名称	用量
水	72.848 份	古兰胶 GellanGum(低乙酰化)	0.150 份
砂糖	21.860 份	黄原胶	0.080 份
Col-F1067 淀粉	3.560 份	氯化钙	0.050 份
柠檬酸	0.320 份	六偏磷酸钠	0.040 份
食盐	0.080 份	二氧化钛	0.010 份
粉状柠檬汁/玉米糖浆	1.000 份	FDC 食用黄 5 号	0.002 份

（2）操作要点

① 将古兰胶、砂糖、淀粉、二氧化钛、六偏磷酸钠、黄原胶和着色剂一起充分混合并进行筛选。

② 将柠檬汁粉、食盐、柠檬酸和氯化钙混合均匀后，放置一边备用。

③ 把步骤①的混合物添加在水中，在有蒸汽夹套的容器中，用剪力搅拌器搅拌3～4min。

④ 把浆状物加热到88℃，保持5min，以使淀粉煮熟。

⑤ 添加步骤②所制的混合物，搅拌到充分分散。

⑥ 停止加热，并把它倒入预先煮好的饼壳中，冷却、冷冻使胶化。

5. 柠檬饼馅配方二

（1）配方　柠檬饼馅配方二见表4-283。

表 4-283　柠檬饼馅配方二

原料名称	用量	原料名称	用量
淀粉	7.500 份	赖氨酸衍生物	0.200 份
水	57.500 份	香草醛	0.006 份
高果糖玉米糖浆	23.900 份	柠檬黄	0.006 份
食盐	0.240 份	柠檬油	0.161 份
柠檬酸	10.000 份	玉米糖浆（42°Bé）	0.200 份
Peg42 非离子型表面活性剂,多聚氧化乙烯脂肪醇醚添加剂 Mycoban（氨基酸类）	0.300 份		

（2）操作要点　在容器中用淀粉和水打成浆状，添加除柠檬油和 Peg42 外的所有成分，加热至混合物充分增稠（约 93℃），停止加热，稍冷加入柠檬油和 Peg42 表面活性剂，搅拌均匀。

6. 天然水果饼壳

（1）配方　天然水果饼壳配方见表 4-284。

表 4-284　天然水果饼壳配方

原料名称	用量	原料名称	用量
水	21kg	脱脂奶粉	2.72kg
食盐	0.68kg	鸡蛋	5.44kg
天然水果混合物	6.1347 kg	面包粉	45.36kg
起酥油或人造奶油	6.1347kg	酵母粉	3.43kg
焙烤粉	793.8g		

（2）操作要点　用手碾碎酵母粉，将酵母粉溶解在部分水中。将其余成分放到碗型混合器中，添加酵母溶液。开始低速混合搅拌，后来为高速，直到面团把碗型容器刮清后，再搅拌 2min。放置 30min，捏合，再放置 30min 以上，再捏合。切成饼壳，在 38℃ 熟化，在 35℃ 干燥，使其相对湿度（即含水量）减少到 50% 以下。在 182℃ 油炸直到表面为金棕色，即得水果馅料的饼壳。本品不用糖，是一种保健食品，贮存期长，并可冷冻贮存或处理。

7. 可贮存的香味饼馅

（1）配方　可贮存的香味饼馅配方见表 4-285。

表 4-285　可贮存的香味饼馅配方

原料名称	用量	原料名称	用量
番茄酱（25%固形物）	400 份	三聚磷酸钠	16 份
水	366 份	干酪、乳化剂、豆油香精和调味品	适量
柠檬酸钠	16 份		

（2）操作要点　将番茄酱、水、柠檬酸钠、三聚磷酸钠混合，所得混合物 pH 为 5.35。然后与干酪、乳化剂、豆油、香精、调味品混合，得到乳胶状馅料，在 140℃加热消毒 5s。这种制品馅料在 5℃的保存期在 3 个月以上。

（3）注意事项　这种香味饼馅含有番茄酱、干酪、香料和可溶性盐类等，混合成乳胶状，在 pH5.2～5.7 于 110～150℃进行短时间消毒，所得的饼馅在贮存中稳定，可用作烘烤饼馅和其他烘烤食品的香味饼馅。

8. 巧克力席风饼馅

（1）配方　巧克力席风饼馅配方见表 4-286。

表 4-286　巧克力席风饼馅配方

原料名称	用量	原料名称	用量
碱化可可粉（10%～12%）	20.8 份	食品添加剂 Wiptreme 2475	68.1 份
藻酸钠 Dari10idQH	6.0 份	焦磷酸四钠	1.4 份
葡萄糖酸钙	3.0 份	香草兰香精	0.2 份
Mafco 公司 Brand AG 增香剂	0.5 份		

（2）操作要点　添加 56g 上述混合物到 340g 冷的全脂牛奶中。在碗形混合器中低速混合 1min，刮清碗形混合器的下侧，再以中速混合 3min，添加 113.5g 糖，且继续搅拌混合 1min 以上，倒入预先烘好的饼壳中，冷冻到固化。

9. 乳酪饼馅

(1) 配方　乳酪饼馅配方见表 4-287。

表 4-287　乳酪饼馅配方

原料名称	用量	原料名称	用量
起泡剂 7103259	15.40 份	草莓香料	0.38 份
砂糖(细粒)	57.09 份	烘烤型乳酪(干的)	27.00 份
食品红 AlisaFDC 40 号(1%,以葡萄糖为载体)	0.13 份		

(2) 操作要点

① 小心混合所有成分,称重,分装,每小袋包装 162.5g。

② 用法:把 1 小袋上制混合物 (162.5g) 与一杯(250mL)冷水混合,高速搅打直到良好起泡,充填在馅饼的外壳内,在冷冻机中放置 1h,让其固化。

10. 保加利亚酸乳饼馅

(1) 配方　保加利亚酸乳饼馅配方见表 4-288。

表 4-288　保加利亚酸乳饼馅配方

原料名称	用量	原料名称	用量
起泡剂 7103259	15.40 份	砂糖(超细粒)	37.10 份
保加利亚酸乳(喷雾干燥)	27.00 份	草莓香料	0.33 份
食品红 AlluraFDC 40 号(1%,以葡萄糖为载体)	0.17 份		

(2) 操作要点　小心地把所有成分混合,称重,分装,每袋 130g。把一袋混合物 (130g) 与 20g 冷水混合,高速搅打直到得到良好充气泡沫的混合物,充填在馅饼的外壳中,在冷冻机中放置 1h,让其固化。

11. 樱桃饼馅

(1) 配方　樱桃饼馅配方见表 4-289。

表 4-289 樱桃饼馅配方

原料名称	用量	原料名称	用量
樱桃	66.60 份	玉米糖浆	4.55 份
高果糖玉米糖浆	12.60 份	食盐	0.18 份
水	11.32 份	丙酸钙	0.25 份
食用淀粉(改性)	4.50 份		

（2）操作要点 将水果、甜味剂和盐放到蒸煮锅中并加热到沸腾，把淀粉和水打成浆状，添加丙酸钙，把淀粉放入沸水中，且蒸煮到 88～91℃，添加柠檬酸可增加酸味。

12. 面包调味剂和馅料饼

（1）配方 面包调味剂和馅料饼配方见表 4-290。

表 4-290 面包调味剂和馅料饼配方

原料名称	用量	原料名称	用量
固体起酥油(奶油、人造奶油或鸡脂)	450g	鸡香味的汤基	79g
鸡蛋(轻微甩打过)	355g	热水	2000g
芹菜(切细的)	1000g	食盐	10g
洋葱(切细的)	200g	胡椒	5g
"一日阵"白面包(切成方块)	500g	家禽调味料(研细的鼠尾草、马郁兰或麝香草)	20g(1 汤匙)

（2）操作要点

① 在长柄锅中熔化固体起酥油，添加芹菜和洋葱，文火煎煮到洋葱变透明。

② 在碗形混合器中倒入面包屑，轻轻混合。

③ 在热水中溶解汤基。

④ 在搅拌中加入甩打的鸡蛋和各种调味剂到汤料中，倒上面包屑混合物，轻轻搅拌到均匀。

⑤ 把混合物放入涂有奶油的盘中，烘烤温度为 177℃，烘烤时间 1.5h，到顶部轻微变棕。

13. 水果大米馅料饼

（1）配方 水果大米馅料饼配方见表 4-291。

表 4-291　水果大米馅料饼配方

原料名称	用量	原料名称	用量
长粒大米	907.2g	橘块	100g
碎丁香	20g	棕糖	355g
奶油或人造奶油	160g	切成方块的酸苹果	200g
无核葡萄干	150g	鸡汁	473g

（2）操作要点

① 煮熟大米。

② 在沙司盘中熔化奶油或人造奶油。混合棕糖、丁香和熔化的奶油或人造奶油，添加大米饭，轻轻拌匀，再倒入橘子、苹果和无核葡萄干。

③ 转入涂有奶油的保温盘中，涂抹均匀。

④ 把鸡块盖在米饭上，加盖，177℃烘烤 30～40min，或直到苹果变软。

⑤ 食用时可加烤火腿片。

14. 鳄梨柠檬馅

（1）配方 鳄梨柠檬馅配方见表 4-292。

表 4-292　鳄梨柠檬馅配方

原料名称	用量	原料名称	用量
碎菠萝（带汁）	1000g	搅打的顶部奶油混合物	500g
柠檬汁	250g	粗面粉脆饼屑（228.6mm）	200g
鳄梨（刚采收的）	1.36kg	食盐	20g
明胶（加柠檬香料）	680g	沸水	适量
奶油干酪（软化的）	680g		

（2）操作要点

① 榨干菠萝，制成糖浆。

② 把柠檬汁加到上制糖浆中，添加足量的沸水制成液体。

③ 将明胶和食盐溶解于热水中，冷却直到稍增稠。

④ 将鳄梨剥皮，去核，把一半量的鳄梨切成小块。

⑤ 磨碎其余的鳄梨，添加干酪，搅打到奶油状。

⑥ 小心加入榨干的鳄梨，并切碎鳄梨。

⑦ 将搅打顶部奶油和菠萝混合物及粗面粉脆饼屑加入明胶中。

⑧ 倒入模具中，冷却到固化，装饰以另外的顶部奶油和薄酸橙片。

15. 冻胶状的樱桃饼馅

（1）配方　冻胶状的樱桃饼馅配方见表 4-293。

表 4-293　冻胶状的樱桃饼馅配方

原料名称	用量	原料名称	用量
冷冻的红樱桃（解冻）	4.536kg	樱桃汁	200g
明胶（樱桃加香）	680kg	饼壳（228.6mm,烘过的,冷却）	10 只
食盐	10g	搅打奶油（或顶部奶油）	适量

（2）操作要点

① 将樱桃榨汁，加水到适量。

② 溶解明胶和食盐在热水中，添加冷的液体和榨去汁的樱桃，冷却到稍微增稠。

③ 把胶化混合物倒入烘烤好的饼壳中，冷冻到固化，装饰以搅打奶油或顶部奶油。

16. 蛋酒苹果馅

（1）配方　蛋酒苹果馅配方见表 4-294。

表 4-294　蛋酒苹果馅配方

原料名称	用量	原料名称	用量
香草搅打甜食混合物	850g	糕点饼壳（228.6mm,烘烤的）	8 只
苹果浆（罐装,冷冻）	200g	搅打顶部奶油	适量
蛋酒	150g		

(2) 操作要点

① 把预制的甜食与冷水混合。

② 低速搅拌，徐徐加入苹果浆和蛋酒，混合到均匀。

③ 冷却，将馅料注入烤好的糕点饼壳中，冷冻到坚硬。

④ 顶部盖以搅打奶油。

17. 法国式樱桃馅

(1) 配方　法国式樱桃馅配方见表 4-295。

表 4-295　法国式樱桃馅配方

原料名称	用量	原料名称	用量
牛奶(冷的)	1000g	香草快餐布丁	567~623g
酸奶油	800g	饼壳(228.6mm,烤过的)	5 只
杏仁萃取物	200g	樱桃饼馅	1罐(10号罐)

(2) 操作要点

① 混合牛奶、酸奶油和杏仁萃取物，添加布丁，搅拌，或在低速搅拌中加热到均匀。

② 将馅料放入饼壳中，冷冻 2h 或至硬化。

③ 切成楔状，顶部盖以罐装樱桃馅料。

18. 巧克力梨馅料

(1) 配方　巧克力梨馅料配方见表 4-296。

表 4-296　巧克力梨馅料配方

原料名称	用量	原料名称	用量
搅打的巧克力甜食混合物	800g	巧克力糖浆	100g
半梨(罐头,冷却,榨干,切片)	12 只	粗粉脆饼壳(228.6mm,烘过,冷却)	4 只

(2) 操作要点

① 混合搅打甜食混合物和冷水，高速搅打 5min，到发高发黏。

② 用勺把混合物送入粗粉脆饼壳中，至少冷冻 2h。

③ 在餐用前，顶部盖以梨片，把巧克力糖浆盖在顶部。

19. 香蕉搅打奶油饼馅

(1) 配方　香蕉搅打奶油饼馅配方见表 4-297。

表 4-297　香蕉搅打奶油饼馅配方

原料名称	用量	原料名称	用量
厚奶油	946g	食盐	5g
砂糖	118g	香蕉(新鲜的)	16~20 个
香草香精或杏仁香精	20g	饼壳(228.6mm,烘烤好的)	4 只
椰子(烤过的)	适量		

（2）操作要点

① 搅打奶油和盐，加入砂糖和香草香精。

② 用少量搅打奶油覆盖冷却的饼壳，覆盖底部，将香蕉剥皮和切片放入饼壳中，每只饼壳放 4~5 只香蕉，立刻用搅打奶油覆盖。

③ 用烤过的椰子装饰。

20. 草莓糖衣干酪馅料

（1）配方　草莓糖衣干酪馅料配方见表 4-298。

表 4-298　草莓糖衣干酪馅配方

原料名称	用量	原料名称	用量
奶油乳酪	2.268kg	草莓(冷冻,切半,解冻)	2.268kg
砂糖	1.021kg	粗粉脆饼壳(228.6mm)	8 只
搅打顶部奶油混合物	340g	明胶(草莓香料)	680g

（2）操作要点

① 软化奶油干酪，添加砂糖，搅打良好。

② 用预制的搅打顶部混合物，混入乳酪混合物。

③ 在沸水中溶解明胶，冷却，添加未挤干的草莓，冷冻到轻微增稠。

④ 把干酪混合物分到各粗粉脆饼壳中，涂抹，使边缘部高于中心部。

⑤ 把稍增稠的明胶混合物倒在馅部的顶部。

⑥ 冷冻到明胶固化，至少 3h。

21. 红莓冰冻馅

红莓又称木莓、红树莓、覆盆子，是一种蔷薇科悬钩子属果实，通常用于制沙司。

（1）配方　红莓冰冻馅配方见表4-299。

表 4-299　红莓冰冻馅配方

原料名称	用量	原料名称	用量
粗粉脆饼屑	1.021kg	(红莓)沙司	适量
砂糖	453.6g	柠檬皮(碎的)	118.3g
柠檬冻果汁露	2.839kg	奶油或人造奶油(软化的)	453.6g
整红莓	6罐,453.6g/罐	果子露	适量

（2）操作要点

① 混合粗粉脆饼屑、砂糖和柠檬皮，添加软化的奶油，用低速搅拌3min，混合均匀。

② 取出3/4杯混合物，备用。

③ 把其余的饼屑混合物均分在6只盘中。在底部加压成型。

④ 涂抹1罐红莓沙司在每个盘中饼屑混合物的上面，把果子露倒在馅部的顶部，在顶部撒上其余的饼屑混合物。

⑤ 冰冻到固化，约需24h。

22. 樱桃巴伐利亚饼馅

（1）配方　樱桃巴伐利亚饼馅配方见表4-300。

表 4-300　樱桃巴伐利亚饼馅配方

原料名称	用量	原料名称	用量
草莓明胶	453.6g	馅饼壳(228.6mm,烤过,冷却)	4 只
砂糖	473g	红酸樱桃汁	473g
红酸樱桃(挤干)	946mL	厚奶油	473g

（2）操作要点

① 将草莓明胶和砂糖溶解在热水中，添加红酸樱桃汁，把1/3混合物添加到红酸樱桃中。

② 使两种明胶混合物冷却，到稍许增稠，将明胶充填入饼壳中，冷却。

③ 搅打奶油到增稠，加入樱桃混合物中，通过碎冰冷却使其增稠。倒在馅饼壳的硬层中，进行冷冻。

23．"关键"酸橙馅

（1）配方　"关键"酸橙馅配方见表 4-301。

表 4-301　"关键"酸橙馅配方

原料名称	用量	原料名称	用量
明胶（酸橙加香）	680g	芳香苦草汁	50g
酸橙皮	60g	搅打顶部奶油混合物	340g
酸橙汁	946g	绿色着色剂	5g
蛋黄（搅打过的）	312g	饼壳（228.6mm）	9 只
甜浓缩牛奶	8 罐,397g/罐		

（2）操作要点

① 把明胶溶于沸水中，添加酸橙皮和酸橙汁，慢慢倒入搅打过的蛋黄，继续搅打。

② 添加甜浓缩牛奶和芳香苦草汁，冷却直到稍增稠。

③ 预制袋装顶部奶油，在低速混合器中混入明胶混合物中。

④ 添加绿色着色剂，倒入饼壳中，冷却到固化，顶部还可装饰以其他搅打奶油。

24．菠萝冻糕馅料

（1）配方　菠萝冻糕馅料配方见表 4-302。

表 4-302　菠萝冻糕馅料配方

原料名称	用量	原料名称	用量
菠萝（压碎的）	1.36kg	香草冰淇淋（软化到类似搅打奶油）	800g
菠萝汁和糖浆（等量）	1.42kg	明胶（酸橙加香）	397g
饼壳（228.6mm,烘烤后冷却）	6 只		

（2）操作要点

① 压干菠萝，榨汁。将菠萝汁添加到糖浆中，加热。

② 把明胶添加到热溶液中，用碎冰冷却增稠到蜂蜜的稠度。

③ 放入混合器，以中速搅打约 12min，使其黏稠度加倍。

④ 减慢转速，添加香草冰淇淋和菠萝，搅拌到其分布均匀。

⑤ 把混合馅料倒进经烘烤过而冷却的饼壳中，冷冻到坚硬，装饰以搅打奶油，或压干的菠萝或鲜薄荷叶。

25. 加香松糕馅

(1) 配方　加香松糕馅配方见表 4-303。

表 4-303　加香松糕馅配方

原料名称	用量	原料名称	用量
香草奶油布丁和馅料	2kg	重油蛋糕屑	500g
厚奶油或预制搅打顶部奶油	1000g	饼壳(228.6mm,烤过的)	4 只
肉豆蔻(1)	800g	肉豆蔻(2)	适量
木莓果脯浆	250g		

(2) 操作要点

① 混合预制的香草奶油布丁和馅料与肉豆蔻 (1)。涂抹 1.4 杯混合物到每个饼馅的底部。

② 在每个饼馅的上部均匀涂抹 1/4 杯木莓果脯浆。

③ 在每个饼馅上用 0.5 杯重油蛋糕屑覆盖木莓果脯浆。

④ 在每个饼馅上覆盖 1.7 杯其余的馅料充填剂。

⑤ 在使用奶油时，搅打到发黏和光亮。

⑥ 用厚奶油的涂抹饼馅，在每个饼馅的周围装饰边界。

⑦ 喷洒其余的肉豆蔻②，冷却。

26. 杏子明胶酸果馅饼

(1) 配方　杏子明胶酸果馅饼配方见表 4-304。

表 4-304　杏子明胶酸果馅饼配方

原料名称	用量	原料名称	用量
干杏子果泥(未加甜的)	1000g	砂糖	680g
杏子果汁和水(热的,等量的)	1500g	果馅饼壳(88.9mm,烘烤,冷却)	42 只
明胶(橘子加香)	340g	食盐	5g
冰淇淋(香草型)	2000g		

（2）操作要点

① 为制取杏果汁，将干杏在水中加盖蒸煮到变嫩，榨干，榨汁，挤干的杏子可用于其他食品。

② 取杏汁，加水混合，加热。

③ 在热的液体中溶解明胶、食盐和砂糖，添加杏浆，冷冻直另稍微增稠。

④ 将混合物倒入果馅饼壳中，冷冻到固化，在顶部盖以香草冰淇淋。

27．洋李奶油果馅饼

（1）配方　洋李奶油果馅饼配方见表4-305。

表4-305　洋李奶油果馅饼配方

原料名称	用量	原料名称	用量
香草布丁和馅料充填料（煮熟,冷却）	1000g	杏仁（切碎,烤过的）1/2杯	50g
洋李（梅干,煮熟,去核,捣碎）	710g	柠檬汁	50g
柠檬皮（捣碎的）	20g	杏仁提取物	5g
分开的果馅饼壳（烘烤过的）	24只	搅打奶油	适量
棕糖	118g		

（2）操作要点

① 混合冷却的香草布丁和馅料充填料以及杏仁提取物。

② 混合洋李、棕糖、柠檬皮和柠檬汁，搅拌均匀。

③ 把洋李混合物分到各只果馅饼壳中，冷冻。

④ 装饰以搅打奶油，撒上杏仁。

28．橘子糖衣葫芦馅料

（1）配方　橘子糖衣葫芦馅料配方见表4-306。

表4-306　橘子糖衣葫芦馅料配方

原料名称	用量	原料名称	用量
砂糖	200g	橘汁	500g
玉米淀粉	80g	葫芦馅饼壳（228.6mm,烘烤的）	3只
食盐	5g	橘皮	50g
厚奶油	200g	橘块	适量

（2）操作要点

① 混合玉米淀粉、砂糖和食盐。

② 徐徐添加水、橘皮和橘汁。

③ 在中火加热条件下搅拌和煮，直到增稠，继续加热 5min，徐徐冷却。

④ 趁温热时，涂抹烤过的葫芦馅。

⑤ 搅打厚奶油，在每个楔形的馅料装饰以搅打奶油和橘块。

29. 美洲山核桃馅料

（1）配方　美洲山核桃馅料配方见表 4-307。

表 4-307　美洲山核桃馅料配方

原料名称	用量	原料名称	用量
鸡蛋(打碎的)	567g	山核桃(切半)	453.6kg
桃子馅料	80g	香草香精	20g
食盐	5g	糕点壳(228.6mm,未烤的)	5 只
玉米淀粉(深色的)	1.276kg		

（2）操作要点

① 搅打鸡蛋直到透明。

② 将桃子馅料和食盐搅拌混合。

③ 添加玉米淀粉、山核桃和香草香精，搅拌混合。

④ 充填入糕饼壳中。

⑤ 218℃烘 10min，把温度降低到 162℃，烘烤 45～50min，到饼馅固化。

30. 巧克力果仁糖馅料

（1）配方　巧克力果仁糖馅料配方见表 4-308。

表 4-308　巧克力果仁糖馅料配方

原料名称	用量	原料名称	用量
奶油或人造奶油	312g	山核桃(去壳)	227g
饼壳(228.6mm,稍烘过)	4 只	巧克力搅打甜食混合物	425g
棕色糖	227g		

（2）操作要点

① 在沙司盘中混合奶油和棕色糖。蒸煮，搅拌，直到糖熔化和混合物起泡。

② 停止加热，加果仁搅拌，涂抹在饼馅的底部。

③ 218℃烘烤5min，直到起泡，冷却。

④ 将甜食混合物和冷水混合，高速搅打5min，使其发亮和起泡。

⑤ 用勺子放入饼壳中，冷冻4h以上。

三、各种西式派的生产配方

1. 核桃苹果

（1）配方

① 酥层配方见表4-309。

表 4-309　核桃苹果——酥层配方

原料名称	用量	原料名称	用量
甜派皮面团	230g	低筋面粉	50g
无盐奶油	50g	细砂糖	38g

② 苹果馅料配方见表4-310。

表 4-310　苹果馅料配方

原料名称	用量	原料名称	用量
无盐奶油	30g	熟核桃粒	100g
细砂糖	100g	肉桂粉	少许
柠檬汁	80g	苹果	5个
酒渍葡萄干	30g		

（2）操作要点

① 核桃先于130℃烤10min左右，无盐奶油先置室温软化，苹果去皮切半，挖去果核再切块，加细砂糖、柠檬汁和无盐奶油，以小火煮软且收汁，加入烤过的核桃粒、酒渍葡萄干、肉桂粉拌均匀，取

出放凉备用。

② 烤箱预热至 220℃，取 18cm 活动派盘，刷上奶油备用。

③ 制作酥层。将冰硬的奶油和细砂糖及低筋面粉混合，用面皮切刀切成绿豆状，再用手轻轻搓成细砂状（但不成团），冷冻一下。

④ 将派皮擀至 0.3cm 厚，填入活动派盘内，切掉多余派皮，倒入苹果馅抹平，撒上冰硬的酥层。

⑤ 移入烤箱中层，于 220℃烤约 10min 后，再改 180℃烤约 30min，至派皮边部及底部呈黄褐色时出炉，2min 后脱模置于网架上冷却。

（3）注意事项

① 冷藏可保存 3～4d。

② 酒渍葡萄干可用朗姆酒浸泡葡萄干约 2h 以上制成。

2. 欧式苹果派

（1）配方

① 酥层配方见表 4-311。

表 4-311　欧式苹果派——酥层配方

原料名称	用量	原料名称	用量
咸派皮面团	550g	肉桂粉	少许
红苹果	6 个	玉米粉	15g
柠檬汁	80g	奶油	25g
红糖	100g	水	40g

② 蛋黄液配方见表 4-312。

表 4-312　欧式苹果派——蛋黄液配方

原料名称	用量	原料名称	用量
蛋黄	100g	水	50g

（2）操作要点

① 将咸派皮面团分成 2 份，分别擀成 0.4cm 和 0.2cm 厚的圆派皮（比 20cm 派盘大 4cm），将 0.4cm 厚的派皮用擀面棍卷好放入模内，再用手将派皮压入模型，边缘贴紧，切掉多余派皮，冷藏10～

20min。

② 取 0.2cm 厚的派皮，切成直径 24cm 的圆，其余切成细长条状，放入烤盘冷藏备用，烤箱预热至 230℃。

③ 苹果去皮对切，挖去果核，切成块状，加红糖、柠檬汁和奶油，以小火煮至出水，再将玉米粉和水混合拌匀加入，撒上肉桂粉后倒出放凉。

④ 将做法③的物料倒入派皮内抹平，将派皮边刷上水，再盖上另一层派皮，将边压一下，派皮上叉洞使之透气。切掉边缘多余派皮。

⑤ 蛋黄加水拌匀，刷蛋黄液于派皮上 2 次，再排入切成细条状的派皮呈交叉网状，再次刷上蛋黄液 2 次，并切掉多余派皮。

⑥ 移入烤箱，于 230℃烤 15min 左右，改 200℃再烤 25min 左右，待派皮表面及底部呈黄褐色时，关火焖 5min 即可出炉，即刻脱模，置于网架上冷却。

（3）注意事项

① 馅料煮好时要放凉后才可填入派皮内，温度较高的室内则不宜制作派皮，易失败。

② 制作派皮时要在桌面、擀面棍及面团上撒少许高筋面粉，才易操作。

③ 密封冷藏可保存 4d 左右，食用时再回烤即可。

3. 波兰式苹果派

（1）配方

① 派皮材料配方见表 4-313。

表 4-313　波兰式苹果派——派皮材料配方

原料名称	用量	原料名称	用量
强力粉	40kg	冰水	30kg
薄力粉	60kg	细砂糖	3kg
猪油	65kg	盐	2kg

② 派馅材料配方见表 4-314。

表 4-314　波兰式苹果派——派馅材料配方

原料名称	用量	原料名称	用量
果汁或水	100kg	苹果罐头	100kg
细砂糖	25kg	肉桂粉	0.2kg
玉米淀粉	4kg		

（2）操作要点

① 派皮做法

a. 将强力粉、薄力粉过筛后与猪油一起放入搅拌器内，慢速搅拌至油的颗粒像黄豆般大小。

b. 细砂糖、盐溶于冰水中，再加入搅拌均匀的面粉与混合物拌匀即可，不可搅拌过久。

c. 将搅拌后的面团用手压成直径为 10cm 的圆柱体，用牛皮纸包好放入冰箱 2h 后使用。

d. 可做单皮水果派皮，也可做双皮水果派皮。

② 派馅做法

a. 打开苹果罐头，过滤后滤液作为果汁用，如果不够，可加水补足。

b. 将 30％的果汁与 10％的细砂糖一起煮沸。

c. 将玉米淀粉溶于 10％的果汁中，慢慢加入煮沸的糖水中，不断搅动，煮至胶凝光亮。

d. 胶冻煮好后，加入 15％的砂糖煮至熔化。苹果与肉桂粉拌匀后，再加入胶冻内拌匀，停止加热并冷却。

③ 波兰式苹果派做法

a. 把苹果馅倒入底层生派皮中，边缘刷蛋液，表面放二三片奶油，上层皮上开一小口，铺在馅料上，把边缘接合处黏紧，在上层派皮表面刷蛋液，进炉用 210℃的下火烤约 30min。为了使底层派皮确能熟透，可先把底层派皮进炉焙烤约 10min，使熟后加馅料铺上上层派皮再进炉焙烤。

b. 出炉后表面刷蛋液或奶油。

4. 樱桃布丁派

（1）配方 樱桃布丁派配方见表 4-315。

表 4-315 樱桃布丁派配方

原料名称	用量	原料名称	用量
甜派皮面团	230g	椰子粉	40g
鸡蛋	100g	黑樱桃罐头	1 罐（樱桃约 40～50 粒）
细砂糖	50g	樱桃酒	10g
鲜奶油	70g		

（2）操作要点

① 烤箱预热至 200℃，取 18cm 活动派盘，刷上奶油备用。

② 将派皮面团擀至 0.3cm 厚，用擀面棍卷好放入派盘中压紧，切掉边缘多余的派皮，用叉子于派皮上叉洞，冷藏 10min 后取出，放入烤箱，于 200℃烤 15min，取出置于网架上，备用。

③ 将鸡蛋、细砂糖、鲜奶油和樱桃酒放入打蛋盆中，用打蛋器搅拌均匀（不打发），至糖熔化后加入椰子粉拌匀，备用。

④ 樱桃沥干水分，排入半熟的派皮内，再淋入做法③的制成物中，约九分满。

⑤ 将派放入烤箱中层，于 200℃烤 30～35min，至表面及派底呈黄褐色即可取出。

⑥ 出炉后放 2min 立刻脱模，将派放置铁架上冷却即可。

（3）注意事项

① 樱桃可改为去皮去核的葡萄或罐装的水蜜桃、菠萝和梨。

② 樱桃不可排得太密，淋入的汁液只能九分满，否则会溢出。

③ 椰子粉可用面包粉或杏仁粉代替。

④ 冷藏可保存 3d 左右。

5. 草莓布丁派

（1）配方 草莓布丁派配方见表 4-316。

表 4-316　草莓布丁派配方

原料名称	用量	原料名称	用量
甜派皮面团	230g	明胶片	1 片
低筋面粉	20g	无糖鲜奶油	100g
玉米粉	20g	香草精	10g
细砂糖	80g	明胶包衣	适量
鲜奶	300g	草莓	400g
蛋黄	150g		

（2）操作要点

① 烤箱预热至 220℃，取 20cm 活动派盘，刷上奶油，用明胶片泡冰块水，备用。

② 将 1/3 鲜奶和筛过的低筋面粉、玉米粉、细砂糖、蛋黄拌匀，剩余 2/3 的鲜奶煮沸前冲入面糊中搅拌均匀，过筛后放回炉火上，以小火煮 2～3min，期间需不停搅拌以防止烧焦。

③ 将泡过冷水的明胶片挤干，隔水熔化，或直接加入做法②的制成物中搅拌，溶解时离火，放凉备用；鲜奶油打成固体状，加入香草精拌匀冷藏。

④ 甜派皮面团擀至 0.3cm 厚，用擀面棍卷起放入派盘中压紧，再用擀面棍滚过派皮，并压掉多余派皮，用手轻压住派皮使之与派盘贴合，再利用刮板切去多余派皮，用叉子于派皮上叉洞，冷藏 10min。

⑤ 将派放入烤箱于 200℃烤 20～25min，呈黄褐色时取出，脱模，置于网架上冷却。

⑥ 将做法③的制成物装入平口花嘴的挤花袋中，挤入放凉的派皮内，抹平。

⑦ 用少许盐水将草莓冲洗二三次，洗净后去蒂，由外往内排满于布丁馅上。

⑧ 将明胶包衣加少许热水隔水加热拌稀，用毛刷刷于草莓面上，冷藏 2～4h 即可。

（3）注意事项

① 煮馅时需以小火不停搅拌才不会烧焦。

② 冷藏可保存 3～4d。

6. 凤梨椰子派

（1）配方　凤梨椰子派配方见表 4-317。

表 4-317　凤梨椰子派配方

原料名称	用量	原料名称	用量
甜派皮面团	230g	杏仁粉	10g
无盐奶油	30g	低筋面粉	30g
细砂糖	60g	香橙酒	10g
鸡蛋	100g	凤梨罐头（圆片状）	6 片
椰子粉	80g		

（2）操作要点

① 烤箱预热至 220℃，取 18cm 活动派盘，刷上无盐奶油，备用；将蛋黄和蛋白分开，备用，无盐奶油先置室温下软化。

② 将甜派皮面团擀至 0.4cm 厚，用擀面棍卷起，放入派盘内压紧，再用擀面棍滚过派皮，压去多余派皮后，用手轻压住派皮使之与派盘贴合，再用刮板切掉多余派皮，冷藏约 10min。

③ 将熔化的奶油和 30g 的细砂糖倒入盆中，用打蛋器打至乳白后，加入蛋黄及香橙酒搅拌均匀，再加入 2/3 的椰子粉、杏仁粉拌匀。

④ 将蛋白放入干净的打蛋盆中，用干净的打蛋器打至起泡，加入剩余的糖打至硬挺，交替加入筛过的低筋面粉和奶油糊，用刮刀拌匀，倒入派皮内抹平。

⑤ 凤梨切半，先排中央一圈，再排边缘一圈，最后撒入 1/3 的椰子粉，放入烤箱，于 220℃烤 10min，再改为 180℃烤 25～30min，烤至表面和派底呈黄褐色时即刻出炉，脱模，置于网架上冷却。

（3）注意事项

① 除用凤梨罐头外，也可改用其他的罐装水果。如用新鲜水果则需加糖水煮过才能用，要擦干水再排入派内。

② 冷藏可保存 3～4d。

7. 甜梨派

(1) 配方　甜梨派配方见表 4-318。

表 4-318　甜梨派配方

原料名称	用量	原料名称	用量
甜派皮面团	230g	椰子粉	10g
无盐奶油	120g	朗姆酒	30g
砂糖	100g	梨罐头(6 块)	1 罐
鸡蛋	100g	杏桃果酱	少许
杏仁粉	120g	白兰地酒	适量

(2) 操作要点

① 烤箱预热至 220℃，取 20cm 活动派盘，刷上无盐奶油，备用；奶油置室温软化。

② 甜派皮面团擀至 0.4cm 厚，用擀面棍卷起放入模内压紧，用擀面棍滚过派皮，用手轻压住派皮使之与派盘贴合，再切掉多余派皮后，入冰箱冷藏。

③ 将软化的无盐奶油加糖用打蛋器打至变白，分次将蛋加入搅拌均匀，加杏仁粉、椰子粉和朗姆酒，拌匀，装入挤花袋中，由外往内挤圆圈状于派皮内，再用刮刀抹平。

④ 梨擦干水，每片再横切成薄片，排入杏仁糊上呈放射状。

⑤ 移入烤箱，于 220℃烤 10min，改 200℃烤 20～25min，至派边和派底呈浅褐色即可（中途若已上色，即刻以铝箔纸中央剪洞盖上）。

⑥ 出炉后脱模，置于网架上，将杏桃果酱和白兰地酒调稀后刷于派上。

(3) 注意事项

① 梨罐头可改用新鲜梨 3 个，去皮切半，挖去果核后加糖 150g 和柠檬汁 15g，加水盖过材料煮 25min，关火，放凉即成。

② 冷藏保存 2～3d。

8. 核桃派

(1) 配方　核桃派配方见表 4-319。

表 4-319　核桃派配方

原料名称	用量	原料名称	用量
甜派皮面团	230g	奶油	20g
细砂糖	85g	动物性鲜奶油	40g
玉米糖浆	85g	烤过的核桃仁	300g

(2) 操作要点

① 烤箱预热至 220℃，取 18cm 活动派盘，刷上奶油；核桃仁 1 粒切成 4～5 块。

② 将细砂糖、玉米糖浆、奶油倒入锅中，以小火煮至 118℃，呈黄褐色时离火，降温至 80℃，加入加温过的鲜奶油拌匀，再加入核桃粒拌匀，倒入不粘布上，分散摊平，放凉备用。

③ 将甜派皮面团擀成 0.4cm 的厚度，用擀面棍卷起放入派盘内，压紧后用擀面棍滚过派皮，压掉多余派皮后，再一次用手轻压派底和派边，以刮板切掉多余派皮，冷藏 10min。

④ 将做法②的制成物放入派皮内铺平，移入烤箱下层，烤 35～40min，至派底及边部呈黄褐色时，关火再焖 5min 即可出炉，放凉后即刻密封（以防潮）。

⑤ 核桃仁于 180℃烤约 10min 即可。

(3) 注意事项

① 煮玉米糖浆时最好备有温度计，若超过 120℃会变脆；低于 115℃则会粘牙。临时买不到玉米糖浆时，可用白色麦芽糖代替，但较硬且味道没那么香。

② 密封可保存 3～5d，冷藏则约 1 周，食用时需回温才不会

太硬。

9. 柠檬派

（1）配方 柠檬派配方见表 4-320。

表 4-320 柠檬派配方

原料名称	用量	原料名称	用量
硬面	280g	玉米淀粉	50g
牛奶	350g	新鲜柠檬汁	微量
白砂糖	250g	蛋白	200g
奶	55g	柠檬香料	微量
蛋黄	200g	细盐	微量

（2）操作要点

① 将硬面放在台板上，用擀面杖将其擀压成直径为 230mm 的圆形面皮，铺放在派盆内，用手或刀修圆整后，沿派盆的底部稍稍撳压一下使成浅盆状，用刀尖在底面上戳数个小孔，装入烤盘，送入 190℃ 的烤箱烘烤，至呈褐黄色并熟透时取出。

② 将牛奶和奶油一起烧煮至沸，同时将一大半白砂糖和蛋黄一起搅拌均匀，加入玉米淀粉和新鲜柠檬汁拌和，冲入沸滚的牛奶搅拌混合，仍倒回锅内继续烧煮至稠厚并熟透，装入烤熟的派盆面皮内，并将表面抹平。

③ 将蛋白搅打起发后，加入剩余的白砂糖及柠檬香料和细盐，继续搅打成细腻的雪花状，一部分放在派的表面，涂抹成雪山顶状；将另一部分装入裱花袋进行裱花装饰，然后装入烤盘，送入 240℃ 的烤箱，烘烤至表面呈金黄色取出，冷透后用刀切割成 8 等份的扇形块即成。

④ 硬面的制法：将奶油 1000g 和糖粉 1000g 一起搅拌至泛白蓬松，加入鸡蛋 500g 搅打均匀，再加入一起过筛的中筋粉 2000g 和发酵粉微量拌和均匀，装入洁净的盘内，盖上保鲜纸，进入冰箱冷藏，

以便随用随取。

10. 巧克力派

（1）配方　巧克力派配方见表4-321。

表4-321　巧克力派配方

原料名称	用量	原料名称	用量
硬面	280g	打发的鲜奶油	200g
巧克力结淋	500g	装饰用巧克力刨片	微量

（2）操作要点

① 将硬面按柠檬派的制法，制成派底备用。

② 将巧克力结淋装入烤熟的派底的面皮内，并将表面抹平。

③ 将鲜奶油装入带有裱花嘴的裱花袋内，在巧克力结淋的上面进行裱花装饰，完毕后用刀切割成8等份的扇形块，再撒上巧克力刨片装饰即成。

④ 巧克力结淋的制法：将蛋黄150g和白砂糖125g一起搅打至泛白，加入玉米淀粉50g拌和均匀，然后将酥油40g和牛奶500g及可可粉适量一起烧煮至沸，冲入蛋黄混合物内搅匀，仍倒回锅内继续烧煮至熟透即成。

⑤ 巧克力刨片的制法：将香草巧克力隔水熔化，倒在平整的大理石板上，用抹刀反复来回涂刮成薄片，至凝固时用刀一片片刨下即成。

11. 南瓜派

（1）配方　南瓜派配方见表4-322。

表4-322　南瓜派配方

原料名称	用量	原料名称	用量
硬面	280g	打发的鲜奶油	200g
南瓜结淋	500g		

（2）操作要点

① 将硬面按柠檬派的制法，制成派底备用。

② 将南瓜结淋装入烤熟的派底的面皮内，并将表面抹平。

③ 将鲜奶油装入带有裱花嘴的裱花袋内，在南瓜结淋的上面进行裱花装饰，然后用刀切割成 8 等份的扇形块即成。

④ 南瓜结淋的制法：将南瓜用刀削去外皮，挖去瓜子，洗净后切成小块，装入浅盘，上笼蒸至南瓜酥熟取出，过筛成泥。将牛奶500g 和白砂糖 125g 一起烧煮至沸，加入南瓜泥和奶油适量继续烧煮，最后加入用少量水调匀的淀粉，至稠厚并熟透时离火即成。南瓜宜挑选老而粉质的为佳。

12. 草莓酱派

（1）配方 草莓酱派配方见表 4-323。

表 4-323 草莓酱派配方

原料名称	用量	原料名称	用量
硬面	1000g	装饰用碎花生仁	适量
草莓果酱	300g		

（2）操作要点

① 将一大半硬面放台板上，用擀面杖将其擀压成厚约 6mm 的面皮，卷起铺放在烤盘内，涂上薄薄一层果酱。

② 将剩余的硬面用擀面杖擀压至厚约 5mm，切割成宽约 8mm 的长条，成网状整齐地铺在果酱之上，刷上蛋液并撒上碎花生仁，送入 185℃ 的烤箱，烘烤至表面呈褐黄色并熟透时取出，冷却后，用刀分割成所需块状即成。

③ 长条因较长极易断，而多断接头太多会影响美观，故制作时，可将长条稍稍卷起在手心内，然后慢慢铺放，便不会断。

第十二节 西式塔类生产工艺与配方

本系列介绍的西式塔类配方和制作方法不属于工业生产的范畴，先介绍西式塔类各种配方，再介绍各种西式塔类相应的操作技术要点以及注意事项或特点。

一、西式塔类生产工艺流程

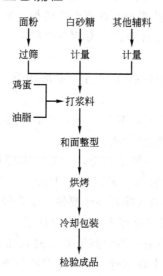

二、各种西式塔类生产配方

1. 草莓塔

（1）配方　草莓塔配方见表4-324。

表4-324　草莓塔配方

原料名称	用量	原料名称	用量
甜派皮面团	300g	鲜奶油	80g
新鲜草莓	210g	蛋白	50g
细砂糖	70g	朗姆酒	20g
酸奶	100g	草莓	24粒
柠檬汁	40g	明胶包衣	少许
明胶片	3片		

（2）操作要点

①烤箱预热至200℃，明胶片泡于冰块水里备用，取5个直径9.5cm的法式小塔模，刷上奶油。

②将甜派皮面团擀成0.25cm的厚度，装入塔模内，压紧后切掉

多余派皮，再用叉子叉洞，移入烤箱中层，于 200℃ 烤 20～25min，待塔的边缘及底部呈黄褐色时即可取出脱模，置于网架上冷却。

③ 将 210g 的草莓洗净，去蒂后压成泥，过筛，加 2/3 量的细砂糖煮至熔化备用。

④ 将泡软的明胶片挤干水分，水浴熔化，倒入做法③的物料拌匀。

⑤ 将鲜奶油打至五六成发，呈浓稠状，蛋白打至起泡，加 1/3 量的糖继续打至有弹性呈钩状。

⑥ 将做法④的馅料放至稍凉，10℃ 左右即可，拌入柠檬汁、酸奶、朗姆酒和 1/3 鲜奶油，轻轻用刮刀拌匀，再加入剩余 2/3 量拌匀，再将蛋白分次拌匀（拌时动作要快、手要轻，才不会消泡）。

⑦ 将做法⑥的制成物倒入小塔皮内抹平。

⑧ 将草莓加盐冲洗干净，擦干水切成 0.2cm 厚的薄片，由外往内排至中央，中间放半颗草莓，最后将明胶包衣调热水，用毛刷刷于面上，冷藏 2h 以上即成。冷藏可保存约 2d。

（3）注意事项

① 打蛋白时盆内不可留有油或水，打至可以倒立呈钩状即可。

② 打发鲜奶油时，由中速至快速再转为中速，只要凝固不流即可，若打太发则可加入少许鲜奶油拌匀即可。

2. 柠檬塔

（1）配方 柠檬塔配方见表 4-325。

表 4-325 柠檬塔配方

原料名称	用量	原料名称	用量
甜派皮面团	300g	蛋黄	200g
蛋白	120g	柠檬	2 个
砂糖	50g	奶油	20g
糖粉	少许	香草精	少许
玉米粉	35g	打发过的鲜奶油	少许(可不加)
细砂糖	120g		

（2）操作要点

① 烤箱预热至 190℃，将派皮面团擀成 0.25cm 的厚度，压入直径 9.5cm 的法式塔模里，切掉多余派皮，叉满小洞后饧 10min，放入烤盘，移入烤箱，烤 20～25min。待派的边缘及底部呈黄褐色时取出脱模，置于网架上冷却。挤柠檬汁并将柠檬皮磨碎备用。

② 玉米粉过筛，倒入锅中，加砂糖 50g 倒入 0.3g 温水中搅拌均匀，加入蛋黄拌匀，以小火用木匙边煮边搅拌，至黏稠时离火，加入奶油、香草精、柠檬汁和柠檬皮拌匀，放于冰水里隔水搅拌，待凉，倒入塔皮内抹平，冷藏。

③ 蛋白放入干净的不锈钢盆中，用电动打蛋器搅打至起泡，分 2 次加入细砂糖搅打至硬挺，抹进冰硬的柠檬塔，再撒上糖粉，以 200℃上火烤 5～10min，呈焦糖色即可。

（3）注意事项

① 冷藏可保存 3d 左右。

② 此产品为冷食并非熟食。

③ 煮馅时小心烧焦，隔水煮较安全。

3. 栗子塔

（1）配方　栗子塔配方见表 4-326。

表 4-326　栗子塔配方

原料名称	用量	原料名称	用量
咸派皮面团	300g	植物性鲜奶油	180g
罐装糖煮栗子	200g（约 2 罐）	朗姆酒	少许

（2）操作要点

① 烤箱预热至 200℃，取葡式直径 6cm 小塔模约 12 个。

② 将咸派皮面团擀成 0.25cm 的厚度，用齿状圆模印出 12 片，放入塔模中并叉满小洞，即刻移入烤箱中层烤 20～25min，烤至上下呈黄褐色时取出，脱模放凉。

③ 取植物性鲜奶油打至凝固硬挺光滑状，用平口挤花袋挤入派皮中央，呈立体倒立水滴圆状，放入冰箱冷冻约 30min。

④ 将栗子沥去水分，放在网筛上用木匙压成泥状，慢慢加入剩下的植物性鲜奶油、朗姆酒，搅拌至软硬适中即可，装入小型菊花嘴

的挤花袋中，顺着鲜奶油由下往上挤成小塔状，再冷藏30min（也可立即食用）。

（3）注意事项　小菊花嘴也可改为多孔状，挤出米粉状。

4．缤纷水果塔

（1）配方　缤纷水果塔配方见表4-327。

表4-327　缤纷水果塔配方

原料名称	用量	原料名称	用量
甜派皮面团	300g	鲜奶	300g
蛋黄	200g	香草精	10g
细砂糖	80g	柠檬汁	40g
低筋面粉	30g	柠檬皮末	40g
朗姆酒	少许	明胶包衣	50g
各式水果	适量		

（2）操作要点

① 烤箱预热至200℃，取船型小塔模约12个，刷上奶油，面粉过筛备用。

② 将蛋黄、糖、筛过的低筋面粉和少许鲜奶拌匀成液状。

③ 鲜奶煮沸前慢慢冲入做法②的制成物中，边冲边拌匀，然后过筛，再倒入锅中，开炉火边搅边煮（小火），2～3min时离火，加入香草精、朗姆酒、柠檬汁和柠檬皮末拌匀，放凉。

④ 将甜派皮面团擀成0.2cm的厚度，填入船型塔模里压平，并使厚薄均匀，切掉多余派皮，用叉子叉洞后放入烤盘，移入烤箱，于200℃烤18～25min，见底部呈黄褐色时出炉，脱模，置于网架上冷却。

⑤ 将做法③的制成物装入大型菊花嘴的挤花袋中，挤入船型塔皮中，约九分满，冷冻10min。

⑥ 将装饰用水果切小三角块后，排入奶油布丁馅上，3片左右即可，最后刷上明胶包衣再冷藏。

（3）注意事项

① 适量的明胶包衣加上等量的热开水拌匀后，用毛刷刷于水果面上，可增加水果的亮度并保持水分。

② 冷藏可保存 2d 左右。

5. 海鲜蔬菜塔

(1) 配方 海鲜蔬菜塔配方见表 4-328。

表 4-328 海鲜蔬菜塔配方

原料名称	用量	原料名称	用量
咸派皮面团	280g	黑胡椒粒	半汤匙
冷冻三色蔬菜	150g	盐	少许
熟虾仁	8 尾	乳酪	100g
熟墨鱼(切丁)	50g	火腿丁	50g
蛋奶汁	适量		

(2) 操作要点

① 烤箱预热至 220℃，取直径 6cm 的菊花小塔模（或蛋塔铝模）8 个。

② 将咸派皮面团擀至 0.25cm 厚，用直径 8cm 圆模印出圆片，放入模中压平，再放入烤盘上排好。

③ 将冷冻三色蔬菜、墨鱼丁、火腿丁、黑胡椒和盐拌匀，放入派皮内约八分满，再排入虾仁各 1 尾，淋上蛋奶汁约九分满，最后放上乳酪丝。

④ 移入烤箱下层，于 220℃烤 25～30min，至塔皮呈黄褐色时，关火再焖约 2min 即可出炉，脱模、置于网架上。

(3) 注意事项

① 蛋奶汁的制作：准备鸡蛋 100g、无糖鲜奶油 210g，混合均匀即可。

② 派皮不可叉洞，因烘烤时汁液会流入塔模内，造成塔皮发黏而脱不了模。

③ 烤派塔时若时间未到而派塔表面已上色，用铝箔纸加盖，防止上层烤焦。

④ 烘烤派塔时关火焖 2～3min 或 5min 则派塔较酥。

6. 巧克力甜梨塔

(1) 配方　巧克力甜梨塔配方见表 4-329。

表 4-329　巧克力甜梨塔配方

原料名称	用量	原料名称	用量
甜派皮面团	300g	可可粉	15g
无盐奶油	75g	泡打粉	10g
细砂糖	75g	梨罐头	1 个
鸡蛋	90g	明胶包衣及梨酒(刷面用)	适量
牛奶	40g	麦子麸皮	适量
全麦粉	110g		

(2) 操作要点

① 烤箱预热至 200℃，取直径 10cm 的法式小塔模 5 个，刷上奶油备用。

② 将甜派皮面团擀至 0.25cm 厚，压入模内，切掉多余派皮，冷藏 10min。

③ 无盐奶油置室温软化，加细砂糖打成乳白色，加蛋打至糖溶化。

④ 过筛全麦粉、可可粉和泡打粉，将筛出的麦子麸皮取半量一起加入做法③的制成物中拌匀，再加入牛奶拌匀。

⑤ 装入挤花袋中，由派皮中心挤一圈，六七分满即可，中央放入一块梨（擦干置入烤盘）。

⑥ 移入烤箱中层，于 200℃烤 30～35min，用牙签叉入不粘即可取出。

⑦ 2min 后脱模置于网架上，刷上少许梨酒（或白兰地酒），再刷上明胶包衣即可。

(3) 注意事项

① 买回明胶包衣后，取出加热水，拌匀即可，用毛刷刷于梨面上呈亮光状，有保湿作用。

② 密封好放冰箱冷藏可保存 3～4d。

7. 千层红樱塔

(1) 配方　千层红樱塔配方见表 4-330。

表 4-330　千层红樱塔配方

原料名称	用量	原料名称	用量
富强粉	450g	清水	150g
奶油	500g	红樱桃	25 个
鸡蛋	100g	白砂糖	15g

(2) 操作要点

① 制皮面　富强粉 300g 过罗，在案上开窝，加入清水、鸡蛋 50g、白糖，用手混合擦匀后，掺入富强粉揉擦至光滑，放入冰箱冻硬备用。

② 制心面　将富强粉 150g 过罗，与奶油在案上用酥槌砸至油面均匀后，放在盘里，放入冰箱待用。

③ 包酥　从冰箱取出酥皮面，擀成长方形片，心面开成相当于皮面一半大小的长方片后，放在皮面上包严。再擀成长方形片折 3 层，入冰箱冻硬，取出再擀成长方形片折 3 层，再入冰箱冻硬，再取出擀成长方形片，折成 4 层，最后擀成薄片，盖上湿布入冰箱冻硬待用。

④ 成型　取出冻硬的酥片，用 5cm 的花边圆戳模刻下来，成花边圆片，再用 2cm 的圆筒在圆片的中间刻下一小片成圆圈状（刻成圆片、圆圈各一半）。用排笔蘸蛋液刷在圆片面上，再将圆圈放在圆片上，码入烤盘（轻拿，轻放），再用排笔蘸蛋液，刷在圆圈上。

⑤ 入炉用 180～200℃ 的高温，烤 15～20min，熟后晾凉，取出放在点心盘内，将半个樱桃放在圆圈孔内（即点心顶部）便成。

8. 水果船塔

(1) 配方　水果船塔配方见表 4-331。

表 4-331　水果船塔配方

原料名称	用量	原料名称	用量
硬面	225g	装饰用时鲜水果或罐装水果	适量
水果结淋	120g	打发的鲜奶油	80g

（2）操作要点

① 将硬面放台板上，用擀面杖将其擀压成厚约 3mm 的面皮，卷起铺放在排列整齐的船形塔盆内，用擀面杖再在上面擀压一下，然后用手将每只塔盆的底部轻轻撤压一下，使成浅碟状，再用刀尖在底部戳数个小孔，装入烤盘，送入 190℃ 的烤箱烘烤，至呈褐黄色并熟透时取出。

② 将水果结淋装入裱花袋内，将其裱在烤熟的塔盆面皮内，然后将鲜奶油也用同样方法进行装饰，最后放上各种水果装饰点缀即成。

③ 水果结淋的制法：将蛋黄 150g 和白砂糖 100g 一起搅打至泛白，加入玉米淀粉 45g 拌和均匀，然后将奶油 45g 和牛奶 400g 及水果汁 100g 一起烧煮至沸，冲入蛋黄混合物内搅和，仍倒回锅内继续烧煮至熟透即成。

9. 牛乳蛋塔

（1）配方　牛乳蛋塔配方见表 4-332。

表 4-332　牛乳蛋塔配方

原料名称	用量	原料名称	用量
硬面	250g	牛奶	500g
鸡蛋	200g	香草香料	微量
细白砂糖	120g		

（2）操作要点

① 将硬面放台板上，用擀面杖将其擀压成厚约 3mm 的面皮，用椭圆形的花边刻模刻出一只只椭圆形面皮，铺放在圆形的铝箔塔盆内，用手将每只塔盆的底部轻轻撤压一下，使成浅碟状，装入烤盘。

② 将鸡蛋和细白砂糖一起搅打均匀，加入牛奶和香草香料混合拌匀，过筛后装入塔盆内并装满，进入 180℃ 的烤箱烘烤，至熟透时

取出即成。

（3）注意事项 烘烤蛋塔，宜上火稍小、下火稍大，这样烘烤出来的产品，色泽最佳。

10. 杏仁酥塔

（1）配方 杏仁酥塔配方见表4-333。

表4-333 杏仁酥塔配方

原料名称	用量	原料名称	用量
硬面	420g	杏仁粉	90g
奶油	120g	低筋粉	40g
细白砂糖	120g	人造奶油	适量
鸡蛋	100g	杏仁糖糕及色素	微量

（2）操作要点

① 将硬面放台板上，用擀面杖将其擀压成厚约3mm的面皮，用圆形的花边刻模刻出一只只圆形面皮，铺放在圆形的塔盆内，用手将每只塔盆的底部轻轻揿压一下，使成浅碟状，装入烤盘。

② 将奶油和细白砂糖一起搅打至泛白并蓬松，加入鸡蛋搅拌均匀，然后拌入一起过筛的杏仁粉和低筋粉，拌和均匀后装入裱花袋，将混合物裱在塔盆内并装满，送入185℃的烤箱烘烤，至表面呈褐黄色并熟透时取出。

③ 冷却后，用人造奶油进行裱花装饰，中间放上染色的杏仁糖糕制成的蘑菇柄装饰物点缀。

（3）注意事项 制作硬面制品，其一是面团不宜反复揉搓，以免渗油而不酥松；其二是发酵粉不宜添加太多，以免变形而影响美观。

11. 气鼓小筐篮

（1）配方 气鼓小筐篮配方见表4-334。

表4-334 气鼓小筐篮配方

原料名称	用量	原料名称	用量
气鼓糊	1kg	罐头橘子	200g
克司得	400g	奶油酱	100g
罐头菠萝	200g	植物油	30g

（2）操作要点

① 制筐篮坯　先擦干净两个铁烤盘，在盘上均匀地抹一层植物油。取 100g 搅好的气鼓糊，装入带小圆嘴子（嘴子的口直径 4mm）的布口袋里，右手攥紧布口袋的上口，把糊挤在抹油的铁烤盘上，挤成小筐篮把的形状，挤 40 个（可多挤出几个，留有挑选的余地）。再将另外的 900g 气鼓糊，也装入带有圆嘴子（嘴子的口直径 15mm）的布口袋里，右手攥紧布口袋的上口，将糊挤在另一个烤盘上，挤成 15mm 粗、7cm 长的圆柱形（烤熟后片开，呈两个筐篮底状），挤时在盘上找好距离，都挤完后送入 200℃ 的烤炉内。筐篮把烤 15min 左右，烤上黄色，熟透出炉。圆柱形筐篮底，大约烤 10min，见膨胀拔起，裂纹内也烤上黄色，手按能挺住即熟，出炉晾凉，用刀从中间片开，呈上下两半，当两个筐篮底。

② 成型　先将克司得在筐篮底上抹一层，抹平。再把奶油酱装入带有花嘴子的纸卷内，在底的周围挤上一圈花边。把罐头橘子、菠萝切成小块摆在上边，最后再把筐篮把安上即为成品。

12. 双拼小花篮

（1）配方　双拼小花篮配方见表 4-335。

表 4-335　双拼小花篮配方

原料名称	用量	原料名称	用量
富强粉	500g	发酵粉	7.5g
白糖	250g	臭粉	3.5g
鸡蛋	100g	果酱	50g
猪油	150g	蛋液	50g
奶油	100g	水果罐头、红樱桃	适量

（2）操作要点

① 将富强粉和发酵粉一起过罗，在案上开窝，放入白糖、猪油、奶油、鸡蛋，用手混合，擦至白糖溶化后加入臭粉拌匀，再将四周的面粉掺入拌匀，轻轻复叠 2~3 次，匀后入冰箱冻硬。

② 将冻硬的酥面取出置案上，用酥槌或面杖开成薄片，用铁花圆模子刻下成圆饼，取一半用圆铁筒将中间刻一小孔，刻下来的小盖

及圆饼和有小孔的圈饼扫刷蛋液后，一起放入烤盘，用 160～180℃ 的炉温烤 13～15min，烤熟出炉，立即用铲刀将圆饼从中间切开成两半待用。

③ 在圆饼的两端放点果酱，将切开的两个半圆圈斜立粘上，上端的距离与小圆盖大小相同，将抹匀果酱的小圆盖放在斜立着的半圆圈上端，即成小花篮形状。

④ 装潢　在花篮的两边可放两种不同的水果罐头，顶部可放半个红樱桃，也可用奶油挤成各式花形。

13. 水果小花篮

（1）配方

① 和面团配方见表 4-336。

表 4-336　水果小花篮——和面团配方

原料名称	用量	原料名称	用量
面粉	200g	鸡蛋	100g
奶油	120g	香兰素	0.5g
白糖	80g		

② 组装配方见表 4-337。

表 4-337　水果小花篮——组装配方

原料名称	用量	原料名称	用量
奶油酱	250g	素蛋糕	100g
黄酱	200g	红樱桃	50g
罐头菠萝	100g		

注：制花篮把配方气鼓糊 100g。

（2）操作要点

① 和面团、制花篮底　面粉过箩放在案子上围成圈。再把奶油、白糖、鸡蛋液、香兰素，放入圈内，用手先把圈内的料搅拌均匀，再把面粉拌和进去调和成面团，盖好送入冰箱，冷却后，用擀面棍擀成大约 3mm 厚的面片，再用擀面棍把擀好的面片卷起来，盖在 20 个小花模子上（先把小花模子擦干净备用），然后把面片一个一个地都

摁在模子里，摁实以后，去掉面边，送入 200℃ 的烤炉里，大约 10min，烤熟后从炉里取出来，从模子里扣出，成为小花篮底，晾凉待用。

② 制花篮把　使用制好的气鼓糊，装入带有直径 4mm 小圆嘴子的纸卷里，把糊挤在抹油的铁烤盘上，挤成花篮把的形状，送入 200℃ 的烤炉里，烤熟后从炉里取出来，晾凉后待用。

③ 组装成型　先在烤熟的花篮底里，抹一点黄酱子，再切一点素蛋糕垫在里边，与花篮底的上口找平，再在蛋糕的上边抹一层黄酱子，抹平。再把奶油酱搅均匀装入带有花嘴子的纸卷里，在上边再挤上花形和花边，摆上菠萝和樱桃，挤上花叶，安上花篮把即为成品。

14. 金薯香蕉塔

（1）配方

① 和面团配方见表 4-338。

表 4-338　金薯香蕉塔——和面团配方

原料名称	用量	原料名称	用量
咸派皮面团	360g	鲜奶油	50g
去皮黄肉地瓜	400g	肉桂粉	10g
黄砂糖	50g	香蕉	2 根
蛋黄	50g		

② 蛋黄液配方见表 4-339。

表 4-339　金薯香蕉塔——蛋黄液配方

原料名称	用量	原料名称	用量
（刷塔皮用）蛋黄	100g	牛奶	80g

（2）操作要点

① 取直径 9.5cm 的法式小塔模 4 个，刷上奶油备用，烤箱预热至 220℃。

② 地瓜切小块，加水和黄砂糖煮至汤汁收干（以小火且不停搅拌），取出压成泥状，加入蛋黄、鲜奶油及肉桂粉，用木匙拌匀，放凉。

③ 将塔底派皮擀成 0.25cm 的厚度，塔皮上层为 0.2cm 厚，各 4 份。将 0.25cm 厚的塔皮压入模中，放入地瓜泥馅料八九分满，抹平。

④ 香蕉去皮切块压入馅料中，再将塔皮边刷上少许水，盖上另一张 0.2cm 厚的派皮，轻轻压平边缘，边部黏合后用刮板切掉多余派皮，再用叉子叉洞透气，然后刷上蛋黄液 2 次。

⑤ 放入烤盘移入烤箱中层，于 220℃ 烤 15min，再改用 190℃ 烤约 30min，待底部呈黄褐色时即可出炉，脱模置于网架上。

(3) 注意事项

① 此道点心热食冷食皆可，冷食可保存于冰箱 3～4d。

② 地瓜买黄肉的做出来较好吃，红肉较甜软。

③ 馅料不可装得过满，约九分满即可。

④ 派塔出炉前可关火多焖 5min，较酥松且香味浓。

15. 蓝莓起司塔

(1) 配方　蓝莓起司塔配方见表 4-340。

表 4-340　蓝莓起司塔配方

原料名称	用量	原料名称	用量
甜派皮面团	300g	动物性鲜奶油	120g
奶酪	200g	香橙酒	15g
明胶片	4g	砂糖	40g
蛋黄	100g	低糖蓝莓果酱	适量
柠檬汁	40g		

(2) 操作要点

① 取 5～6 个直径 9.5cm 的法式小塔模，烤箱预热至 190℃，将派皮面团擀成 0.25cm 厚，压入塔模内，压平切去多余派皮，用叉子叉满小洞，放入烤盘，置入烤箱，烤 20～25cm，至塔皮边部及底部呈黄褐色即可取出，脱模置于网架上冷却。

② 泡明胶片于冰水中备用，用木匙将奶酪（先置室温软化）打软，加入砂糖打匀后加蛋黄，用打蛋器搅打至光滑无颗粒状（约 50℃ 水浴下）。

③ 将明胶片挤干水分，隔水熔化，加入做法②的制成物中后拌匀，放凉。

④ 用电动打蛋器将鲜奶油 120g 打至五六分发呈稠状时，取 1/3 先加入做法③的制成物中拌匀，再加入剩余的 2/3 拌匀后，加上柠檬汁和香橙酒拌匀，倒入塔皮内约八分满，移入冰箱冷冻约 2h，取出后填入适量的蓝莓果酱即成。

（3）注意事项

① 香橙酒可在商场进口酒柜台买到。

② 奶酪从冰箱取出时坚硬不易搅打，需放置室温软化。

③ 鲜奶油若一次倒入搅拌会太稠，不易拌匀，故需分次倒入拌匀。

④ 冷藏可保存 3～5d。

16. 蛋白苹果塔

（1）配方　蛋白苹果塔配方见表 4-341。

表 4-341　蛋白苹果塔配方

原料名称	用量	原料名称	用量
富强粉	500g	鸡蛋黄	300g
白糖	1150g	净苹果肉	300g
鸡蛋	150g	冻猪油	200g
玉米粉	240g	发酵粉	1.35g
鲜牛奶	750g	臭粉	1.25g
清水	750g	香草粉	少许
鸡蛋清	250g		

（2）操作要点

① 将富强粉和发酵粉一起过笋，在案上开窝，加入白糖 200g，冻猪油、鸡蛋，用手混匀，擦至白糖熔化后加臭粉、香草粉，再掺入富强粉，轻轻擦匀入冰箱待用。

② 用清水 300g 将玉米粉开稀，其余清水放在锅中加入白糖 750g 煮溶化，再加入牛奶及苹果肉，煮沸后将开稀的玉米粉徐徐淋入锅里，边淋边搅，至熟端离火口，再将鸡蛋黄加入拌匀备用。

③ 从冰箱取出酥面放案上，擀成薄片后，用擀面杖卷起放在码齐的铁盏模上，用手轻擂面，再捏成灯盏形状，码放在烤盘里，放入炉烘烤，炉温为 160～180℃，时间 10～15min，就可将烤盘拉出烤炉放在案上，再用羹匙将煮熟的玉米粉奶浆分放入盏内成塔形。

④ 用干净的蛋糕桶将鸡蛋清打起，加入白糖 200g，再打成结实的蛋泡即成。

⑤ 取一半打好的蛋泡抹在玉米粉奶浆塔上，再将其余的一半装入纸筒内，挤制成各式图案，复入烤炉烘烤，炉温为 150～170℃，时间 5～10min，呈浅黄色便成。凉后去盏。

第十三节　西式布丁类生产工艺与配方

本系列介绍的西式布丁类配方和制作方法不属于工业生产的范畴，先介绍西式布丁类各种配方，再介绍各种西式布丁类相应的操作技术要点以及注意事项或特点。

一、西式布丁类生产工艺流程

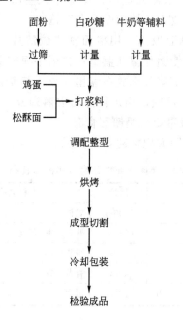

二、各种西式布丁类生产配方

1. 核桃布丁盏

（1）配方 核桃布丁盏配方见表4-342。

表 4-342 核桃布丁盏配方

原料名称	用量	原料名称	用量
富强粉	1000g	发酵粉	16g
白糖	1150g	核桃仁	750g
冻猪油	400g	蛋清	250g
鸡蛋	400g	香粉	少许

（2）操作要点

① 将富强粉、泡打粉（发酵粉）一起在案上过罗开窝，放入白糖500g、鸡蛋、冻猪油，用于混合，擦至糖熔化后加入富强粉、香粉，轻轻擦匀放入冰箱待用。

② 将核桃仁烤熟切成小粒，蛋清用抽子打起，成为白色稠状；另将白糖650g加清水熬起丝后，徐徐冲入蛋清内，边冲边用抽子搅打，最后将桃仁粒放入，拌匀即成布丁馅。

③ 将冰箱松酥面取出，用擀面杖擀成薄片，覆盖在码放整齐的盏模上，用手轻摁使面片留在盏里，再用手捏成盏形，放入烤盘，码整齐。用羹匙将布丁馅分别放在盏里，放入烤炉烘烤，炉温为160～180℃，15～20min可熟，出炉待凉后去盏即成。

2. 英国太妃糖甜食（奶糖甜食布丁）

（1）配方 英国太妃糖甜食配方见表4-343。

表 4-343 英国太妃糖甜食（奶糖甜食布丁）配方

原料名称	用量	原料名称	用量
香草华夫饼干（压碎）	1.36kg	奶油	567g
果仁（细压碎）	453.6g	糖果用糖（筛过）	1.36kg
奶油（软化的）	340g	脱脂奶粉	226.8g
蛋黄	400g	香草香精	43g
巧克力（未加甜的熔化的巧克力）	250g	蛋白	552g

（2）操作要点

① 混合压碎的香草华夫饼干、果仁和软化奶油，取此混合物的一半，覆盖在 2 只 228.6mm×381mm×50.8mm 的盘底。

② 搅打其余的奶油，添加糖果用糖、脱脂奶粉、蛋黄、巧克力和香草香精，搅打直到均匀发黏。

③ 搅打蛋白直到发黏，加入巧克力混合物中，铺平在盘中均匀覆盖饼干屑，盖上其余的饼干屑。

④ 冷冻数小时，切割成方块。

（3）注意事项　餐用时盖以奶油或顶部搅打奶油。

3. 丹麦式苹果布丁

（1）配方　丹麦式苹果布丁配方见表 4-344。

表 4-344　丹麦式苹果布丁配方

原料名称	用量	原料名称	用量
糕饼屑	793.8g	肉桂	10g
人造奶油（熔化的）	120g	搅打奶油	473g
苹果酱	1000g	椰子	113g
棕色糖	120g		

（2）操作要点

① 糕饼屑和人造奶油，冷冻。把一半饼屑铺在 406.4mm×254mm×50.8mm 的盘上。

② 将苹果酱、棕色糖和肉桂混合，将一半苹果酱铺满盖在饼屑上，重复铺层一次。

③ 冷冻一夜。

④ 铺以搅打奶油，顶部盖以椰子。

4. 姜汁冷冻布丁

（1）配方　姜汁冷冻布丁配方见表 4-345。

表 4-345　姜汁冷冻布丁配方

原料名称	用量	原料名称	用量
脆姜饼	907.2g	厚奶油	709.8mL(3 杯)
奶油或人造奶油	340g	菠萝(扇片状,捣碎)	946mL
糖果用糖	907.2g	香蕉(切片的)	8 只
鸡蛋	8 只	胡桃(切碎的)	226.8g

（2）操作要点

① 轧碎脆姜饼或使其通过粗格筛以制造饼屑。

② 将奶油和糖放在一起，添加鸡蛋，搅打直到发黏。

③ 搅打奶油，加入菠萝、香蕉和胡桃。

④ 在 304.8mm×457.2mm×50.8mm 的盘上涂以奶油，在盘的底部涂以 1/3 饼屑，在饼屑上小心地铺上一层糖混合物，加上其余 1/3 饼屑。

⑤ 小心地把水果混合物盖上第二层饼屑，撒上余下的饼屑，冷冻过夜，切成方块。

5. 巧克力冷冻布丁

（1）配方　巧克力冷冻布丁配方见表 4-346。

表 4-346　巧克力冷冻布丁配方

原料名称	用量	原料名称	用量
巧克力(半甜饼)	453.6g	蛋白	236g
糖果用糖	58g	蛋黄	157g
胡桃肉(切碎的)	236g	牛奶葡萄(劈开的)	24 只
厚奶油(搅打的)或预制的顶部甩奶油	473.2mL(2 杯)		

（2）操作要点

① 在夹层锅中的热水上部熔化巧克力，添加水，混合。

② 停止加热，分次加入蛋黄，强烈搅拌，每次在搅拌均匀后再加入。

③ 添加糖果用糖和胡桃肉，混合均匀。

④ 搅打蛋白直到发黏,徐徐加入巧克力混合物及搅打奶油。

⑤ 在盘上内衬蜡纸或铝箔,然后内衬以牛奶葡萄,倒在巧克力混合物上。

⑥ 冷冻 12~24h。

(3) 注意事项 餐用时添加搅打奶油或预制的顶部甩奶油。

6.金色大米布丁

(1) 配方 金色大米布丁配方见表 4-347。

表 4-347 金色大米布丁配方

原料名称	用量	原料名称	用量
砂糖	500g	明胶(未加香的)	72g
牛奶	2000g	香草香精	21g
大米(超长颗粒,煮熟的)	1500g	食盐	43g
厚奶油	1000g		

(2) 操作要点

① 混合砂糖、食盐和明胶在沙司盘中,在慢慢搅拌中加入牛奶,添加大米。

② 加盖,徐徐加热,不时搅拌直到明胶溶解,约 25min。

③ 停止加热,添加香草香精,冷却到室温。

④ 搅打奶油,加入玉米混合物。

⑤ 放入盘中,冷冻到坚硬。

⑥ 将冷冻物放到坚硬。

(3) 注意事项 餐用时可加红木莓沙司。

7.红莓-橘子沙司

(1) 配方 红莓-橘子沙司配方见表 4-348。

表 4-348 红莓-橘子沙司配方

原料名称	用量	原料名称	用量
砂糖	226.8g	红莓(大果酸果蔓,蔓越橘)汁	500g
玉米淀粉	158g	奶油或人造奶油	43g
橘汁	300g	食盐	20g

（2）操作要点

① 混合砂糖、玉米淀粉和食盐，在果汁中徐徐搅拌到混合，加热，不停搅拌直到增稠和透明。

② 添加奶油，搅拌直到熔化，冷却。

8. 带有焦糖（乳脂糖）沙司的菠萝大米布丁

（1）配方　带有焦糖（乳脂糖）沙司的菠萝大米布丁配方见表4-349。

表 4-349　带有焦糖（乳脂糖）沙司的菠萝大米布丁配方

原料名称	用量	原料名称	用量
大米布丁（快餐）	3000g	菠萝扇片（罐装的搓碎）	710g
玉米淀粉	59g	糖（浅棕色）	425g
食盐	5g	奶油或人造奶油	113g
砂糖（浅棕色）	170g	牛奶	315g

（2）操作要点

① 将大米布丁和菠萝扇片棍合；冷冻数小时以使其香味混合。

② 在沙司盘中将牛奶、玉米淀粉、盐和第一部分棕糖混合，中火加热蒸煮，经常搅拌，直到增厚，透明和光滑。

③ 添加奶油和其余的糖，继续蒸煮，不断搅拌，直到完全溶解和混合物达到沸点。此布丁可以冷食，也可以热食。

9. 带有无核葡萄干和果仁的槭糖苹果布丁

（1）配方　带有无核葡萄干和果仁的槭糖苹果布丁配方见表4-350。

表 4-350　带有无核葡萄干和果仁的槭糖苹果布丁配方

原料名称	用量	原料名称	用量
苹果（切片的）	10号罐,2只	奶油或人造奶油	680g
苹果汁	500g	饼干混合物	100g
槭树混合糖浆	100g	糖（颗粒的）	118g
柠檬汁	177g	无核葡萄干	340g
肉桂（碎的）	29g	胡桃（粗压碎）	473g
肉豆蔻（碾碎的）	29g	牛奶	1000g

（2）操作要点

① 混合苹果片、奶油、苹果汁、槭树混合糖浆、柠檬汁和香料，煮沸，并保持 5min。

② 混合饼干混合物、糖、无核葡萄干和胡核。

③ 添加牛奶，一次性加入干的成分，搅拌混合到均匀。

④ 把热的苹果混合物分到 305mm×508mm×50.8mm 的 2 只烘盘中。

⑤ 不加盖于 204℃烘烤 10～15min，到表面微微变棕。

⑥ 在温热时食用。

10. 果酱调和蛋白

（1）配方 果酱调和蛋白配方见表 4-351。

表 4-351 果酱调和蛋白配方

原料名称	用量	原料名称	用量
蛋白	100g	盐	5g
糖	60g	塔塔粉	10g
糖粉	60g	香草精或柠檬汁	15g
果酱	适量		

（2）操作要点

① 将蛋白、盐、可可粉打起泡，再加糖打到硬性发泡。

② 把糖粉筛入，香草精也加入拌匀成糖糊，装入圆口挤花嘴袋内，在烤盘上挤成 48 个小圆堆即可烤焙。烤盘底部涂油撒面粉。烤箱先预热到 115℃。放在烤箱上层，烤约 1h。

③ 按按看，要完全坚硬而且易于从烤盘上取下才算烤好。

④ 在两个调和蛋白中间夹些果酱即可。

11. 咖啡核桃调和蛋白

（1）配方 咖啡核桃调和蛋白配方见表 4-352。

表 4-352 咖啡核桃调和蛋白配方

原料名称	用量	原料名称	用量
核桃仁	40g	蛋白	100g
盐	5g	塔塔粉	10g
糖	60g	糖粉	60g
即溶咖啡	20g		

（2）操作要点

① 核桃仁烤香切碎，咖啡加热水调匀。

② 将蛋白、盐和塔塔粉打起泡，再加糖打到硬性发泡。

③ 把糖粉筛入，咖啡也加入拌匀，即是糖糊。

④ 用小匙舀在烤盘上，成为 24 个小堆即可烤焙。烤盘底部涂油撒面粉。烤箱先预热到 140℃。放在烤箱上层，烤约 1h。

（3）注意事项　产品要求有核桃香味，若风味淡可适量添加核桃香精。

12. 海枣粗麦粉脆点心卷

（1）配方　海枣粗麦粉脆点心卷配方见表 4-353。

表 4-353　海枣粗麦粉脆点心卷配方

原料名称	用量	原料名称	用量
海枣(去核,切碎)	6120g	厚奶油	500g
美洲山核桃(切碎)	2270kg	糖果用糖	473g
药用蜀葵(切成 1/4)	9070g	香草香精	38g
粗麦粉脆饼屑	9070g	马拉斯金樱桃	适量
稀奶油	400g		

（2）操作要点

① 混合海枣、美洲山核桃、药用蜀葵、粗麦粉脆饼屑和稀奶油，搅拌均匀。

② 成型为 32 个卷状，卷直径 63.5mm，把卷包在蜡纸中，冷冻过夜。

③ 搅打奶油和糖及香草香精。

④ 把每个卷切成 12 片，顶部盖以搅打奶油，用樱桃进行装饰。

13. 菠萝干酪甜食

（1）配方　菠萝干酪甜食配方见表 4-354。

（2）操作要点

① 粗面粉脆饼屑，砂糖（1）和奶油，压实在 3 只 330mm 盘的底部。

表 4-354　菠萝干酪甜食配方

原料名称	用量	原料名称	用量
粗面粉脆饼屑	680g	酸乳酪	200g
砂糖(1)	150g	奶油乳酪(软化的)	907g
奶油或人造奶油(软化的)	340g	橘皮(搓碎的)	20g
压碎的菠萝(罐装的,带有糖浆)	150g	砂糖(2)	200g
明胶(橘子香料)	680g	香草香精	20g

② 在 177℃烘烤 5min，冷却。

③ 碾碎菠萝，制成糖浆。

④ 把明胶溶于热水中，添加糖浆。

⑤ 在碾碎的菠萝中添加 946mL 明胶混合物，放在一旁备用作糖衣。

⑥ 冷却其余的明胶混合物。

⑦ 将奶油乳酪、橘皮、其余的砂糖②和香草香精混合均匀后，徐徐添加冷却的明胶，混合均匀。

⑧ 添加酸乳酪。

⑨ 倒入盘中，冷冻直到坚固。

⑩ 顶部盖以菠萝混合物，冷冻至糖衣凝固。

14. 萨赛尼酪浆饼

(1) 配方　萨赛尼酪浆饼配方见表 4-355。

表 4-355　萨赛尼酪浆饼配方

原料名称	用量	原料名称	用量
切碎的天然杏仁(1)	255g	砂糖	141.7g
混合罐装的水果	283.5g	甜味巧克力(碎的)	113.4g
木梅或杏子果浆	283.5g	柠檬萃取物	10g
搅打奶油或顶部奶油	200g	柠檬皮(碎的)	9.46mL(2 茶匙)
碎的天然杏仁(2)	120g	奶油玫瑰果	16 只或 20 只
蛋糕	3 层	当归或绿色罐装水果	适量
酪浆干酪	946mL		

（2）操作要点

① 混合杏仁（1）、酪浆干酪、水果、砂糖、巧克力、柠檬萃取物和柠檬皮，搅拌均匀。

② 每个大蛋糕，由三层蛋糕组成。将第一层蛋糕放在底部，涂抹以干酪混合物。

③ 放上第二层蛋糕，涂抹干酪混合物，再涂以果酱，顶部放上第三层蛋糕。

④ 在大蛋糕的顶部和侧部覆盖以搅打奶油，在大蛋糕上放上其余的碎杏仁（2）。

⑤ 在大蛋糕顶部放 8～10 个标记，在蛋糕每个边缘放上奶油玫瑰果。在每个玫瑰上放 2 小片当归代表叶子。

15. 法式焦糖布丁

（1）配方　法式焦糖布丁配方见表 4-356。

表 4-356　法式焦糖布丁配方

原料名称	用量	原料名称	用量
鲜奶油	2 杯半	香草精华	1/2 小勺
蛋黄	4 只	粗糖或黄糖	1/3 杯
白糖	1/3 杯	火炬枪	1 把

（2）操作要点

① 鲜奶油中火煮开后，盖上盖子闷 15min 慢慢降温，倒入香草精华（没有可省略）。

② 在等待奶油降温的时候，烤箱预热设置到 160℃。

③ 把蛋黄和白糖混合在一起，打至颜色开始变浅。

④ 等奶油温下来之后，就一点点加入到蛋黄液中，并且马上搅拌开来。

⑤ 混合物倒入烤箱专用的小模具中（可以过滤一下，这样泡泡会少点）。

⑥ 放在一个深一点的烤盘里，小心注入沸水，到模具的一半高

度就足够了。

⑦ 入烤箱 30min，即烤成。

⑧ 取出晾凉后，入冰箱冷藏至少 2h。

⑨ 要食用的时候，取出，在上头均匀地撒一层粗糖，用火炬枪把糖烤化。

⑩ 烤好的布丁，凉上 5～10min，会结成一层硬的糖衣。

16. 法式脆糖布丁

（1）配方　法式脆糖布丁配方见表 4-357。

表 4-357　法式脆糖布丁配方

原料名称	用量	原料名称	用量
牛奶	250g	淡奶油	100g
鸡蛋	4 枚	砂糖	50g
香草棒	1 支(可用 1/8 茶匙香草精代替)	黄金砂糖	4 小袋

（2）操作要点

① 牛奶、淡奶油、糖倒入厚底奶锅，再加入剖开的香草棒，小火加热至刚刚沸腾，关火降温至不是特别烫手后，将香草棒取出。

② 鸡蛋打成蛋液，将降温后的奶液冲进蛋液中，边冲边搅拌均匀。

③ 将牛奶蛋液用茶筛过滤至烤模中。烤箱提前 180℃预热 5min后，将烤模放进装了水的烤盘（烤盘中的水最少要达到烤模的 1/4 处），入炉水浴烘烤 30min 后取出。

④ 将布丁表面撒满黄金砂糖，用喷枪将糖烤至融化成焦糖后即可。注意，此时烤模会很烫，一定要等两分钟后再接触，以免烫伤。

（3）注意事项

① 布丁烤好降至室温后，可放冰箱冷藏至凉后，再撒上金黄砂糖用喷枪进行焦糖化处理，夏天吃起来口感更妙。

② 如果没有喷枪，可以将烤箱温度调到最高，预热 3min 后，将撒了糖的烤模放在最靠上层烤两三分钟，也能使糖焦化。但是效果没

有喷枪明显。

③ 喷枪使用时一定要注意安全。

④ 脆糖布丁放冰箱保存一天后，表面脆糖层会融化成焦糖液，味道也很美。

17. 法式桃子布丁

（1）配方　法式桃子布丁配方见表 4-358。

表 4-358　法式桃子布丁配方

原料名称	用量	原料名称	用量
罐头或新鲜桃子	2 个	鸡蛋	3 个
低筋面粉	50g	糖	100g
奶油	50g	柠檬汁	30mL
牛奶	250mL		
鲜奶油	50mL		

（2）操作要点

① 牛奶加糖以小火煮至糖熔化就熄火，然后加上鲜奶油和柠檬汁拌匀备用。

② 鸡蛋打散和①料拌匀（牛奶蛋糊）。奶油以小火煮融，面粉过筛后备用。

③ 先倒 1/3 量的牛奶蛋糊和面粉搅成面糊，再加入奶油拌匀。最后将剩余的牛奶蛋糊慢慢倒入稀释成很稀薄的面糊里，再倒入已抹油的烤模中。

④ 桃子切成薄片，排在面糊上，送入以 170℃ 预热的烤箱，烤 30～40min。烤好后，可在表面薄撒一层细砂糖增加美观。

第十四节　西式泡芙生产工艺与配方

本系列介绍的西式泡芙配方和制作方法不属于工业生产的范畴，先介绍西式泡芙各种配方，再介绍各种西式泡芙相应的操作技术要点以及各种西式泡芙的注意事项或特点。

一、西式泡芙生产工艺流程

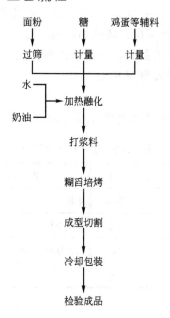

二、各种西式泡芙生产配方

1. 奶油泡芙

（1）配方　奶油泡芙配方见表 4-359。

表 4-359　奶油泡芙配方

原料名称	用量	原料名称	用量
面粉	100g	奶油布丁馅	1 份
奶油	75g	糖粉	适量
蛋汁	180g		

（2）操作要点

① 水和奶油放在小锅里，用小火煮沸。

② 筛入面粉搅拌均匀，熄火。

③ 待面团稍凉后加入蛋汁，用力搅拌到完全融合，再继续加一

413

些蛋汁搅拌，直到加完并搅拌均匀即是面糊。

④ 用汤匙把面糊舀在烤盘上成为 20 个小堆即可烤焙。烤箱先预热到 220℃。放在烤箱下层，烤约 30min。

⑤ 烤好后横切一刀打开，填满奶油布丁馅。

⑥ 在上面撒些糖粉即可食用。

2. 奶油布丁馅

（1）配方　奶油布丁馅配方见表 4-360。

表 4-360　奶油布丁馅配方

原料名称	用量	原料名称	用量
牛奶	1000g	奶油	30g
糖	150g	香草香精	10g
玉米粉	80g	白兰地酒（或朗姆酒）	50g
鸡蛋	100g		

（2）操作要点

① 将牛奶、糖和玉米粉搅拌均匀，用中火煮到浓稠沸腾。一定要边煮边不停搅拌，否则很容易焦底。

② 一沸腾就加入鸡蛋、奶油、白兰地酒和香草香精拌匀即可熄火。

（3）注意事项

① 如果刚好有多余的蛋黄，就用 5 个蛋黄代替 2 个鸡蛋，布丁的颜色会更鲜艳。味道也更好。

② 这是一种很美味又重要的馅料，很多点心都要用到。

③ 咖啡布丁馅以奶油布丁馅之材料分量为标准，另在牛奶里调入即溶咖啡 1 小匙即可。

④ 巧克力布丁馅以奶油布丁馅之材料分量为标准，另在牛奶里调入可可粉 2 大匙即可。

3. 泡芙圣诞树

（1）配方　泡芙圣诞树配方见表 4-361。

表 4-361　泡芙圣诞树配方

原料名称	用量	原料名称	用量
奶油泡芙面糊	1kg	鲜奶油	0.5kg
巧克力奶油布丁馅	0.5kg	彩色糖果或软糖	适量

（2）操作要点

① 把泡芙面糊挤成 80 个小圆堆焙烤。烤箱先预热到 230℃放在烤箱下层，烤约 15min。

② 布丁馅不夹在泡芙里，而用挤花嘴挤在泡芙外，把一个个小泡芙黏成圣诞树形。

③ 鲜奶油打发挤在树上，再沾些糖果作装饰。

4．梦梦球

（1）配方　梦梦球配方见表 4-362。

表 4-362　梦梦球配方

原料名称	用量	原料名称	用量
奶油泡芙面糊	1kg	奶油布丁馅（或任何口味皆可）	0.5kg
各种装饰材料	适量		

（2）操作要点

① 把泡芙面糊挤成 36 个小圆堆烤焙。烤盘底部涂油。烤箱先预热到 220℃。放在烤箱下层，烤约 25min。

② 在挤花袋里装一个小圆嘴，装入奶油布丁馅。

③ 用小圆嘴刺入小泡芙中把馅挤进去。

④ 以各种装饰材料装饰表面即可。

（3）注意事项

① 这是专为酒会或宴会而做的精致小点心，所以要做得小巧而美丽。装饰材料可以自由设计，只要可食就行。最常用的是巧克力、草莓、柠檬、哈密瓜等。

② 泡芙的外表若不完整，装饰起来会不好看，所以不要切开夹馅，要用挤花袋填馅。

5. 天鹅泡芙

（1）配方　天鹅泡芙配方见表 4-363。

表 4-363　天鹅泡芙配方

原料名称	用量	原料名称	用量
奶油泡芙面糊	1kg	巧克力	少许
奶油布丁馅	0.5kg	鲜奶油	1 杯

（2）操作要点

① 用最小的挤花圆嘴将奶油泡芙面糊挤出 16 个 S 形当天鹅的颈部。

② 用挤的力量来控制面糊的粗细，形成头和嘴的样子。

③ 用剩余的面糊挤成 16 个圆堆当身体，烤熟。烤盘底部涂油。烤箱先预热到 220℃。烤头部时，放在烤箱上层，烤约 10min。烤身体时，放在烤箱下层，烤约 30min。

④ 身体横切开填入奶油布丁馅，上片再对切为二，插在身上当翅膀。

⑤ 头部插在前面，用熔化的巧克力点眼睛。

⑥ 鲜奶油打发挤在尾端作装饰。

6. 法式油炸泡芙

（1）配方　法式油炸泡芙配方见表 4-364。

表 4-364　法式油炸泡芙配方

原料名称	用量	原料名称	用量
水	150g	鸡蛋	150g
奶油	60g	牛奶	90g
盐	1g	色拉油	适量
高筋面粉	150g	细砂糖	适量
泡打粉	4g		

（2）操作要点

① 准备适当的油炸锅。烤盘纸裁成 7cm×7cm。挤花袋套上直径

1cm 的菊花形的挤花嘴。

② 锅内放入水、奶油、盐，用中火煮到奶油完全熔化，油水沸腾，再加入高筋面粉、泡打粉混合均匀。锅继续加热，用长木、不停的搅动，使锅内的油水和面粉拌匀，直到糊化，即可熄火拿开锅。

③ 将糊化之面糊倒入搅拌缸中，用桨状搅打器中速搅拌，散热去除高温，待面糊温度降至 60～65℃时，再将打散的鸡蛋、牛奶交替慢慢分批加入，待面糊搅拌均匀后再继续添加。

④ 调节作法③蛋量，面糊呈现刮刀刮起时，黏附在刮刀上的面糊呈倒三角形之薄片，而不从刮刀上滑下，面糊表面呈现光滑细致，则表示面糊的浓度恰到好处。

⑤ 将作法④面糊装入挤花袋，在准备好的烤盘纸上挤出甜甜圈的形状。

⑥ 锅内放入色拉油烧到180℃，以烤盘纸朝上、面糊朝下的方式放入油锅中油炸，面糊经油炸膨胀后，纸会自然脱落，取出炸纸，将泡芙翻面均匀炸成金黄色，即可取出沥干油分，再趁热沾上细砂糖食用。

7. 巧克力奶油泡芙

（1）配方　巧克力奶油泡芙配方见表 4-365。

表 4-365　巧克力奶油泡芙配方

原料名称	用量	原料名称	用量
黄油	50g	高筋粉（普通面粉也行）	50g
水	60g	鸡蛋	2个
牛奶	40g	装饰用黑巧克力	20g 左右
盐	1.5g	糖霜	适量
砂糖	5g	淡奶油（做泡芙内馅用，或者用果酱等）	适量

（2）操作要点

① 将牛奶、水、盐、砂糖和黄油放入锅中，放在火上加热至沸腾，搅拌均匀。

② 将面粉过筛后一次性加入，搅拌均匀。

③ 转小火，继续搅拌，当锅底出现白色膜时，离火搅拌。

④ 等面糊温度降至 60℃ 左右时，将打散的鸡蛋分次加入，用勺画圈搅拌均匀，当面团能粘在平板勺上，低落时能形成一个三角形就算好了，如果黏度不够适量再加入鸡蛋。

⑤ 烤盘上放烘焙纸，将面糊放入裱画袋中，在烤盘中挤出一个个圆球。

⑥ 放入 200℃ 烤箱烤 20～25min，注意观察，变色后关火，再放置 5min 取出。

⑦ 鲜奶油打发，用细长金属管的裱花嘴将鲜奶油从泡芙的底部挤入泡芙内。

⑧ 黑巧克力隔水加热熔化，用烘焙纸做成漏斗状，将巧克力液装入漏斗，挤在泡芙上装饰，再撒上糖霜即可。

（3）注意事项

① 黄油和水必须在沸腾状态下搅拌均匀。

② 加入面粉时不用强火，才能使面粉受热均匀。

③ 加入的鸡蛋不能太凉。

④ 有油的材料和含水的鸡蛋混合是乳化过程，要像画圆圈一样搅拌，保证最后的面糊能粘在平板勺上，如果不能粘住还要加鸡蛋，不能多加，看面团能粘住平板勺就好。

8. 卡士达泡芙

（1）配方 卡士达泡芙配方见表 4-366。

表 4-366 卡士达泡芙配方

原料名称	用量	原料名称	用量
奶油	50g	细砂糖	3g
水	125mL	低筋面粉	75g
盐	1.5g	蛋	2～3 个（根据面糊的稠度调整用量）

（2）操作要点

① 奶油切小块加入水、盐、细砂糖，加热至沸腾离火。

② 一次性倒入过筛的面粉，小火加热，快速搅拌至无粉状。

③ 加入少许蛋液，和面糊充分混合均匀后，再加入少许蛋液，

混合均匀。

④ 直到面糊的稠度从勺上滑落形成倒三角形。

⑤ 用裱花嘴挤到烤盘上，用直形或花形裱花嘴都可，没有的话就小勺也行。

⑥ 将烤盘放入烤箱中，中层或中下层都可，200℃烤30～35min即可。

⑦ 在泡芙三分之一处切开小口。

⑧ 挤入卡士达酱，或用小裱花嘴花嘴在泡芙底部挤入也可。

9. 杏仁泡芙

(1) 配方 杏仁泡芙配方见表4-367和表4-368。

表4-367 杏仁泡芙面糊配方

原料名称	用量	原料名称	用量
黄油	45g	盐	少许
水	90g	低筋粉	60g
糖	少许	鸡蛋	2个
杏仁碎	适量,表面装饰用	糖粉	适量,表面装饰用
细砂糖	适量,表面装饰用		

表4-368 杏仁泡芙馅料配方

原料名称	用量	原料名称	用量
A:蛋黄	3个	B:淡奶油	100g
细砂糖	75g	细砂糖	10g
牛奶	250mL		
香草豆荚	1/2根		
低粉	25g		

(2) 操作要点

① 室温软化的黄油切小块后，加水、糖、盐，上火煮沸。

②　煮沸后立即离火，一次性加入过筛后的低筋粉拌匀。

③　拌匀后再次开火，用中火，边加热边搅拌，直至锅底出现一层薄膜（此步骤关乎吸收蛋液的量，进而影响泡芙膨胀，不可省）。

④　将面糊倒入另外一个盆里，分次加入蛋液，每加一次搅匀后再加下一次，直至用木勺舀起的面糊缓慢落下时形成倒三角形（要用室温蛋，冰蛋会降低面团温度，第一次稍微多加一点）。

⑤　将搅好的面糊放入装了直径 1cm 平口花嘴的裱花袋里，间隔一定距离挤在烤盘上，表面洒上杏仁碎，倾斜烤盘将多余的杏仁碎倒出后，中间放上细砂糖。

⑥　入预热 180℃ 的烤箱，中层，上下火，烤 30min。烤好后在烤箱里焖着，温度降低后再出炉。

⑦　制作馅料。A 部分为卡士达酱，做好后表面盖保鲜膜，下面隔冰水放凉。B 部分的淡奶油和细砂糖放在一起打至 7 分发，然后与卡士达酱放在一起拌匀。

⑧　食用前将泡芙从上 1/3 处切开，中间挤入馅料后再盖上，表面筛适量糖粉即成。

10．泡芙球

（1）配方　泡芙球配方见表 4-369。

表 4-369　泡芙球配方

原料名称	用量	原料名称	用量
牛奶	90g	黑巧克力	适量
黄油	40g	大杏仁	适量
低筋面粉	70g	开心果	适量
鸡蛋	3 个	盐	2g

（2）操作要点

①　90g 牛奶、40g 黄油、2g 盐，加热至沸腾；筛入 70g 低筋面粉，拌到不粘容器就可以。

②　温度降到 60℃ 时，分次加进 3 个鸡蛋拌匀。

③ 装入裱花袋，挤到烤盘上。

④ 预热烤箱 190℃，上下火先烤 10min；打开风门，继续烤10～15min。

⑤ 隔水熔化黑巧克力，在泡芙上挤上巧克力；再加上大杏仁和开心果就可以了。

参 考 文 献

[1] 薛文通. 新版饼干配方. 北京：中国轻工业出版社，2002.1.

[2] 贡汉坤. 焙烤食品生产技术. 北京：科学出版社，2004.8.

[3] 张妍，梁传伟. 焙烤食品加工技术. 北京：化学工业出版社，2006.

[4] 马涛. 焙烤食品工艺. 北京：化学工业出版社，2007.1.

[5] 贡汉坤. 焙烤食品工艺学. 北京：中国轻工业出版社，2001.

[6] 国家旅游局人事劳动教育司. 西式面点. 北京：高等教育出版社，1992.

[7] 刘江汉. 焙烤工业实用手册. 北京：中国轻工业出版社，2003.

[8] 徐华强等. 蛋糕与西点. 台北：中华谷类食品工业技术研究所，美国小麦协会印行，1983.

[9] 王美萍. 西式面点工艺. 北京：中国劳动社会保障出版社，2004.

[10] 张守文. 烘焙工基础知识. 北京：中国轻工业出版社，2005.

[11] 伊蕾妮·马格里格著. 花色蛋糕装饰教程. 才宇舟，孙福广译. 沈阳：辽宁科学技术出版社，1999.

[12] 天津轻工业学院，无锡轻工业学院. 食品工艺学. 北京：中国轻工业出版社，1983.

[13] 李培圩. 面点生产工艺与配方. 北京：中国轻工业出版社，1999.

[14] 肖崇俊. 西式糕点制作新技术精选. 北京：中国轻工业出版社，2000.

[15] 赵宝丰等. 蛋糕制作527例. 北京：科学技术出版社，2004.

[16] 刘亚伟. 淀粉生产及其深加工技术. 北京：中国轻工业出版社，2001.

[17] 高嘉安. 淀粉与淀粉制品工艺学. 北京：中国农业出版社，2001.

[18] 李里特，江正强，卢山. 焙烤食品工艺学. 北京：中国轻工业出版社，2000.

[19] 李文卿. 面点工艺学. 北京：中国轻工业出版社，1999.

[20] 景立志. 焙烤食品工艺学. 北京：中国商业出版社，1997.

[21] 陆启玉，王显伦. 食品工艺学. 郑州：河南科学技术出版社，1997.

[22] 刘家宝等. 食品加工技术、工艺和配方大全（上册）. 北京：科学技术文献出版社，1991.